新能源系列——风能专业规划教材

风力发电设备制造工艺

FENGLI
FADIAN SHEBEI
ZHIZAO
GONGYI

王昌国　卢卫萍　秦　燕　主编

化学工业出版社

·北京·

内 容 简 介

本书以职业能力培养为目标，以理实一体化为内容组织形式，系统介绍了叶片、轮毂、传动系统、机舱与底盘、发电机、控制系统、塔架及塔基基础的结构设计、材料选择、制造方法、生产过程和检验要求以及施工方法，较系统地介绍了常用金属材料、非金属材料及相关制造加工技术。

本书适合作为风能与动力技术等相关专业的教材，同时还可以为风力发电领域的工程技术人员和技术工人提供参考。

图书在版编目（CIP）数据

风力发电设备制造工艺/王昌国，卢卫萍，秦燕主编. —北京：化学工业出版社，2013.8（2025.8重印）
（新能源系列）
风能专业规划教材
ISBN 978-7-122-17903-6

Ⅰ.①风… Ⅱ.①王…②卢…③秦… Ⅲ.①风力发电-发电设备-机械制造-教材 Ⅳ.①TM621.3

中国版本图书馆 CIP 数据核字（2013）第 150470 号

责任编辑：刘　哲
责任校对：蒋　宇　　　　　　　　　　　　　装帧设计：韩　飞

出版发行：化学工业出版社（北京市东城区青年湖南街 13 号　邮政编码 100011）
印　　装：北京科印技术咨询服务有限公司数码印刷分部
787mm×1092mm　1/16　印张 17½　字数 460 千字　2025 年 8 月北京第 1 版第 3 次印刷

购书咨询：010-64518888　　　　　　　售后服务：010-64518899
网　　址：http://www.cip.com.cn

凡购买本书，如有缺损质量问题，本社销售中心负责调换。

定　　价：49.00 元

前 言

　　近年来，风电行业正蓬勃发展，在世界范围内的地位也日益重要。风电装机容量的快速增长，带动着风电设备的生产与制造技术的不断进步与完善，同时风电技术领域内也急需一批风电设备生产制造类的高技能人才。然而，目前有关风电设备类书籍非常缺乏，本书就是在此背景下，与行业企业合作编写。本书的出版将填补风电设备生产制造类教材的空白。

　　本书采用模块化的编写体例，每个模块又下分若干个任务，将各个任务中的主要知识点蕴含在各个任务载体中，对理论知识以简练、通俗的语言进行阐述，对操作性的方法和技巧的介绍给予充足的篇幅，并力争做到具体、细致、实用。每一模块的学习内容以最新、最典型的案例引导将要阐述的问题，激发学生的学习兴趣，提高学习的效果。

　　本书是在多年"工学结合、校企合作"人才培养模式的教学改革经验的基础上，以职业能力培养为目标，以理实一体化为组织形式编写的，集中体现了学校教学和企业实践的有机统一、传统工艺和现代技术的有机融合，并严格贯彻最新标准、规范、工艺和规程要求。教材在编写过程中注重特定教学对象的认识能力和认知规律，语言通俗易懂、简洁流畅，避免出现繁琐的理论分析和数学公式，以期达到教得会、学得进、用得上的教学目标。

　　全书系统介绍了叶片、轮毂、传动系统、机舱与底盘、发电机、控制系统、塔架及塔基基础的结构设计、材料选择、制造方法、生产过程和检验要求以及施工方法，较系统地介绍了常用金属材料、非金属材料及相关制造加工技术。

前　言

　　本书由王昌国、卢卫萍、秦燕、丁宏林等合作编写，由王昌国、卢卫萍、秦燕任主编，岳云峰教授担任主审。同时，本书在编写过程中，得到了江苏天地风能有限公司高级工程师冯永赵、中航虹波风电设备有限公司的高级工程师戴锦明、扬州神州风力发电机有限公司的高级工程师尤林等多位工程师的支持与帮助，他们提供了大量宝贵的资料，在此一并表示感谢。

　　本书适合作为学校风能与动力技术相关专业的教材，同时还可以为风力发电领域的工程技术人员和技术工人提供参考。

　　本书在编写过程中得到化学工业出版社以及编者单位领导的支持与帮助。

　　由于编者水平有限，书中难免有疏漏之处，恳请广大读者批评指正。

编者

2013 年 5 月

目　录

目 录

风力发电设备制造及工艺基础

本模块主要介绍风电设备制造常用的金属材料、非金属材料以及风电设备典型的制造加工技术。

任务一　认知风电设备制造常用的金属材料

[学习背景]

工程材料分为金属材料和非金属材料，其中金属材料是工程材料中应用最为广泛的，包括碳钢、合金钢、铸铁、有色金属等。风力发电设备中常用的钢、铝、铜均为金属材料，其中，钢是黑色金属（通常把以铁元素为基体的金属材料称为黑色金属），铝、铜属于有色金属（通常把非铁合金及其合金称为有色金属）。

[能力目标]

① 了解风电设备常用的金属材料。
② 掌握金属材料的性能，包括力学性能、工艺性能、物理和化学性能。
③ 掌握风电设备常用金属材料的种类及牌号。
④ 掌握风电设备常用金属材料的表面处理和热处理方式。

[基础知识]

一、金属材料的性能

金属材料的性能决定着材料的适用范围及应用的合理性。金属材料的性能主要分为四个方面，即力学性能、化学性能、物理性能、工艺性能。

1. 金属材料的力学性能

金属在一定温度条件下承受外力（载荷）作用时，抵抗变形和断裂的能力称为金属材料的力学性能。金属材料承受的载荷有多种形式，可以是静态载荷，也可以是动态载荷，包括单独或同时承受的拉伸应力、压应力、弯曲应力、剪切应力、扭转应力，以及摩擦、振动、冲击等等。

衡量金属材料力学性能的指标主要有以下几项。

（1）强度

强度是指材料在外力作用下抵抗塑性变形和断裂的能力，表征材料在外力作用下抵抗变形和破坏的最大能力，可分为屈服强度、抗拉强度、抗压强度、抗弯强度、抗剪强度等。工程上，一般用屈服强度和抗拉强度来表示金属材料强度的主要指标。

由于金属材料在外力作用下从变形到破坏有一定的规律可循，因而通常采用拉伸试验进行测定，即把金属材料制成一定规格的试样，在拉伸试验机上进行拉伸，直至试样断裂。低碳钢的拉伸试件与特性曲线如图 1-1 所示。

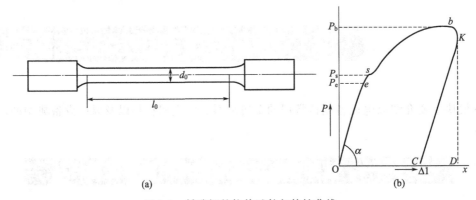

图 1-1　低碳钢的拉伸试件与特性曲线

① 弹性极限　在图 1-1(b) 中，oe 拉伸段为一直线，称为弹性变形阶段。弹性极限用 σ_e 来表示：

$$\sigma_e = \frac{P_e}{A_0} \text{（MPa）} \tag{1-1}$$

式中　P_e——试样产生弹性变形时的载荷，即拉伸曲线中 e 点所对应的外力，N；

　　　A_0——试样的原始横截面积，mm^2。

② 屈服强度　在图 1-1(b) 中，es 拉伸段为一曲线，其中有弹性变形和塑性变形，s 点开始明显产生塑性变形。

屈服强度是指在外力作用下开始产生明显塑性变形的应力，用 σ_s 表示：

$$\sigma_s = \frac{P_s}{A_0} \text{（MPa）} \tag{1-2}$$

式中　P_s——试样产生塑性变形时的载荷，即拉伸曲线中 s 点所对应的外力，N；

　　　A_0——试样的原始横截面积，mm^2。

③ 抗拉强度　在图 1-1(b) 中，sb 拉伸段为一曲线，其为均匀的塑性变形阶段，b 点出现缩颈现象，即试样局部截面明显缩小，试样承载能力降低，拉伸力达到最大值，试样即将断裂。

抗拉强度是指金属材料断裂前所承受的最大应力，故又称为强度极限，常用 σ_b 表示：

$$\sigma_b = \frac{P_b}{A_0} \text{ (MPa)} \tag{1-3}$$

式中 P_b——试样被拉断前所承受的最大外力,即拉伸曲线中 b 点所对应的外力,N;

A_0——试样的原始横截面积,mm^2。

在选择金属材料和设计时,屈服极限和抗拉强度有着重要的意义。因为金属材料必须在小于其屈服极限 σ_s 下进行工作,否则会造成零件的塑性变形。金属材料也不能在超过 σ_b 下进行工作,否则将会导致零件的断裂。

（2）塑性

塑性是指金属材料在外力作用下产生塑性变形而不发生断裂的能力。工程中评定金属材料的塑性指标有伸长率和断面收缩率。

断后伸长率是指试样拉断后的伸长量与原始长度之比的百分率,用符号 δ 表示:

$$\delta = \frac{L_1 - L_0}{L_0} \times 100\% \tag{1-4}$$

式中 L_0——试样的原始长度,mm;

L_1——试样拉断后的长度,mm。

断面收缩率是指试样拉断后,断面发生颈缩后的面积与原来截面积之比,用 ψ 表示:

$$\psi = \frac{S_0 - S_1}{S_0} \times 100\% \tag{1-5}$$

式中 S_0——试样的原始横截面积,mm^2;

S_1——试样拉断后发生处的横截面积,mm^2。

伸长率和断面收缩率越大,其塑性越好;反之,塑性越差。良好的塑性是金属材料进行压力加工（轧制、锻压等）的必要条件,也是保证机械零件工作安全、不发生突然脆断的必要条件。因此,大多数机械零件除要求具有较高的强度外,还必须有一定的塑性。通常,依据断后伸长率是否达到 5% 作为划分塑性材料和脆性材料的判据。

（3）硬度

硬度是指材料抵抗局部变形,特别是塑性变形、压痕和划痕的能力,是评定材料软硬的判据,是一个综合性的指标。材料的硬度越高,则耐磨性越好,故常将硬度值作为衡量材料耐磨性的重要指标之一。硬度的测试方法很多,生产中常用的硬度测试方法有布氏硬度测试法和洛氏硬度试验方法两种。

① 布氏硬度试验法 布氏硬度试验法是用一直径为 D 的淬火钢球或硬质合金球作为压头,在载荷 P 的作用下压入被测试金属表面,保持一定时间后卸载,测量金属表面形成的压痕直径 d。以压痕的单位面积所承受的平均压力作为被测金属的布氏硬度值,其原理图和试验设备分别如图 1-2 和图 1-3 所示。

布氏硬度指标有 HBS 和 HBW,前者所用压头为淬火钢球,适用于布氏硬度值低于 450 的金属材料,如退火钢、正火钢、调质钢及铸铁、有色金属等;后者压头为硬质合金,适用于布氏硬度值为 450～650 的金属材料,如淬火钢等。HBS（HBW）值越大,则材料的硬度越大。

布氏硬度测试法,因压痕较大,故不宜测试成品件或薄片金属的硬度。

② 洛氏硬度试验法 洛氏硬度试验法是用一锥顶角为 120° 的金刚石圆锥体或直径为 $\phi 1.558 mm$（1/16″）的淬火钢球为压头,以一不定的载荷压入被测试金属材料表面,根据压痕深度可直接在洛氏硬度计的指示盘上读出硬度值。常用的洛氏硬度指标有 HRA、HRB 和 HRC 三种。

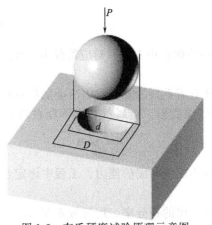

图 1-2 布氏硬度试验原理示意图

图 1-3 布氏硬度试验设备

采用 120°金刚石圆锥体为压头，施加压力为 600N 时，用 HRA 表示。其测量范围为 60～85，适于测量合金、表面硬化钢及较薄零件。

采用 $\phi1.588$mm 淬火钢球为压头，施加压力为 1000N 时，用 HRB 表示，其测量硬度值范围为 25～100，适于测量有色金属、退火和正火钢及锻铁等。

采用 120°金刚石圆锥体为压头，施加压力为 1500N 时，用 HRC 表示，其测量硬度值范围为 20～67，适于测量淬火钢、调质钢等。

洛氏硬度测试，操作迅速、简便，且压痕小不损伤工件表面，故适于成品检验。

（4）冲击韧性

金属材料抵抗冲击载荷的能力称为冲击韧性，用 a_k 表示，单位为 J/m^2。

冲击韧性常用一次摆锤冲击弯曲试验测定，即把被测材料做成标准冲击试样，用摆锤一次冲断，测出冲断试样所消耗的冲击功，然后用试样缺口处单位截面积 F 上所消耗的冲击功 a_k 表示冲击韧性。

a_k 值越大，则材料的韧性就越好。a_k 值低的材料叫做脆性材料，a_k 值高的材料叫韧性材料。很多零件，如齿轮、连杆等，工作时受到很大的冲击载荷，因此要用 a_k 值高的材料制造。铸铁的 a_k 值很低，灰口铸铁 a_k 值近于零，不能用来制造承受冲击载荷的零件。

（5）疲劳强度

有些机器零件（如轴、齿轮、弹簧等）是在方向、大小反复变化的交变载荷下工作的。这种承受交变载荷的机件，往往在应力远低于屈服强度 σ_s 的条件下发生断裂，这种现象称为疲劳破坏。一般认为，产生疲劳破坏的原因在于材料存在夹杂、表面划痕及其他引起应力集中的缺陷导致产生微裂纹，在交变载荷的长期作用下，微裂纹逐渐扩展，最终致使零件不能承受所施加的载荷而突然破坏。

材料在无数次重复交变载荷作用下不致引起断裂的最大应力，称为疲劳强度，用符号 σ_{-1} 表示。实际上不可能进行无数次试验，因而对各种材料分别规定有一定的应力循环基数。例如，钢材的应力循环基数为 10^7，有色金属和某些超高强度钢的应力循环基数为 10^8。如果材料达到规定的应力循环基数仍未发生破坏，即认为不会再发生疲劳破坏。

改善零件的结构形状，避免应力集中，降低零件的表面粗糙度值，以及进行表面热处理、表面滚压和喷丸处理等措施，均可有效地提高其抗疲劳能力。

2. 金属材料的工艺性能

工程材料的工艺性能是指其物理、化学、力学的综合性能。根据工艺方法的不同，材料的工艺性能可分为热处理性、铸造性、锻造性、焊接性和切削加工性等。

在设计零件和选择工艺方式时，为了使工艺简便，成本低廉，并能保证产品质量，必须要求材料具有良好的工艺性能。例如，灰铸铁的铸造性、切削加工性能很好，而锻造性和焊接性很差，故只能用于制造铸件。低碳钢的铸造性和焊接性很好，而高碳钢的锻造性和焊接性都较差，切削加工性也不好。

3. 工程材料的物理、化学性能

工程材料的主要物理性能有密度、熔点、热膨胀性和导电性等。不同的机器零件有不同的用途，对材料物理性能的要求亦不相同。例如，大型风力发电机的外壳应选用密度小、强度高的铝合金制造，以减轻风机的重量；电气零件应选用导电性良好的材料；内燃机活塞应选用热膨胀性小的材料。

材料的化学性能是指其在室温或高温下抵抗各种化学作用的性能，包括耐酸性、耐碱性、抗氧化性等。在腐蚀介质中或高温下工作的零件比在空气中或在室温下工作的零件腐蚀更加强烈。在设计这类零件时，要特别注意材料的化学性能。例如设计海上风机的桩基础、海上舰艇等，可采用耐腐蚀性好的不锈钢、钛以及钛合金等材料。

二、金属的结晶与合金的结构

1. 金属的晶体结构

固态物质的性能与原子在空间的排列情况有着密切的关系。固态物质按原子排列特点，可分为晶体和非晶体两大类。

凡原子按一定规律排列的固态物质，称为晶体。在自然界中除了一些少数的物质（如塑料、玻璃、松香、沥青）以外，包括金属在内的绝大多数固体都是晶体。

晶体的特点是：

① 原子在三维空间呈现有规则的周期性重复排列；

② 具有一定的熔点，如 Fe 的熔点为 $1538℃$，Cu 的熔点为 $1083℃$；

③ 晶体的性能随着原子的排列方位不同而改变，即晶体具有各向异性。

非晶体的特点是：

① 原子在三维空间呈现不规则的排列；

② 没有固定的熔点，随着温度的升高将逐渐变软，最终变为有明显流动性的液体；

③ 在各个方向上的原子聚集密度大致相同，即具有各向同性。

图 1-4(a) 为晶体中原子排列的空间球体模型。这种模型立体感很强，但不能清楚地显

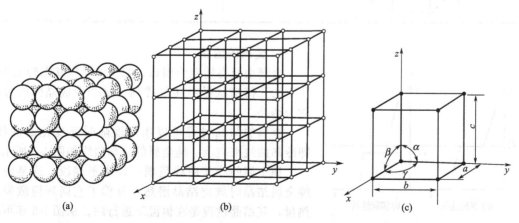

图 1-4　晶体、晶格和晶胞的示意图

示内部原子的排列规律。为了便于研究，可将每个原子抽象为一个几何质点，并用一些假想的线条将这些质点连接起来，所形成的空间格架称为晶格，如图 1-4(b) 所示。晶格是由许多大小、形状和方位相同的基本几何单位晶胞堆砌而成的，如图 1-4(c) 所示。金属的晶格有各种不同的形式，最常见的体心立方晶格、面心立方晶格和密排六方晶格如表 1-1 所示。

表 1-1　常见的金属晶格类型

晶 格 类 型	晶格示意图	晶 格 特 征	具有相应晶格的金属	性 能 特 点
体心立方晶格		晶胞为一个立方体,立方体的每个顶点和中心处各有一个原子	铬(Cr)、钨(W)、钒(V)以及在 912℃ 以下存在的 α-Fe等	具有相当高的强度和较好的塑性
面心立方晶格		晶胞为一个立方体,立方体的每个顶点及每个面的中心处各有一个原子	铝(Al)、铜(Cu)、镍(Ni)以及 912℃ 以上而低于 1394℃ 的 γ-Fe 等	具有很好的塑性
密排六方晶格		晶胞是在正六方柱体的 12 个结点和上、下两底面的中心处排列一个原子,中间还有 3 个原子	铍(Be)、镁（Mg）、锌(Zn)、镉(Cd)、α-Ti 等	

2. 金属的结晶

金属由液态转变为固态，原子由无序状态转变为按一定的几何形状做有序的排列，这个形成晶体的过程称为结晶。

金属的结晶过程可以用温度随时间变化的曲线，即冷却曲线来表示。纯金属的冷却曲线如图 1-5 所示。

纯金属的冷却曲线呈现一段水平线段，这是由于纯金属结晶时放出结晶潜热，补偿了它向环境散失的热量，其结晶过程是在恒温下进行的。从图 1-5 还可以看到，金属的实际结晶温度低于其理论结晶过程，这

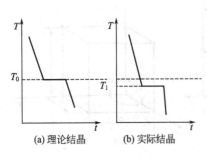

图 1-5　纯金属的结晶过程

种现象称为过冷。理论结晶温度 T_0 与实际结晶温度 T_n 之差 ΔT，称为过冷度。过冷度的大小与冷却速度有关。冷却速度越快，则过冷度越大。

金属的结晶过程如图 1-6 所示。当液态金属的温度降低至实际结晶温度时，开始结晶。首先，在液态金属中生成一些微小的晶体——晶核，液态金属的原子就以它们为中心，按照金属晶体的固有规律排列起来，随着晶核的不断长大而形成晶体；与此同时，在液态金属的其他部分新的晶核又不断生成和长大，直到全部长大的所有晶体的各个方面都相互抵触，液态金属全部凝固成固态时，结晶过程即告结束。综上所述，液态金属的结晶过程包括两个环节，即晶核的形成和晶核的长大。

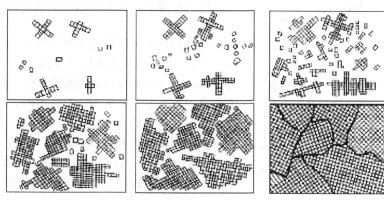

图 1-6　金属的结晶过程

晶核的形成有两种方式：一种是液态金属中某些能量较低的原子自发地聚集在一起，呈规则排列而形成的，称为自发晶核；另一种是液态金属中的一些高熔点微细固态质点，称为外来晶核或非自发晶核。晶核长大时，沿着各个方向的生长速度是不均匀的，主要是沿着生长线速度最大的方向发展，这样就形成了晶轴。晶轴继续长大，并在其上长出许多小晶轴，发展成为树枝状，这在结晶初期是常见的形状。

金属结晶后，每个晶核长大成为一个晶体，称为晶粒。晶粒与晶粒间的接触界面称为晶界。每个晶粒的外形取决于它与相邻晶粒之间相互抵触的条件，因而是不规则的。由此也可以说，金属是由许多大小、外形、晶格位向各不相同的晶粒组成的多晶体。

3. 晶粒的大小及其细化

晶粒大小对金属力学性能有较大的影响。常温下工作的金属，其强度、硬度、塑性和韧性，一般是随着晶粒细化而有所提高的。金属的晶粒越细，则晶界越多。由于晶界处的晶格排列位向不一致，犬牙交错，相互咬合，从而加强了金属的结合力，提高了金属的力学性能。

晶粒的粗细与晶核的数目和晶核长大的速度有关。液态金属中的晶核越多，则每个晶核长大的余地越小，长成的晶粒就越细。生产中常采用以下措施来细化金属的晶粒：

① 提高液态金属的冷却速度，即增大过冷度，使原子容易聚集，从而增加自发晶核；

② 在液态金属结晶前即加入某些金属或合金，造成大量不熔杂质微粒，从而形成大量外来晶核，这种方法称为变质处理；

③ 采用电磁搅拌和机械振动等附加振动的方法破碎枝晶，从而细化结晶组织。

三、金属的同素异构转变

大多数金属结晶后都具有一定的、不变的晶格类型。但是，某些金属（如铁、锡、钛、锰等）的晶格类型却随着温度的变化而变化。一种金属能以几种晶格类型存在的性质，称为金属的同素异构性。金属在固态下改变其晶格类型的过程，称为金属的同素异构转变。

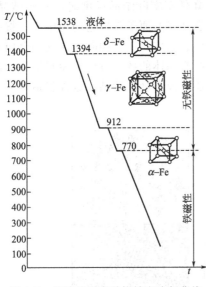

图 1-7　纯铁的同素异构转变冷却曲线

金属的同素异构转变过程与液态金属的结晶过程很相似，也是通过原子的重新排列而实现的，也要遵循结晶的一般规律：

① 包括晶核形成和晶核长大两个基本环节；

② 需要过冷；

③ 纯金属的同素异构转变也是在恒温下进行的。

因此，通常又将金属的同素异构转变称为二次结晶或重结晶。

纯铁的同素异构转变冷却曲线如图 1-7 所示。在 1538～1394℃的温度区间，纯铁为体心立方晶格，称为 δ-Fe；在 1394～912℃的温度区间，纯铁为面心立方晶格，称为 γ-Fe；在 912℃以下时，纯铁又转变为体心立方晶格，称为 α-Fe。

铁的同素异构性也影响到钢。钢在冷却时，γ-Fe 同样转变为 α-Fe。这就是通过各种热处理工艺改变钢的内部组织，改善其力学性能的主要依据。

四、合金的结构

1. 合金的概念

一般来说，纯金属大都具有优良的塑性、导电性、导热性等性能，但纯金属制取困难、价格较贵、种类有限，特别是力学性能难以满足各种高性能的要求。因此，工程上大量使用的金属材料为合金，如碳钢、合金钢、铸铁、铝合金及铜合金等。

合金是指由两种或两种以上的金属元素或金属与非金属元素组成的具有金属特性的物质。如黄铜是铜和锌组成的合金；碳钢是铁和碳组成的合金；硬铝是铝、铜和镁组成的合金等。

组成合金的最基本的、独立的物质，称为合金的组元。它包括组成合金的元素和稳定化合物。按照组元的数目，可将合金分为二元合金、三元合金等。

在金属的组织中，凡化学成分和晶格类型相同，且与其他部分有界面分开的均匀组成部分，称为"相"。纯金属在液态和固态下均属于单相，在熔化与结晶过程中则是液态和固态共存的两个相。合金在液态时属于单一的液相，在固态下则可能是单相，也可能是多相。

2. 合金的基本组成物

合金的结构是由合金内组元在结晶时的相互作用决定的，比纯金属的结构要复杂得多。两种或两种以上的组元相互作用可以形成固溶体、金属化合物和机械混合物三种基本组成物。

（1）固溶体

某些合金的组元在固态下仍具有相互溶解的能力。例如，碳及许多元素的原子能够溶解于铁。这时铁是溶剂，碳或其他元素是溶质。这种溶质原子溶入溶剂晶格所形成的单一均匀的晶体，称为固溶体，即使在显微镜下充分放大，也不能区别它所含有的各个组元。在固溶体中，溶剂原子仍然保持原来的晶格类型。大多数固溶体的溶解度是有限的，其饱和溶解度随温度的升降而增减。根据溶质原子在溶剂晶格中所占据的位置，可将固溶体分为以下两类。

① 置换固溶体 是由溶质原子置换了某些溶剂原子的位置所形成的固溶体，如图1-8（a）所示。

② 间隙固溶体 是由溶质原子侵入溶剂晶格的间隙所形成的固溶体，如图1-8（b）所示。

无论形成何种固溶体，都会导致溶剂的晶格发生畸变，结果使固溶体的强度和硬度均高于纯金属。这种现象称为固溶强化，是提高合金力学性能的一种重要途径。

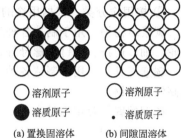

○ 溶剂原子   ○ 溶剂原子
● 溶质原子   · 溶质原子
(a) 置换固溶体   (b) 间隙固溶体

图1-8 固溶体

（2）金属化合物

金属化合物是合金组元之间相互发生作用而形成具有金属特性的一种新相，其晶格类型和性能完全不同于合金中的任一组元，一般可用分子式来表示。如碳钢中的 Fe_3C，各种钢中都有的 FeS、MnS 等，都是化合物。

金属化合物通常具有复杂的晶格结构，硬度高、脆性大。金属化合物是许多合金的重要强化相，其存在会使合金的强度、硬度和耐磨性大大提高，而塑性下降。

（3）机械混合物

机械混合物是合金中的一类复相混合物组织，不同的相均可互相组合形成机械混合物。各相在机械混合物中仍保持原有的晶格和性能，机械混合物的性能介于组成相的性能之间。工业上大多数合金均由机械混合物组成，如钢、铸铁、铝合金等。

五、常见的金属元素

1. 钢

钢的种类繁多，按化学成分可将其分为碳素钢和合金钢；按用途可将其分为结构钢、工具钢、特殊性能钢；按质量可将其分为普通钢、优质钢、高级优质钢；按脱氧程度可将其分为镇静钢、半镇静钢、沸腾钢。

（1）碳钢

碳钢又称碳素钢，其碳的质量分数低于1.5%，并含有少量硅、锰、硫、磷等杂质元素的铁碳合金。

含碳量的高低对碳钢力学性能的影响极大。当碳的质量分数低于0.9%时，碳钢的强度和硬度随含碳量的增加而提高，塑性和韧性则随含碳量的增加而降低；当碳的质量分数高于0.9%时，碳钢的硬度仍随含碳量的增加而提高，但其强度、塑性和韧性均随含碳量的增加而降低。

碳钢中的杂质硅、锰能使钢强化（强度、硬度提高），锰还能降低硫的有害影响，它们是钢中的有益元素；硫使钢热脆（在800～1200℃进行热加工时，易引起破断），磷导致钢冷脆（在低温时变脆），它们是钢中的有害元素。

碳钢的主要分类方法如下。

① 按含碳量分类 根据含碳量的多少，碳钢可分为三类：

低碳钢 $\omega_C \leqslant 0.25\%$；

中碳钢 $0.25\% \leqslant \omega_C \leqslant 0.60\%$；

高碳钢 $\omega_C \geqslant 0.60\%$

② 按质量分类 根据有害杂质P、S含量的不同，碳钢可分为三类：

普通碳素钢　$\omega_P\leqslant0.045\%$，$\omega_S\leqslant0.050\%$；

优质碳素钢　$\omega_P\leqslant0.040\%$，$\omega_S\leqslant0.040\%$；

高级优质碳素钢　$\omega_P\leqslant0.035\%$，$\omega_S\leqslant0.030\%$。

③ 按用途分类　根据用途的不同，碳钢可分为两大类：

碳素结构钢　用于制造各种工程构件，如桥梁、船舶、建筑构件等，制造机器零件，如齿轮、轴、连杆、螺钉、螺母等；

碳素工具钢　用于制造各种刀具、量具、模具等，一般为高碳钢，在质量上都是优质钢或高级优质钢。

碳钢的牌号及用途见表1-2。

（2）合金钢

碳钢的价格较低廉，加工较容易，通过含碳量的增减和不同的热处理，它的性能可以得到改善，能满足生产上的很多使用要求。但是，碳钢还存在着淬透性低、回火抗力差、不能满足一些特殊要求等缺点。为了弥补碳钢性能的不足，目前工业上广泛使用合金钢。

表1-2　碳钢的牌号及用途

类别	编牌号的方法		主要性能特点	应用	
	示例	说明		常用牌号	用途举例
碳素结构钢	Q235-AF 或 Q235AF	"Q"为"屈"的汉语拼音字首；"Q235"为屈服点（强度）值（N/mm²）；A、B、C、D为质量等级，由A到D依次提高；F、BZ、Z、TZ分别表示沸腾钢、半镇静钢、镇静钢、特殊镇静钢，"Z"与"TZ"常省略	含碳量较低，含S、P杂质较多，硬度较低，塑性较好，价格便宜	Q195、Q215A、Q215B	薄板、焊接钢管、铁丝、铁钉
				Q235A、Q235B、Q235C	薄板、中板、钢筋、条钢、钢管、焊接件、铆钉、螺栓、外壳、法兰
				Q255A、Q255B、Q275	拉杆、连杆、键、轴、销钉、要求强度较高的结构件
优质碳素结构钢	45 65Mn	正常含锰量时，以平均含碳量的万分数表示；较高含锰量（$\omega_C\leqslant0.6\%$时，$0.7\%\leqslant\omega_{Mn}\leqslant1.2\%$；$\omega_C>0.6\%$时，$0.9\%\leqslant\omega_{Mn}\leqslant1.2\%$）时，以平均含碳量的万分数后附Mn表示	含P、S有害杂质较少，化学成分控制较严，力学性能较高，价格较低	08F、08、10F、10、15F、15、20、25	属于低碳钢，塑性、韧性好，焊接性好，用于冲压板、焊接件、渗碳件、一般螺钉、铆钉、轴、垫圈
				30、35、40、45、50、55	属中碳钢，综合力学性能好，机械加工性较好，用于各种受力较大的零件（如连杆、齿轮等），也用于制造具有一定耐磨性的零件（50、55用作凸轮等）
				60、65、70、75、80、85	属于高碳钢，强度、硬度较高，弹性较好，用作各种弹性元件，如弹簧垫圈和耐磨零件（如凸轮、轧辊等）
				15Mn、25Mn、30Mn、40Mn、45Mn、50Mn、60Mn、65Mn、70Mn	性能与相应正常含锰量的各号钢基本相同，强度稍高，淬透性稍好，应用范围基本相同。宜制造截面尺寸较大、强度要求较高的零件
碳素工具钢	T10、T10A	"T"为"碳"的汉语拼音字首，后面的数值为碳的平均质量分数的千分数，当为高级优质碳素钢（$\omega_P\leqslant0.02\%$，$\omega_S\leqslant0.03\%$）时，其牌号后加"A"	碳的质量分数较高（0.65%～1.35%），含P、S较低，属高碳优质钢，热处理后可获得较高硬度和耐磨性	T7、T7A、T8、T8A	韧性较高，用作要求有较高韧性的工具，如木工工具、冲头等
				T9、T9A、T10、T10A、T11、T11A	要求中等韧性、较高硬度的工具，如丝锥、铰刀、板牙等
				T12、T12A、T13、T13A	要求耐磨性好、但韧性可较低的工具，如量具、锉刀、刻字刀

续表

类别	编牌号的方法		主要性能特点	应用	
	示例	说明		常用牌号	用途举例
铸造碳钢	ZG200-400	"ZG"为"铸钢"的汉语拼音字首,其后的第一组数字为屈服点数值(N/mm²),第二组数值为抗拉强度(N/mm²)	用铸造方法成形,其综合力学性能高于各类铸铁,适合制造形状复杂,强度、硬度和韧性要求较高的零件。由于其焊接性好,还便于采用铸-焊联合制造形状复杂的大型零件	ZG200-400	塑性、韧性、焊接性均好,用于受力不太大、韧性要求高的各种机件,如机座、变速箱壳体等
				ZG230-450	强度较高,塑性、韧性较好,焊接性好,切削加工性尚可,用于受力不太大、韧性要求较高的各种机件,如外壳、阀体等
				ZG270-500	强度较高,塑性较好,铸造性及切削加工性好,焊接性尚可,用途较广,如轴承座、连杆、箱体、缸体、曲轴等
				ZG310-570 ZG340-640	强度、硬度、耐磨性高,切削加工性中等,流动性好,焊接性较差,裂纹敏感性较大,用于齿轮、棘轮等
易切削结构钢	Y15 Y40Mn	"Y"为"易"的汉语拼音字首,其后的数字为碳的平均质量分数的万分数,数字后为化学元素符号("正常含量"的化学成分,其化学元素符号不标出)	含S、P、Mn较高的碳素结构钢($0.04\% \leqslant \omega_S \leqslant 0.33\%$,$\omega_P \leqslant 0.15\%$,$0.4\% \leqslant \omega_{Mn} \leqslant 1.55\%$),切削加工性非常好,力学性能与相同含碳量的碳素结构钢基本相同	Y12、Y12Pb、Y15、Y15Pb、Y20、Y30、Y35?、Y40Mn、Y45Ca 等	用途与相同含碳量的碳素结构钢基本相近

所谓合金钢,就是为了改善钢的性能,有目的地往碳钢中加入一定量的其他合金元素所获得的钢。钢中合金元素总量小于4%~5%的称为低合金;5%~10%的称为中合金;大于10%的称为高合金。目前,常用的合金元素有 Si、P、Cr、Mn、Ni、Cu、Al、B、W、Mo、V、Ti、Co、Nb、Zn 及稀土 Re、部分合金元素对钢的性能的影响见表1-3。

表1-3 合金元素对钢性能的影响

合金元素	对钢性能的影响
Si	提高刚度,改善磁性,提高耐腐蚀性和耐热性,提高淬透性
P	提高耐蚀性,改善切削加工性
Cr	提高强度、韧性、淬透性、抗氧化性和耐腐蚀性
Mn	减轻热脆性,提高强度、硬度、淬透性,是高锰耐磨钢的主要元素
Ni	提高强度、韧性、耐腐蚀性、耐热性、淬透性
Cu	增加强度,耐大气腐蚀
Al	阻止晶粒长大,耐高温氧化(Al_2O_3)
B	提高淬透性
W	提高硬度、耐磨性,改善高温强度、红硬性
Mo	提高淬透性,改善高温强度、红硬性,提高耐蚀性
V	提高耐磨性,改善强度和韧性
Ti	提高强度、硬度和耐热性
Re	改善耐热、耐蚀、抗氧化性,提高冲击韧性、塑性

合金钢常用的分类方法如下。

① 按合金元素的含量分类

低合金钢　合金元素总的质量分数<5％。

中合金钢　合金元素总的质量分数5％～10％。

高合金钢　合金元素总的质量分数>10％。

② 按用途分类　可将其分为合金结构钢、合金工具钢、特殊性能钢三大类。

合金钢的编号方法与应用举例如表1-4所示。

2. 铸铁

铸铁是以铁、碳、硅为主要元素组成，碳的质量分数大于2.11％的铁碳合金。铸铁中所含杂质较钢多，工业上常用的铸铁的含碳量是$\omega_C=2.5\%～4.0\%$。尽管铸铁的力学性能较低，但是由于其生产成本低廉，具有优良的铸造性、可切削加工性、减震性及耐磨性，因此，在现代工业中仍得到普遍的应用，典型的例子如机床的床身、内燃机的汽缸、汽缸套、曲轴等。

表1-4　合金钢的编号方法与应用举例

类　别		编号方法		主要性能特点	应　用	
		示例	说明		常用牌号	用途举例
合金结构钢	低合金结构钢			较好的强度，较好的塑性和耐磨性，通常可以热轧状态下直接使用	Q295、Q345、Q390	广泛用于制造钢炉、船舶、桥梁、压力容器、建筑结构、车辆等各种构件
	合金渗碳钢	①60Si2Mn②GCr15SiMn	①前面的数字为钢中碳的平均质量分数的万分数，其后依次为合金元素符号及其平均质量分数的百分数（合金元素的平均质量分数<1.5％时，数字略去）；②滚动轴承钢编号"G"为"滚"的汉语拼音字首，其后为铬的元素符号及其平均质量分数的千分数，以后依次为其余合金的符号及其平均质量分数的百分数（合金元素的平均质量分数<1.5％时，数字不标出）	属低碳低合金钢，通过渗碳，整体强度高，表硬内韧	20Cr、20MnV、20CrMnTi、12CrNi、18Cr2Ni4WA	用于制造要求表面硬度高、耐磨且受冲击的零件，如汽车、矿山运输机上的重要齿轮、内燃机凸轮、活塞销等
	合金调质钢			属中碳低合金钢，经调质处理后，综合力学性能和切削加工性好	40Cr、30CrMnTi、35CrMo、40CrMnMo、38CrMoAl	用于制造承受较大交变载荷、冲击载荷及在复杂应力条件下工作的重要零件，如重要轴、连杆、齿轮、阀杆等
	合金弹簧钢			弹性好，屈服点、疲劳强度高，塑性、韧性好，成型性能好	65Mn、60Si2Mn、50CrVA 等	用于制造各种弹性元件，如各种螺旋弹簧、板弹簧等
	滚动轴承钢			强度、硬度、耐磨性好，韧性、疲劳强度、耐腐蚀性较好	GCr15、GCr9、GCr9SiMn、GCr15SiMn 等	用于制造各种滚动轴承元件（钢球、滚子、滚针、轴承套等）、各类工具及耐磨零件
合金工具钢	合金刃具钢	低合金刃具钢	9Mn2VCr12	前面的数字表示碳的平均质量分数的千分数（平均$\omega_C \geqslant$1％时，不标出），其后为合金元素符号及其平均质量分数的百分数（平均质量分数<1.5％时，	高的硬度、耐磨性、红硬性、良好的强度、塑性、冲击韧性	9SiCr、9Mn2V、CrWMn、Cr2	用于制造各种低速切削刀具，如丝锥、板牙、刮刀等，其红硬性高于低合金刃具钢，又称为高速钢、锋钢，用于较高速度的切削刀具，如车刀、铣刀、钻头等

续表

类　别			编号方法		主要性能特点	应　用	
			示例	说明		常用牌号	用途举例
合金工具钢	合金刃具钢	高合金刃具		数字不标出）。 注意:高合金刃具钢（高速钢）的含碳量均不标出		W18Cr4V、W6Mo5Cr4V2、W9Mo3Cr4V	
	合金模具钢	冷作模具钢			高的硬度和耐磨性,较好的强度和韧性	9SiCr、9Mn2V、CrWMn、Cr12、Cr12MoV、W18Cr4V	用于制造在室温下工作的模具,如冷冲模、冲墩模、冷挤压模、拉丝模等
		热作模具钢			良好的抗疲劳能力、导热性、抗氧化性,较高的强度、硬度、韧性、耐磨性	5CrMnMo、5CrNiMo、3Cr2W8V等	用于制造在受热状态下进行工作的模具,如热锻模、热墩模、热挤压模等
	量具钢				高的硬度、耐磨性,良好的尺寸稳定性、加工工艺性	9SiCr、CrWMn、GCr15	用于制造各种测量用具,如块规、卡尺、塞规、样板等
特殊性能钢	不锈钢	铬不锈钢	2Cr13、00Cr12、0Cr19Ni9	编号方法同合金工具钢,但当平均含碳量≤0.03%时,钢号前加"00",平均含碳量≤0.08%时,钢号前加"0"表示	是不锈钢和耐酸钢的总称,前者可抗大气腐蚀,后者可耐化学介质腐蚀	1Cr13、2Cr13、3Cr13	用于制造耐大气腐蚀、能承受冲击载荷的零件,如汽轮机叶片、量具、刃具等
		铬镍不锈钢				1Cr17	可耐酸、耐大气腐蚀,通用性好,用于建筑装饰、家电、工厂设备等
						1Cr18Ni9、1Cr18Ni9Ti	耐酸,用于制作耐酸设备零件,及建筑装饰、医疗器械等
	耐热钢	抗氧化钢			具有良好的抗高温氧化能力	3Cr18Mn12Si2V、0Cr19Ni9、2Cr20Mn9Ni	各种受力不大的钢用构件,如锅炉炉罩等
		热强钢			高温下具有良好的抗氧化能力和较高强度	1Cr18Ni9Ti、3Cr9Si2、4Cr14Ni14W2Mo	用于制造各种高温下受较大载荷的零件,如内燃机排气门、化工高压容器、螺栓等
	耐磨钢				又称高锰钢,在强烈冲击、高压或摩擦条件下,具有高的硬度和耐磨性,一般是铸造成型		用于制造耐磨且耐强烈冲击的零件,如坦克和拖拉机的履带、挖掘机铲齿、铁路道岔等

（1）铸铁的组织与性能

碳在铸铁中有两种存在形式：一是以化合状态 Fe_3C 存在，称为渗碳体；一是以游离状态存在，称为石墨。

铸铁组织中析出碳原子形成石墨的过程，叫做石墨化。铸铁的组织取决于石墨化过程进行得彻底的程度，它不仅决定了石墨析出的数量、大小形态和分布，也决定了铸铁的基体组织，从而决定了铸铁的性能。

① 影响石墨化的因素　有关研究表明，石墨既可以从液态中直接析出，也可以由渗碳体分解而得到。影响铸铁石墨化的主要因素是化学成分和冷却速度。

a. 化学成分。碳是形成石墨的元素，也是促进石墨化的元素。硅是强烈促进石墨化的元素。碳、硅含量过低，则容易出现硬脆的白口组织，并使熔化和铸造变得困难；反之，则会形成强度很低的铁素体灰铸铁。灰铸铁中碳、硅的质量分数 ω_C 的范围为 2.7%～3.9%，ω_{Si} 为 1.1%～2.6%。

锰和硫是铸铁中密切相关的两个元素。硫不仅强烈阻碍石墨化，而且使铸铁具有热脆性，使铸造性能变坏，因此，其含量必须严格控制，质量分数一般低于 0.1%～0.15%。锰虽然也阻碍石墨化，但它可以与硫结合形成 MnS，减弱硫的有害影响。铸铁中锰的质量分数一般为 0.6%～1.2%。

b. 冷却速度。冷却速度越慢，即过冷度越小，对石墨化越有利；反之，冷却速度越快，过冷度越大，越不利于石墨化的进行。生产中，铸铁的冷却速度可由铸件的壁厚来调整，厚壁处或中心部位呈灰口，石墨化越完全；薄壁处或表面层则呈白口，石墨化越不易进行。

② 铸铁中石墨的作用　灰铸铁中的石墨是一种非金属夹杂物，其强度极低（$\sigma_b <$ 20MPa，硬度约为 3HBS，$\delta \approx 0$），所以灰铸铁的组织相当于在碳钢的基体上布满了微裂纹，这不仅减少了金属基体承载的有效面积，更严重的是在石墨片的边缘处会引起应力集中，致使灰铸铁的抗拉强度远远小于钢，且塑性和韧性较差。如果使灰铸铁中的石墨的形状由片状改变为团絮状或球状，则可以减轻石墨对金属基体的割裂程度，改善铸铁的力学性能。当灰铸铁受压时，石墨主要是减少承载的有效面积，而应力集中较小，其不利影响较小，故表现出接近于钢的抗压强度。因此，灰铸铁适于制造受压的零件。

石墨的存在虽然降低了铸铁的力学性能，但也造就了灰铸铁一系列的优良性能，如较好的耐磨性和减振性、优良的切削加工性、良好的铸造性、较低的缺口敏感性等，使灰铸铁在工业中获得极为广泛的用途。

（2）铸铁的分类

根据铸铁在结晶过程中石墨化程度的不同，铸铁可以分为白口铸铁、灰口铸铁、麻口铸铁；根据石墨的形状不同，灰口铸铁又可分为灰铸铁（石墨呈片状）、可锻铸铁（石墨呈团絮状）、球墨铸铁（石墨呈球状）、蠕墨铸铁（石墨呈蠕虫状）。

铸铁具有很多优良的性能，且生产简便，成本低廉，是工程上常用的一种金属材料。

灰口铸铁目前在生产中应用较为广泛，其编号方法、性能特点、常用牌号与用途见表1-5。

3. 有色金属及其合金

工业生产中，通常把非铁金属及其合金称为有色金属。这类材料具有钢铁材料所没有的许多特殊性能，在工程上应用极广。以下介绍几种在风电设备中常用的有色金属及其合金。

（1）铝及铝合金

① 铝及铝合金的性能特点

a. 密度小、熔点低　纯铝的密度为 $2.72 \times 10^3 \text{kg/m}^3$，仅为铁的 1/3，熔点为 660.4℃，导电性仅次于 Cu、Au、Ag。铝合金的密度也很小，熔点更低，但导电、导热性不如纯铝，铝及铝合金的磁化率极低，属于非铁磁材料。

表 1-5　铸铁的编号方法与应用举例

类别	编号方法		主要性能特点	应　用	
	示例	说明		常用牌号	用途举例
灰铸铁	HT200	"HT"是"灰铁"汉语拼音字首,其后为抗拉强度最低值(MPa)	力学性能较低,铸造性、切削加工性、减振性、耐磨性好,缺口敏感性低	HT100	低载荷、不重要的零件,如手轮、防护罩等
				HT150	中等载荷零件,如机座、变速箱体、支架等
				HT200、HT250	较大载荷的重要零件,如机身、床身、轴承座等
				HT300、HT350	高载荷、高耐磨的重要零件,如凸轮、齿轮、重要机座等
球墨铸铁	QT400-15	"QT"为"球铁"的拼音字首,其后第一组数字为抗拉强度最低值(MPa),第二组数字为伸长率最低值(%)	力学性能远远超过灰铸铁,某些指标接近钢,保持灰铸铁优良的铸造性、切削加工性、耐磨性和低的缺口敏感性	QT400-18、QT400-15、QT400-10	强度要求较低的零件,如泵壳、阀体、机壳齿轮箱等
				QT500-7	中等强度的零件,如机座、机架、齿轮、飞轮等
				QT600-3、QT700-2、QT800-2	较高强度和耐磨性的零件,如曲轴、缸体、缸套、连杆等
				QT900-2	高强度、高耐磨性的零件,如曲轴、凸轮轴、齿轮等
可锻铸铁	KTH300-06 KTZ450-06 KTB450-07	"KT"为"可铁"汉语拼音字首,"H"、"Z"、"B"分别为黑心的"黑"、珠光体的"珠"、白心的"白"汉语拼音字首,其后第一组数字为抗拉强度的最低值(MPa),第二组数字为伸长率的最低值(%) 注意:可锻铸铁并不可锻	力学性能优于灰铸铁适于制作薄壁、形状复杂的小型铸件,但生产工艺复杂。	KTH300-06	受低的动载荷及静载荷,要求气密性好的零件,如中、低压阀门等
				KTH330-08	受中等载荷及静载荷的零件,如扳手、钢丝绳轧头等
				KTH350-10 KTH350-12	受较大冲击、振动及扭转负荷的零件,如差速器壳等
				KTZ450-06 KTZ550-04 KTZ650-02 KTZ700-02	受较大载荷,要求耐磨性并有一定韧性的重要零件,如曲轴、凸轮轴、连杆、方向接头、棘轮等
				KTB350-04 KTB380-04 KTB400-05 KTB450-07	焊接性能好,强度和耐磨性较差。应用较少,用作厚度在15mm以下的薄壁铸件和焊后不需热处理的零件
蠕墨铸铁	RuT420	"RuT"为"蠕铁"汉语拼音字首,其后数字为抗拉强度的最低值(MPa)	性能介于球墨铸铁与灰铸铁之间	RuT420 RuT380	要求高强度和耐磨性的零件,如活塞环、制动盘等
				RuT340	要求较高强度、刚度及耐磨性的零件,如重型机床工作台、大型齿轮箱体等
				RuT300	要求较高强度与承受热疲劳的零件,如排气管、汽缸盖等
				RuT260	承受冲击载荷及热疲劳的零件,如汽车底盘零件等

　　b. 抗大气腐蚀性能好　铝和氧的化学亲和力大。在大气中,铝和铝合金表面会很快形成一层致密的氧化膜,防止内部继续氧化。

c. 加工性能好、比强度高　具有较高的塑性（$\delta=30\%\sim50\%$，$\psi=80\%$），易于压力加工成形，并有良好的低温特性，纯铝的强度低，$\sigma_b=70MPa$，虽经冷变形强化，强度可提高到 $150\sim250MPa$，但也不能直接用于制作受力的结构件。而铝合金通过冷成形和热处理，其抗拉强度可达到 $500\sim600MPa$，相当于低合金钢的强度。铝合金的比强度高，成为风电设备的主要结构材料。

② 工业纯铝　工业纯铝有冶炼（铝锭）和加工产品（铝材）两种，广泛应用于制造导线、电器仪器零件及装饰件等。

纯铝牌号的编制方法如下：

铝锭。Al—顺序号，如 Al—2 等。顺序号越大，铝的纯度越低，性能越差。

铝材。L 顺序号，如 L1、L2 等，同样，顺序号越大，铝的纯度越低，性能越差。

③ 铝合金　铝合金就其成分和成形方法不同，可分为形变铝合金和铸造铝合金两类。形变铝合金是合金元素含量低，塑性变形能力好，适于冷、热压力加工的铝合金。根据其性能特点不同，可分为防锈铝合金、硬铝合金、超硬铝合金、锻铝合金四种。铸造铝合金是合金元素含量较高、熔点较低、铸造性好、适于铸造成型的铝合金。由于主加合金元素分别为 Si、Cu、Mg、Zn，据此可将铝合金相应地分为铝硅合金（Al-Si 系，又称为铝硅明）、铝铜合金（Al-Cu 合金系）、铝镁合金（Al-Mg 合金系）、铝锌合金（Al-Zn 合金系）。

铝合金的编号方法、常用牌号与应用举例如表 1-6 所示。

（2）铜及铜合金

① 铜及铜合金的性能特点

a. 纯铜的导电性、导热性、抗磁性好，纯铜又称紫铜，密度为 $8.98\times10^3 kg/m^3$，熔点为 1083℃。

表 1-6　铝合金的编号方法、常用牌号与应用举例

类别		编号方法		主要性能特点	应用	
		示例	说明		牌（代）号	用途举例
形变铝合金	防锈铝合金	LF5	"LF"为"铝防"汉语拼音字首，其后数字为顺序号	分为铝锌合金和铝镁合金。铝锰合金比纯铝有更高的耐蚀性、强度良好的焊接性和塑性，但切削加工性较差。铝镁合金比纯铝的密度小，比铝锌合金的强度高，且有较好的耐蚀性	LF5 LF11 LF21	主要用于制造各种耐蚀性薄壁容器、蒙皮及一些受力小的构件，在飞机、车辆及日用器具中应用很广
	硬铝合金	LY11	"LY"为"铝硬"汉语拼音字首，其后数字为顺序号	强度、硬度高，耐热性好，但塑性低、韧性差	LY1 LY11 LY12	风电设备的重要结构材料，如风机的机舱等；在仪器制造业中也得到广泛应用
	超硬铝合金	LC4	"LC"为"铝超"汉语拼音字首，其后数字为顺序号	是室温强度最高的铝合金，其比强度相当于超高强度钢，其最大缺点是抗蚀性差	LC4 LC6	主要用于工作温度不超过 $120\sim130$℃的受力构件
	锻铝合金	LD7	"LD"为"铝锻"汉语拼音字首，其后数字为顺序号	具有良好的热塑性、铸造性和锻造性，并有较高的力学性能	LD2 LD6 LD7 LD10	用锻造或其他压力加工方法制造复杂的零件

类　别		编 号 方 法		主要性能特点	应　用	
		示　例	说　明		牌(代)号	用途举例
铸造铝合金	铝硅合金	ZL101	"ZL"为"铸铝"汉语拼音字首,首位数字表示种类(1—铝硅合金、2—铝铜合金、3—铝镁合金、4—铝锌合金)	铸造性好,线收缩小,流动性好,具有较高的耐蚀性和耐热性,经变质处理后有良好的力学性能,但铸件致密性不高	ZL101 ZL102	用于形状复杂的砂型、金属型和压力铸造零件
					ZL105 ZL106	砂型、金属型、压力铸造的,形状复杂的,在225℃以下工作的零件,如风冷发动机的汽缸头、油泵壳体等
	铝铜合金	ZL203		具有较好高温特性,但铸造性不好,耐蚀性和比强度也低于优质铝硅合金	ZL201 ZL202 ZL203	主要用于制造在200~300℃条件下工作的,要求较高强度的零件
	铝镁合金	ZL301		密度小,耐蚀性好,强度高,但高温强度较低,铸造性不好,流动性差,比收缩率大,铸造工艺复杂	ZL301	多用于制造受冲击载荷、耐海水腐蚀、外形不太复杂、便于铸造的零件,如舰船零件等
	铝锌合金	ZL401		力学性能较好,流动性好,易充满铸型,但密度较大,耐蚀性差	ZL401	常用于压力铸造零件,工作温度不超过200℃,如结构形状复杂的汽车、飞机零件

b. 抗大气和水的腐蚀能力强。但纯铜在含有二氧化碳的湿空气中表面将产生 $CuCO_3 \cdot Cu(OH)_2$ 或 $2CuCO_3 \cdot Cu(OH)_3$ 的绿色通魔（又称铜绿）。

c. 加工性能好，为面心立方晶格，无同素异构转变，塑性好。

某些铜合金具有良好的塑性，故某些铜合金易于冷热压力加工成型。铜合金还有较好的铸造性能。

由于铜及铜合金具有上述特点，故在电气工业、机械制造行业中得到广泛的应用。

② 工业纯铜　工业纯铜常用于制造电线、电缆、导热及耐蚀器材、电气元件等，一般不用于制造结构零件。

③ 铜合金　工程上常用的铜合金为黄铜、青铜。

a. 黄铜　黄铜是以锌为唯一的或主要的合金元素的铜合金，其外观色泽呈金黄色。黄铜可分为普通黄铜与特殊黄铜两类。只含锌不含其他合金元素的黄铜，称为普通黄铜；除锌以外还含有其他合金元素的黄铜，称为特殊黄铜。按照生产方法不同，黄铜可以分为压力加工黄铜与铸造黄铜两类。

b. 青铜　除了以锌为主加元素以外的其他铜合金统称为青铜，其外观色泽呈棕绿色。青铜可分为普通青铜（以锡为主加元素的铜基合金，又称为锡青铜）和特殊青铜（不含锡的青铜合金，又称为无锡青铜）。按照生产方法的不同，青铜又可分为压力加工青铜和铸造青铜两类。

青铜的耐磨性一般比黄铜好，机械制造中应用较多。

常用铜合金的编号方法和应用举例如表1-7所示。

表 1-7　铜合金的编号方法与应用举例

类　　别		编 号 方 法		主要性能特点	应　　用	
		示例	说明		牌　　号	用途举例
黄铜	普通黄铜	H62 ZH62	"H"为"黄"的汉语拼音字首,后面数字为铜的平均质量分数。铸造普通黄铜在上述代号前加"Z"	耐蚀性好,但经冷加工的黄铜件在潮湿的大气中会因残余内应力的存在而发生应力腐蚀破坏;塑性好,可进行冷热压力加工;流动性好,偏析倾向小,铸件组织致密	H62	用于制作销钉、铆钉、垫圈、导管、散热器等
					ZH62	用作一般耐腐蚀结构件,如法兰、支架等
	特殊黄铜	HPb59-1 ZHPb59-1	"H"为"黄"的汉语拼音字首。方法是:代号"H"+除锌以外的主加元素符号+铜的质量分数+主加元素的质量分数。铸造特殊黄铜在上述代号前加"Z"	与普通黄铜比较,特殊黄铜具有更高的强度、硬度、耐磨性、抗蚀性、切削加工性	HPb59-1	适于热冲压及切削加工零件,如销子、螺钉、垫圈等
					HAl59-3	用于常温下工作的高强度耐蚀零件
					ZHA167-2.5	海用零件、通用零件的耐蚀零件
					ZHPb59-1	大型轴套及滚动轴承的轴承套
青铜	普通青铜	QSn4-3 ZQSn3-12-5	"Q"为"青"的汉语拼音字首。方法是:代号"Q"+主加元素符号+主加元素含量的百分数(+其他元素含量的百分数)。铸造青铜在上述代号前加"Z"	锡的质量分数小于7%的锡青铜塑性良好,可以压力加工,锡的质量分数大于10%的锡青铜塑性低,强度较高,可用于铸造,铸造收缩率小,适于铸造形状复杂、对尺寸精度要求较高的铸件,但其疏松倾向性大,致密度低,有良好的抗蚀性	QSn4-3	弹性元件,用于制造耐磨零件和抗磁零件
					QSn4-4-2.5	用作承受摩擦的零件,如轴套等
					QSn6.5-0.4	用作金属网、弹簧及耐磨零件
	特殊青铜	QSi3-1 ZQAl9-2	"Q"为"青"的汉语拼音字首。方法是:代号"Q"+主加元素符号+主加元素含量的百分数(+其他元素含量的百分数)。铸造青铜在上述代号前加"Z"	与普通青铜相比,特殊青铜具有更高的强度、硬度、抗蚀性与耐磨性。铸造流动性很好,可得到致密铸件,但收缩率大	QSi3-1	弹簧、耐蚀零件以及蜗轮、蜗杆、齿轮、制动杆等
					ZQPb30	发动机曲轴和连杆的轴承
					ZQAl9-2	形状简单的大型铸件,如衬套、齿轮和轴承
					ZQAl10-3-1.5	较高荷载的轴套、齿轮和轴承

[操作指导]

一、任务布置

调查某风电公司生产的 20kW 风电机组所用的金属材料,该机组的技术参数如表 1-8 所示。

表 1-8 20kW 风电机组的技术参数

额定功率/kW	20
叶片数目/片	3
叶片材料	玻璃钢
风轮直径/m	10
额定风速/(m/s)	11
额定转速/(r/min)	60
发电机形式	钕铁硼永磁
塔架方式	独立柱
塔架高度/m	20

二、操作指导

金属材料的鉴别方法很多,其中火花鉴别法、色标鉴别法等最为简易。

1．火花鉴别法

（1）火花的构成

钢材在砂轮上磨削时所射出的火花由根部火花、中部火花和尾部火花构成火花束,如图 1-9 所示。

磨削时由灼热粉末形成的线条状火花,称为流线。流线在飞行途中爆炸而发出稍粗而明亮的点,称为节点。火花在爆裂时所射出的线条,称为芒线。芒线所组成的火花,称为节花。节花分一次花、二次花、三次花不等。芒线附近呈现明亮的小点,称为花粉。火花束的构成如图 1-10 所示。

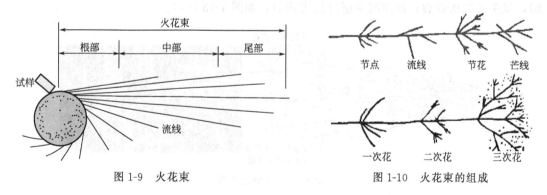

图 1-9 火花束　　　　　　　　图 1-10 火花束的组成

由于钢材的化学成分不同,流线尾部出现不同的尾部火花,称为尾花。尾花有苞状尾花、菊状尾花、狐尾花、羽状尾花等,如图 1-11 所示。

（2）常用钢的火花特征

碳素钢随着含碳量增加,流线形式由挺直转向抛物线,流线逐渐增多,火束长度逐渐缩短,粗流线变细,芒线逐渐细而短,由一次爆花转向多次爆花,花的数量和花粉也逐渐增多,光辉度随着含碳量的升高而增加,砂轮附近的晦暗面积增大。在砂轮磨削时,手感也由软而渐渐变硬。

15 钢的火花特征:火花流线多,略呈弧形。火束长,呈草黄色,带红;芒线稍粗;爆花呈多分叉,一次爆花,如图 1-12 所示。

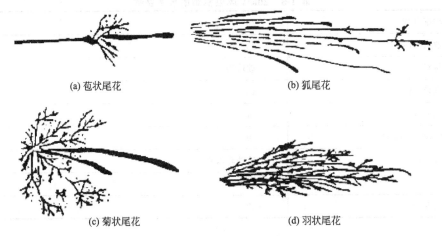

(a) 苞状尾花　　　　　　　　　　(b) 狐尾花

(c) 菊状尾花　　　　　　　　　　(d) 羽状尾花

图 1-11　各种尾花形状

呈不明显枪尖尾花

呈一次花
芒线多叉

15钢火花

图 1-12　15 钢的火花

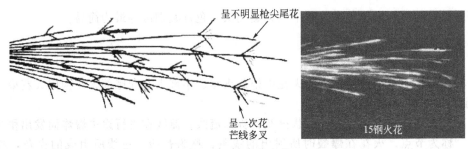

40 钢的火花特征：整个火束呈黄而略明亮；流线较细、多分叉而长；爆花接近流线尾端，呈多叉二次爆裂；磨削时手感反抗力较弱，如图 1-13 所示。

开始呈二次花
芒线仍较粗

尾部挺直尖端流
线有分叉现象

40钢火花

图 1-13　40 钢的火花

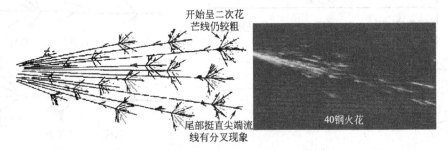

T13 钢的火花特征：火束短粗，中暗红色；流线多，细而密；爆花为多次爆裂，花量多并重叠，碎花、花粉量多；磨削时手感较硬。如图 1-14 所示。

合金钢火花的特征与加入合金元素有关。例如 Ni、Si、Mo、W 等有抑制爆裂的作用，而 Mn、V、Cr 却可以助长爆裂，所以对合金钢火花的鉴别较难掌握。W18Cr4V 火花束细长，流线数量少，无火花爆裂，色泽是暗红色，根部和中部为断续流线，尾花呈弧状，如图 1-15 所示。

2. 色标鉴定法

生产中为了表示金属材料的牌号、规格等，在材料上需要做一定的标记。常用的标记有

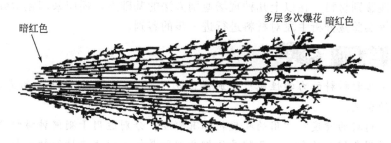

图 1-14　T13 钢的火花

图 1-15　W18Cr4V 火花特征

涂色、打印、挂牌等。金属材料的涂色标记是把表示钢种、钢号的颜色涂在材料端面，成捆交货的钢应涂在同一端面上，盘条则涂在卷的外侧。在生产中可以根据材料的色标对金属材料进行鉴别。

3. 断口鉴别法

材料或零部件因受某些物理、化学或机械作用的影响而导致破断，此时所形成的自然表面称为断口。生产现场根据断口的自然形态判定材料的韧脆性，从而推断材料含碳量的高低。

若断口呈纤维状，无金属光泽，颜色发暗，无结晶颗粒，且断口边缘有明显的塑性变形特征，则表明钢材具有良好的塑性和韧性，属碳量偏低。

若断口齐平，呈银灰色，且具有明显的金属光泽和结晶颗粒，则表明属脆性材料。

而过共析钢或合金钢经淬火后，断口呈亮灰色，具有绸缎光泽，类似于细瓷器断口特征。

常用钢铁材料的断口特点如下：

① 低碳钢不易敲断，断口边缘有明显的塑性变形特征，有微量颗粒；

② 中碳钢的断口边缘的塑性变形特征没有低碳钢明显，断口颗粒较细、较多；

③ 高碳钢的断口边缘无明显塑性变形特征，断口颗粒很细密；

④ 铸铁极易敲断，断口无塑性变形，晶粒粗大，呈暗灰色。

4. 音、声鉴别法

生产现场有时也根据钢铁敲击时声音的不同，对其进行初步鉴别。

例如：

① 当原材料钢中混入铸铁材料时，由于铸铁的减振性较好，敲击时声音较低沉，而钢材敲击时则可发出较清脆的声音；

② 淬火件（包括钢铁件及铝件）

a. 硬度高者叠落（或敲击）时声音清脆悦耳；

b. 硬度较低者叠落（或敲击）时声音较低沉。

若要准确地鉴别材料，在以上几种现场鉴别方法的基础上，还应采用化学分析、金相检验、硬度试验等实验室分析手段对材料进行进一步的鉴别。

思考题

（1）什么是工程材料的力学性能？分别说出 σ_e、σ_s、σ_b、δ、ψ 所代表的力学性能名称，并说明该性能的含义。

（2）什么是材料的硬度？常用的硬度指标有哪些？分别适用于测何种材料的硬度？

（3）分别说明各钢号的含义、各牌号的钢分别所属钢类的主要性能特点与应用范围。

① Q235B   ② 45   ③ T10A   ④ ZG270-450   ⑤ Y12

⑥ 40CrNi   ⑦ 9SiCr   ⑧ W18Cr4V   ⑨ Cr12   ⑩ GCr15

（4）分别说明下列牌号铸铁的意义、各牌号铸铁分别所属铸铁类别的主要性能特点与应用范围。

① HT200   ② QT450-10   ③ KTH350-10

（5）分别说明铜合金、铝合金的牌（代）号的编制方法，各种类别的铜合金、铝合金的主要性能特点与应用范围。

任务二　认知风电设备制造常用非金属材料

[学习背景]

非金属材料是指除金属材料之外的所有材料的总称，包括有机高分子材料、无机非金属材料和复合材料三大类。目前在工程领域应用最多的非金属材料主要有塑料、橡胶、陶瓷及各种复合材料。

高分子材料、陶瓷等非金属材料的急剧发展，在材料的生产和使用方面均有重大的进展，正在越来越多地应用于各类工程中。非金属材料已经不是金属材料的代用品，而是一类独立使用的材料，有时甚至是一种不可取代的材料。特别是在风电设备制造中，非金属材料被大量地应用。

[能力目标]

① 了解风电设备常用的非金属材料。
② 掌握常见非金属材料的性能。
③ 掌握风电设备常用的非金属材料的种类及特点。

[基础知识]

一、高分子材料

高分子材料又称为高聚物。通常，高聚物根据力学性能和使用状态，可分为橡胶、塑料、合成纤维、胶黏剂和涂料等五类。各类高聚物之间并无严格的界限，同一高聚物，采用不同的合成方法和成型工艺，可以制成塑料，也可制成纤维，比如尼龙就是如此。而像聚氨酯一类的高聚物，在室温下既有玻璃态性质，又有很好的弹性，所以很难说它是橡胶还是塑料。

1. 塑料

按照应用范围，塑料分为三种。

（1）通用塑料

通用塑料主要包括聚乙烯、聚氯乙烯、聚苯乙烯、聚丙烯、酚醛塑料和氨基塑料等六大品种。这一类塑料的特点是产量大、用途广、价格低，它们占塑料总产量的3/4以上，大多数用于日常生活用品。其中，以聚乙烯、聚氯乙烯、聚苯乙烯、聚丙烯这四大品种用途最广泛。

① 聚乙烯（PE）　生产聚乙烯的原料均来自于石油或天然气，它是塑料工业产量最大的品种。聚乙烯的相对密度小（0.91～0.97），耐低温，电绝缘性能好，耐蚀性好。高压聚乙烯质地柔软，适于制造薄膜；低压聚乙烯质地坚硬，可做一些结构零件。聚乙烯的缺点是强度、刚度、表面硬度都低，蠕变大，热膨胀系数大，耐热性低，且容易老化。

② 聚氯乙烯（PVC）　聚氯乙烯是最早工业生产的塑料产品之一，产量仅次于聚乙烯，广泛用于工业、农业和日用制品。聚氯乙烯耐化学腐蚀，不燃烧，成本低，加工容易；但它耐热性差，冲击强度较低，还有一定的毒性。聚氯乙烯要用于制作食品和药品的包装，必须采用共聚和混合的方法改进制成无毒聚氯乙烯产品。

③ 聚苯乙烯（PS）　聚苯乙烯是20世纪30年代的老产品，目前的产量仅次于以上两种。它有很好的加工性能，其薄膜具有优良的电绝缘性，常用于电气零件。它的发泡材料相对密度小（0.33），有良好的隔音、隔热、防震性能，广泛应用于仪器的包装和隔音材料。聚苯乙烯易加入各种颜料制成色彩鲜艳的制品，用来制造玩具和各种日用器皿。

④ 聚丙烯（PP）　聚丙烯工业化生产较晚，但因其原料易得，价格便宜，用途广泛，所以产量剧增。它的优点是相对密度小，是塑料中最轻的，而它的强度、刚度、表面硬度都比PE塑料大。它无毒，耐热性也好，是常用塑料中唯一能在水中煮沸、经受消毒温度（130℃）的品种。但聚丙烯的黏合性、染色性、印刷性均差，低温易脆化，易受热、光作用而变质，且易燃，收缩大。聚丙烯有优良的综合性能，目前主要用于制造各种机械零件，如法兰、齿轮、接头、把手、各种化工管道、容器等，它还被广泛用于制造各种家用电器外壳和药品、食品的包装等。

（2）工程塑料

工程塑料是指能作为结构材料在机械设备和工程结构中使用的塑料。它们的力学性能较好，耐热性和耐腐蚀性也比较好，是当前大力发展的塑料品种。这类塑料主要有聚酰胺、聚甲醛、有机玻璃、聚碳酸酯、ABS塑料、聚苯醚、聚砜、氟塑料等。

① 聚酰胺（PA）　聚酰胺又叫尼龙或锦纶，是最先发现能承受载荷的热塑性塑料，在机械工业中应用比较广泛。它的机械强度较高，耐磨，自润滑性好，而且耐油、耐蚀、消音、减振，大量用于制造小型零件，代替有色金属及其合金。

② 聚甲醛（POM）　甲醛是没有侧链、高密度、高结晶性的线型聚合物，性能比尼龙好，但耐候性较差。聚甲醛按分子链化学结构不同，分为均聚甲醛和共聚甲醛。聚甲醛广泛应用于汽车、机床、化工、电器仪表、农机等。

③ 聚碳酸酯　聚碳酸酯是新型热塑性工程塑料，品种很多，工程上常用的是芳香族聚碳酸酯，其综合性能很好，近年来发展很快，产量仅次于尼龙。聚碳酸酯的化学稳定性也很好，能抵抗日光、雨水和气温变化的影响，它的透明度高，成型收缩率小，制件尺寸精度高，广泛应用于机械、仪表、电讯、交通、航空、光学照明、医疗器械等方面。如波音747飞机上就有2500个零件用聚碳酸酯制造，其总重量达2t。

④ ABS塑料　ABS是由丙烯腈、丁二烯、苯乙烯三种组元所组成，三个单体量可以任意变化，制成各种品级的树脂。ABS具有三种组元的共同性能，丙烯腈使其耐化学腐蚀，有一定的表面硬度，丁二烯使其具有韧性，苯乙烯使其具有热塑性的加工特性，因此ABS

是具有"坚韧、质硬、刚性"的材料。ABS 塑性好，而且原料易得，价格便宜，所以在机械加工、电器制造、纺织、汽车、飞机、轮船、化工等工业中得到广泛应用。

⑤ 聚苯醚（PPO） 聚苯醚是线型、非结晶的工程塑料，具有很好的综合性能。它的最大特点是使用温度宽（-190~190℃），达到热固性塑料的水平；它的耐摩擦磨损性能和电性能也很好，还具有卓越的耐水、蒸汽性能。所以聚苯醚主要用于在较高温度下工作的齿轮、轴承、凸轮、泵叶轮、鼓风机叶片、水泵零件、化工用管道、阀门以及外科医疗器械等。

⑥ 聚砜（PSF） 聚砜是分子链中具有硫键的透明树脂，具有良好的综合性能，它耐热性、抗蠕变性好，长期使用温度为 150~174℃，脆化温度为 -100℃。广泛应用于电器、机械设备、医疗器械、交通运输等。

⑦ 聚四氟乙烯（F-4） 聚四氟乙烯是氟塑料中的一种，具有很好的耐高、低温，耐腐蚀等性能。聚四氟乙烯几乎不受任何化学药品的腐蚀，化学稳定性超过了玻璃、陶瓷、不锈钢，甚至金、铂，俗称"塑料王"。由于聚四氟乙烯的使用范围广，化学稳定性好，介电性能优良，自润滑和防黏性好，所以在国防、科研和工业中占有重要地位。

⑧ 有机玻璃（PMMA） 有机玻璃的化学名称是"聚甲基丙烯酸甲酯"。它是目前最好的透明材料，透光率达到 92% 以上，比普通玻璃好，且相对密度小（1.18），仅为玻璃的一半。有机玻璃有很好的加工性能，常用来制作飞机的座舱、弦舱，电视和雷达标图的屏幕，汽车风挡，仪器和设备的防护罩，仪表外壳，光学镜片等。有机玻璃的缺点是耐磨性差，也不耐某些有机溶剂。

（3）特种塑料

具有某些特殊性能、满足某些特殊要求的塑料。这类塑料产量少，价格贵，只用于特殊需要的场合，如医用塑料等。

2. 橡胶

橡胶是具有高弹性的轻度交联的线型高聚物，它们在很宽的温度范围内处于高弹态。一般橡胶在 -40~80℃ 范围内具有高弹性，某些特种橡胶在 -100℃ 的低温和 200℃ 高温下都保持高弹性。橡胶的弹性模数很低，只有 $1mN/m^2$，在外力作用下变形量可达 100%~1000%，外力去除又很快恢复原状。橡胶有优良的伸缩性，良好的储能能力和耐磨、隔音、绝缘等性能，广泛用于制作密封件、减振件、传动件、轮胎和电线等制品。

纯弹性体的性能随温度变化很大，如高温发黏，低温变脆，必须加入各种配合剂，经加温加压的硫化处理，才能制成各种橡胶制品。硫化剂加入量大时，橡胶硬度增高。硫化前的橡胶称为生胶，硫化后的橡胶有时也称为橡皮。

3. 合成纤维

凡能保持长度比本身直径大 100 倍的均匀条状或丝状的高分子材料称为纤维，包括天然纤维和化学纤维。其中，化学纤维又分为人造纤维和合成纤维。人造纤维是用自然界的纤维加工制成，如叫"人造丝"、"人造棉"的黏胶纤维和硝化纤维、醋酸纤维等。合成纤维以石油、煤、天然气为原料制成，发展很快。

4. 合成胶黏剂

胶黏剂统称为胶，它以黏性物质为基础，并加入各种添加剂组成。它可将各种零件、构件牢固地胶结在一起，有时可部分代替铆接或焊接等工艺。由于胶黏工艺操作简便，接头处应力分布均匀，接头的密封性、绝缘性和耐蚀性较好，且可连接各种材料，所以在工程中应用日益广泛。

胶黏剂分为天然胶黏剂和合成胶黏剂两种，浆糊、虫胶和骨胶等属于天然胶黏剂，而环氧树脂、氯丁橡胶等则属于合成胶黏剂。通常，人工合成树脂型胶黏剂由黏剂（如酚醛树脂、聚苯乙烯等）、固化剂、填料及各种附加剂（增韧剂、抗氧剂等）组成。根据使用要求选择不同的配比。

胶黏剂不同，形成胶接接头的方法也不同。有的接头在一定的温度和时间条件下固化形成；有的加热胶接，冷凝后形成接头；还有的需先溶入易挥发溶液中，胶接后溶剂挥发形成接头。

不同材料也要选用不同的胶黏剂。两种不同材料胶接时，可选用两种材料共同适用的胶黏剂。此外，正确设计胶接接头，是获得高质量接头的关键。接头的形状和尺寸，以获得合理的应力分布为最好。胶接的操作工艺（表面处理、涂胶、固化等）必须严格按有关规程实施，这也是获得高质量接头的重要条件。

5. 涂料

涂料就是通常所说的油漆，这是一种有机高分子胶体的混合溶液，涂在物体表面上能干结成膜。涂料主要有三大基本功能：一是保护功能，避免外力碰伤、摩擦，防止腐蚀；二是装饰功能，使制品表面光亮美观；三是特殊功能，可作为标志使用，如管道、气瓶和交通标志牌等。

涂料是由粘接剂、颜料、溶剂和其他辅助材料组成。其中，粘接剂是主要的膜物质，一般采用合成树脂作粘接剂，它决定了膜与基体层粘接的牢固程度；颜料也是涂膜的组成部分，它不仅使涂料着色，而且能提高涂膜的强度、耐磨性、耐久性和防锈能力；溶剂是涂料的稀释剂，其作用是稀释涂料，以便于施工，干结后挥发；辅助材料通常有催干剂、增塑剂、固化剂、稳定剂等。

酚醛树脂涂料是应用最早的合成涂料，有清漆、绝缘漆、耐酸漆、地板漆等。

氨基树脂涂料的涂膜光亮、坚硬，广泛用于电风扇、缝纫机、化工仪表、医疗器械、玩具等各种金属制品。

醇酸树脂涂料涂膜光亮，保光性强，耐久性好，广泛用于金属、木材的表面涂饰。

环氧树脂涂料的附着力强，耐久性好，适用于作金属底漆，也是良好的绝缘涂料。

聚氨酯涂料的综合性能好，特别是耐磨性和耐蚀性好，适用于列车、地板、舰船甲板、纺织用的纱管以及飞机外壳等。

有机硅涂料耐高温性能好，也耐大气、耐老化，适于高温环境下使用。

二、陶瓷材料

1. 陶瓷材料的分类

无机非金属材料按照成分和结构，主要分为无机玻璃、玻璃陶瓷和陶瓷材料三大类。无机玻璃与酸性氧化物和碱性氧化物的高黏度的复杂固体物质，具有无定形结构。玻璃陶瓷又叫玻璃晶体材料，是在无机玻璃完全或部分结晶的基础上得到的，结构处于玻璃和陶瓷之间。陶瓷材料是由成型矿物质高温烧制（烧结）的无机物材料。陶瓷材料可分为传统陶瓷、特种陶瓷和金属陶瓷等三种。

传统陶瓷是以黏土、长石和石英等天然原料，经过粉碎、成型和烧结制成，主要用于日用、建筑、卫生以及工业上。

特种陶瓷是以人工化合物为原料制成，如氧化物、氮化物、碳化物、硅化物、硼化物和氟化物以及石英质、刚玉质、碳化硅质过滤陶瓷等。这类陶瓷具有独特的力学、物理、化学、电、磁、光学等性能，满足工程技术的特殊需要，主要用于化工、冶金、机械、电子、能源和一些新技术中。在特种陶瓷中，按性能可分为高强度陶瓷、高温陶瓷、耐磨陶瓷、耐酸陶瓷、压电陶瓷、电介质陶瓷、光学陶瓷、半导体陶瓷、磁性陶瓷和生物陶瓷。按照化学组成分类，特种陶瓷可分为氧化物陶瓷、氮化物陶瓷、碳化物陶瓷、复合瓷和纤维增强陶瓷。

金属陶瓷是由金属和陶瓷组成的材料，它综合了金属和陶瓷两者的大部分有用的特性。按照这种材料的生产方法，以前常将其归属于陶瓷材料一类，现在则多将其算作复合材料。

2. 传统陶瓷（普通陶瓷）

传统陶瓷就是黏土类陶瓷，它产量大，应用广，大量用于日用陶器、瓷器、建筑工业、电气绝缘材料、耐蚀要求不很高的化工容器、管道，以及力学性能要求不高的耐磨件，如纺织工业中的导纺零件等。

3. 特种陶瓷

现代工业要求高性能的制品，用人工合成的原料，采用普通陶瓷的工艺制得的新材料，称为特种陶瓷。它包括氧化物陶瓷、氮化硅陶瓷、碳化硅陶瓷、氮化硼陶瓷等。

（1）氧化铝陶瓷

这是以 Al_2O_3 为主要成分的陶瓷。Al_2O_3 含量大于 46%，也称为高铝陶瓷。Al_2O_3 含量在 90%～99.5%时，称为刚玉瓷。按 Al_2O_3 的成分，可分为 75 瓷、85 瓷、96 瓷、99 瓷等。氧化铝含量越高，性能越好。氧化铝瓷耐高温性能很好，在氧化气氛中可使用到1950℃。氧化铝瓷的硬度高，电绝缘性能好，耐蚀性和耐磨性也很好，可用于高温器皿、刀具、内燃机火花塞、轴承、化工用泵、阀门等。

（2）氮化硅陶瓷

氮化硅是键性很强的共价键化合物，稳定性极强，除氢氟酸外，能耐各种酸和碱的腐蚀，也能抵抗熔融有色金属的侵蚀。氮化硅的硬度很高，仅次于金刚石、立方氮化硼和碳化硼。有良好的耐磨性，摩擦系数小，只有 0.1～0.2，相当于加油的金属表面。氮化硅还有自润滑性，可在无润滑剂的条件下使用，是一种非常优良的耐磨材料。氮化硅的热膨胀系数小，有极好的抗温度急变性。

氮化硅按生产方法，分为热压烧结法和反应烧结法两种。反应烧结氮化硅可用于耐磨、耐腐蚀、耐高温、绝缘的零件，如腐蚀介质下工作的机械密封环、高温轴承、热电偶套管、输送铝液的管道和阀门、燃气轮机叶片、炼钢生产的铁水流量计以及农药喷雾器的零件等。热压烧结氮化硅主要用于刀具，可进行淬火钢、冷硬铸铁等高硬材料的精加工和半精加工，也用于钢结硬质合金、镍基合金等的加工，它的成本比金刚石和立方氮化硼刀具低。热压氮化硅还可作转子发动机的叶片、高温轴承等。

（3）碳化硅陶瓷

碳化硅的高温强度大，其他陶瓷在 1200～1400℃时强度显著下降，而碳化硅的抗弯强度在 1400℃时仍保持 500～600MPa。碳化硅的热传导能力很高，仅次于氧化铍，它的热稳定性、耐蚀性、耐磨性也很好。

碳化硅是用于 1500℃以上工作部件的良好结构材料，如火箭尾喷管的喷嘴、浇注金属中的喉嘴以及炉管、热电偶套管等，还可用作高温轴承、高温热交换器、核燃料的包封材料以及各种泵的密封圈等。

（4）氮化硼陶瓷

氮化硼晶体属六方晶系，结构与石墨相似，性能也有很多相似之处，所以又叫"白石墨"。它有良好的耐热性、热稳定性、导热性、高温介电强度，是理想的散热材料和高温绝缘材料。氮化硼的化学稳定性好，能抵抗大部分熔融金属的浸蚀。它也有很好的自润滑性。氮化硼制品的硬度低，可进行机械加工，精度为 1/100mm。氮化硼可用于制造熔炼半导体的坩埚及冶金用高温容器、半导体散热绝缘零件、高温轴承、热电偶套管及玻璃成型模具等。

氮化硼的另一种晶体结构是立方晶格。立方氮化硼结构牢固，硬度和金刚石接近，是优良的耐磨材料，也用于制造刀具。

（5）氧化锆陶瓷

氧化锆的熔点为 2715℃，在氧化气氛中 2400℃时是稳定的，使用温度可达到 2300℃。它的导热率小，高温下是良好的隔热材料。室温下是绝缘体，到 1000℃以上成为导电体，可用作 1800℃以上的高温发热体。氧化锆陶瓷一般用作钯、铑等金属的坩埚、离子导电材料等。

（6）氧化铍陶瓷

氧化铍的熔点为 2570℃，在还原性气氛中特别稳定。它的导热性极好，和铝相近，抗热冲击性很好，适于作高频电炉的坩埚，还可以用作激光管、晶体管散热片、集成电路的外壳和基片等。但氧化铍的粉末和蒸汽有毒性，这影响了它的使用。

（7）氧化镁陶瓷

氧化镁的熔点为 2800℃，氧化气氛中使用可在 2300℃保持稳定，在还原性气氛中使用时 1700℃就不稳定了。氧化镁陶瓷是典型的碱性耐火材料，用于冶炼高纯度铁、铁合金、铜、铝、镁等以及熔化高纯度铀、钍及其合金。它的缺点是机械强度低，热稳定性差，容易水解。

三、复合材料

复合材料是两种或两种以上化学本质不同的组成人工合成的材料。其结构为多相，一类组成（或相）为基体，起黏结作用，另一类为增强相。所以复合材料可以认为是一种多相材料，它的某些性能比各组成相的性能都好。

通过研究某些复合材料（在显微尺度上进行增强的材料）发现，其贝氏体、回火马氏体及沉淀硬化（时效硬化）合金都是通过细小颗粒硬化相的弥散而得到强化的。例如，回火马氏体（α 相＋碳化物）的抗拉强度可超过 1400MPa，而单独的铁素体（α 相）的抗拉强度则低于此值的 20%。发生强化的原因就在于材料中形变相的应变受到刚性相的制约。

1. 复合材料的基本类型与组成

复合材料按基体类型可分为金属基复合材料、高分子基复合材料和陶瓷基复合材料三类。目前应用最多的是高分子基复合材料和金属基复合材料。

复合材料按性能可分为功能复合材料和结构复合材料。前者还处于研制阶段，已经大量研究和应用的主要是结构复合材料。

复合材料按增强相的种类和形状可分为颗粒增强复合材料、纤维增强复合材料和层状增强复合材料。其中，发展最快，应用最广的是各种纤维（玻璃纤维、碳纤维、硼纤维、SiC 纤维等）增强的复合材料。

复合材料的分类如下：

复合材料
├ 按基体类型分
│ ├ 金属基
│ └ 非金属基
│   ├ 陶瓷基
│   └ 高聚物基
├ 按增强材料形状分
│ ├ 纤维增强：碳纤维、高聚物纤维等
│ ├ 颗粒增强：碳粒料、玻璃粒料等
│ └ 层叠增强：胶合板、层合钢材等
└ 按性能分
   ├ 结构复合材料
   └ 功能复合材料

2. 复合材料的特点

（1）比强度和比模量

许多近代动力设备和结构，不但要求强度高，而且要求重量轻。设计这些结构时遇到的关键问题是所谓平方-立方关系，即结构强度和刚度随线尺寸的平方（横截面积）而增加，而重量随线尺寸的立方而增加。这就要求使用比强度（强度/比重）和比模量（弹性模量/比重）高的材料。复合材料的比强度和比模量都比较大，例如碳纤维和环氧树脂组成的复合材料，其比强度是钢的 7 倍，比模量比钢大 3 倍。

（2）耐疲劳性能

复合材料中基体和增强纤维间的界面能够有效地阻止疲劳裂纹的扩展。疲劳破坏在复合材料中总是从承载能力比较薄弱的纤维处开始，然后逐渐扩展到结合面上，所以复合材料的疲劳极限比较高。例如碳纤维-聚酯树脂复合材料的疲劳极限是拉伸强度的 70%～80%，而金属材料的疲劳极限只有强度极限值的 40%～50%。图 1-16 是三种材料的疲劳性能的比较。

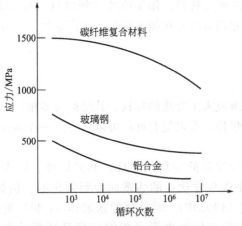

图 1-16　三种材料的疲劳性能的比较

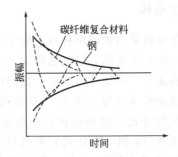

图 1-17　两种不同材料的阻尼特性的比较

（3）减振性能

许多机器、设备的振动问题十分突出。结构的自振频率除与结构本身的质量、形状有关外，还与材料的比模量的平方根成正比。材料的比模量越大，则其自振频率越高，可避免在工作状态下产生共振及由此引起的早期破坏。此外，即使结构已产生振动，由于复合材料的阻尼特性好（纤维与基体的界面吸振能力强），振动也会很快衰减。图 1-17 是两种不同材料的阻尼特性的比较。

（4）耐高温性能

由于各种增强纤维一般在高温下仍可保持高的强度，所以用它们增强的复合材料的高温强度和弹性模量均较高，特别是金属基复合材料。例如 7075-76 铝合金，在 400℃时，弹性

模量接近于零，强度值也从室温时的 500MPa 降至
30～50MPa。而碳纤维或硼纤维增强组成的复合材
料，在 400℃时，强度和弹性模量可保持接近室温
下的水平。碳纤维增强的镍基合金也有类似的情
况。图 1-18 是几种增强纤维的高温强度。

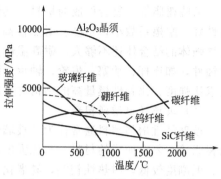

图 1-18　增强纤维的高温强度比较

（5）断裂安全性

纤维增强复合材料是力学上典型的静不定体
系，在每平方厘米截面上有几千至几万根增强纤维
（直径一般为 10～100μm），当其中一部分受载荷
作用断裂后，应力迅速重新分布，载荷由未断裂的
纤维承担起来，所以断裂安全性好。

（6）其他性能特点

许多复合材料都有良好的化学稳定性、隔热性、烧蚀性以及特殊的电、光、磁等性能。

复合材料进一步推广使用的主要问题是，断裂伸长小，抗冲击性能尚不够理想，生产工
艺方法中手工操作多，难以自动化生产，间断式生产周期长，效率低，加工出的产品质量不
够稳定等。

增强纤维的价格很高，使复合材料的成本比其他工程材料高得多。虽然复合材料利用率
比金属高（约 80%），但在一般机器和设备上使用仍然是不够经济的。

上述缺陷的改善，将会大大地推动复合材料的发展和应用。

3. 影响复合材料强化的因素

（1）粒子增强复合材料

粒子增强复合材料承受载荷的主要是基体材料，在粒子增强复合材料中的粒子高度弥散
地分布在基体中，使其阻碍导致塑性变形的位错运动（金属基体）或分子链运动（高聚物基
体）。粒子直径一般在 0.01～0.1μm 范围内时增强效果最好，直径过大时，引起应力集中，
直径小于 0.01μ 时，则近于固溶体结构，作用不大。增强粒子的数量大于 20% 时，称为粒
子增强性复合材料，含量较少时称为弥散强化复合材料。

（2）纤维增强复合材料

纤维增强复合材料复合的效果取决于纤维和基体本身的性质，两者界面间物理、化学作
用的特点以及纤维的含量、长度、排列方式等因素。为了达到纤维增强的目的，必须注意以
下问题：

① 纤维增强复合材料中承受外加载荷主要靠增强纤维，因此应选择强度和弹性模量都
高于基体的纤维材料作增强剂；

② 纤维和基体之间要有一定的黏结作用，两者之间的结合力要能保证基体所受的力通
过界面传递给纤维，但结合力不能过大，因为复合材料受力破坏时，纤维从基体中拔出时要
消耗能量，过大的结合力使纤维失去拔出过程，而发生脆性断裂；

③ 纤维的排布方向要和构件的受力方向一致，才能发挥增强作用；

④ 纤维和基体的热膨胀系数应相适应；

⑤ 纤维所占的体积百分比必须大于一定的体积含有率；

⑥ 不连续短纤维必须大于一定的长度。

4. 几种常见的复合材料

（1）碳纤维树脂复合材料

碳纤维树脂复合材料是由碳纤维（增强体）与树脂（基体，一般是聚四氟乙烯、环氧树

脂、酚醛树脂等）复合而成的材料。其优点是比强度高，比弹性模量大，冲击韧性，化学稳定性好，摩擦系数小，耐湿、耐热性高，耐 X 射线能力强。缺点是各向异性程度高，基体与增强体的结合体还不够大，耐高温性能不够理想。常用于制造机器中的承载、耐磨零件及耐蚀件，如连杆、活塞、齿轮、轴承、泵、阀体等；在航空、航天、航海等领域内用作某些要求比强度、比弹性模量高的结构件材料。

（2）玻璃纤维增强塑料

玻璃纤维增强塑料通常称为"玻璃钢"，是由玻璃纤维织物与热固性塑料（基体，如环氧树脂等）复合而成的材料。其比强度高，耐蚀性、吸振消声性、介电性能良好，易透过电波，但刚度较低，耐热性较差，易老化。这是目前应用非常广泛的一种复合材料，常用于制造要求自重小的受力结构件，如飞机、舰艇上的高速运动零件，各类车辆的车身、发动机罩等；在电气、石油化工等工程上也得到了广泛应用，如抗磁、绝缘仪表的元器件、压力容器等。

（3）金属陶瓷

金属陶瓷是一种将颗粒状的增强体均匀分散在基体内得到的复合材料，其增强体是具有高硬度、高耐磨性、高强度、高耐热性，膨胀系数很小的氧化物（如 Al_2O_3、MgO、BeO、ZrO 等）及碳化物（如 TiC、WC、SiC 等）；基体是 Fe、Co、Mo、Cr、Ni、Ti 等金属。常用的硬质合金就是以 WC、TiC 等为增强体，金属 Co 为基体的金属陶瓷。金属陶瓷常用作耐高温零件及切削加工刀具的材料。

［操作指导］

一、任务布置

调查某风电公司生产的 20kW 风电机组所用的非金属材料。该机组的技术参数如表 1-8 所示。

二、操作指导

1. 风叶常用材料

目前，风力发电机叶片的应用材料已经由木质、帆布等发展为复合材料。合理选择基体和增强体的材料，并充分考虑两者之间的相互作用，是风力发电机叶片选择材料的关键。当前，我国风机叶片的主要原材料是树脂和增强材料。

（1）树脂

不饱和聚酯树脂具有工艺性良好、价格低廉等优点，在中、小型风机叶片的生产中占有绝对优势，但它也存在固化时收缩率大、放热剧烈和成型时会有一定的气味和毒性等缺点。环氧树脂具有良好的力学性能、耐腐蚀性能和尺寸稳定性，是目前大型风电叶片的首要选择，但它的成本较高，阻碍了它的广泛应用。乙烯基树脂的性能介于前两种树脂之间，目前在大型风电叶片中的应用较少，但随着生产厂家对成本的要求越来越高，乙烯基树脂可能会成为兆瓦级风电叶片的材料。

（2）叶片用增强材料

① 玻璃纤维　玻璃纤维是一种性能优越的无机非金属材料，它具有很好的柔软性、绝缘性和保温性且强度高，是复合材料中常用的一种增强材料，和树脂组成复合材料后可以成为良好的结构用材。目前，制造风电叶片的主要材料就是玻璃纤维增强环氧树脂和玻璃纤维增强聚酯树脂。玻璃纤维可分为不同的级别和类型，e 级玻璃纤维的使用最为普遍，也是风

电机叶片的主流增强材料。但是 e 级玻璃纤维体积质量较大，影响叶片速度的提高。

② 碳纤维　碳纤维是指含碳量高于 90％的无机高分子纤维。碳纤维不仅具有碳材料的固有特性，还具备纺织纤维的柔软可加工性，是新一代增强纤维。碳纤维具有很多优点，它的轴向强度和模量都很好，无蠕变，导电性介于金属和非金属之间，耐疲劳性好，耐腐蚀性能好，热膨胀系数小，纤维的体积质量低。碳纤维复合材料使风力发电机的输出功率更平滑、均衡，提高了风能利用效率。相对于传统的玻璃纤维，同样长度的碳纤维叶片比玻璃纤维叶片质量要轻得多，并且碳纤维复合材料叶片的刚度是玻璃纤维复合材料叶片的 2～3 倍。随着风机叶片长度的增加，将碳纤维作为增强材料应用于风电叶片更能发挥其质量低、强度高的优点，但由于价格比较高，限制了它的大规模应用。

（3）碳纤维和玻璃纤维混杂材料

随着风电叶片长度的增加和对其刚度要求的提高，同时考虑到玻璃纤维和碳纤维之间的价格差异，因此采用碳纤维和玻璃纤维混杂材料的方法既能减轻叶片质量，提高叶片强度、刚度和抗疲劳能力，又能使叶片价格不至于太高。实践证明，当风电叶片长度大于 40m 时，可以采用碳纤维和玻璃纤维混杂材料。

2. 电机常用材料

近些年来，随着稀土永磁材料和电力电子技术的不断发展，稀土永磁电机得到了广泛的应用，目前风力发电领域配备的发电机多数为双馈异步发电机。高速电机半直驱型电机磁体用量约为 0.12～0.4t/MW，这为稀土永磁产业的发展带来了契机。

稀土永磁材料在电机领域的应用越来越多，与永磁材料的发展密不可分。高性能永磁材料产业化技术的不断提高，材料性能的逐步稳定，为大功率永磁电机的产业化奠定了基础。

思考题

（1）简述高分子材料的种类。

（2）简述复合材料的特点与分类。

（3）简述风电设备常用的非金属材料的种类与特点。

任务三　熟识风电设备典型的加工制造技术

［学习背景］

风电设备的生产过程是将原材料转变为成品的全过程，一般包括原材料的运输与保管、生产技术准备、毛坯制造、机械加工、热处理、产品的装配、机器的检验调试和安装等。在生产过程中，毛坯的制造成型（如铸造、锻压、焊接等）、零件的加工（包括机械加工和电加工等）、热处理、表面处理、部件和产品的装配等直接改变毛坯的形状、尺寸、相对位置和性能的过程，称为机械制造工艺过程，简称为工艺过程。本任务主要学习风电设备制造过程中主要的加工制造方法与加工工艺。

［能力目标］

① 掌握风电设备生产过程中常用的毛坯制造方法。

② 掌握常见的风电设备机械加工方法。

③ 掌握风电设备典型零部件制造加工方法与工艺。

[基础知识]

一、铸造成型

铸造是指将熔融金属液浇入铸型，待其凝固后获得具有一定形状、尺寸和性能的金属零件毛坯的成型方法。铸造生产适应性强，成本低廉，如风电设备 1～2MW 的机组需 15t 铸件，4.5MW 风力发电机组需 35～50t 铸件，其典型的铸件如轮毂、齿轮箱体、支架、轴承座等。

金属的铸造性能主要指流动性、收缩性、偏析、吸气性和氧化性等。铸造性能对铸件质量影响很大，其中充型能力和收缩性对铸件的质量影响最大。

1. 合金的充型能力

液态合金充满铸型、获得形状完整、轮廓清晰铸件的能力，称为液态合金的充型能力。充型能力不足，会使铸件产生浇不足或冷隔缺陷。所谓浇不足是指铸件的形状不完整；冷隔是指铸件上某处由于两股或两股以上金属液流未熔合而形成的接缝。

影响充型能力的主要因素如下。

（1）合金的流动性

合金的流动性是指液态合金自身的流动能力，属于合金的一种主要铸造性能。良好的流动性不仅易于铸造出薄而复杂的铸件，而且也利于铸件在凝固时的补缩以及气体和非金属夹杂物的逸出和上浮。反之，流动性差的合金，易使铸件上出现浇不足、冷隔、气孔、夹渣和缩孔等缺陷。

① 合金流动性的衡量　通常用浇注的螺旋形试样的长度来衡量合金的流动性。其截面为等截面的梯形，试样上隔 50mm 长度有一个凸点，以便于计量其长度。合金的流动性愈好，其长度就愈长。

② 影响流动性的因素　影响流动性的因素有很多，如合金的种类、成分和结晶特征及其他物理量等。

a. 合金的种类不同，其流动性不同。表 1-9 列出了一些常用铸造合金的流动性值，可看出铸铁和硅黄铜的流动性最好，铝硅合金的次之，铸钢的最差。

表 1-9　常用铸造合金的流动性（砂型，试样截面 8mm×8mm）

合金种类	铸型种类	浇注温度/℃	螺旋线长度/mm
铸铁　C＋Si＝6.2%	砂型	1300	1800
C＋Si＝5.9%	砂型	1300	1300
C＋Si＝5.2%	砂型	1300	1000
C＋Si＝4.2%	砂型	1300	600
铸钢　C＝0.4%	砂型	1600	100
铝硅合金(硅铝明)	金属型(300℃)	680～720	700～800
镁合金(含 Al 及 Zn)	砂型	700	400～600
锡青铜(Sn≈10%，Zn≈2%)	砂型	1040	420
硅黄铜(Si＝1.5%～4.5%)	砂型	1100	1000

b. 合金的成分和结晶特征对流动性的影响最为显著。共晶成分的合金，其结晶同纯金属一样，是在恒温下进行的。从铸型表面到中心，液态合金逐层凝固，由于已凝固层的内表面光滑，对液态合金的流动阻力小，而且由于共晶成分合金的凝固温度最低，相同浇注温度

下其过热度最大，延长了合金处于液态的时间，故流动性最好。

此外，其他成分的合金均是在一定宽度的温度范围内凝固的，即在其已凝固层和纯液态区之间存在一个液固两相共存的区域，使得已凝固层的内表面粗糙。所以，非共晶成分的合金流动性变差，且随合金成分偏离共晶点愈远，其结晶温度范围愈宽，流动性愈差，亚共晶铸铁的成分愈接近共晶成分，其流动性愈好。铸钢的流动性比铸铁差，这是因为：一方面铸钢的熔点高，所以钢液的过热度较小，维持液态流动的时间短；另一方面由于钢液的浇注温度较高，在铸型中散热很快，迅速结晶出的树枝晶会使钢液很快失去流动能力。

c. 液态合金的黏度、结晶潜热和热导率等物理参数对流动性也有影响。一般的黏度愈大、结晶潜热愈小和热导率愈小，其流动性愈差。

（2）浇注条件

① 浇注温度 浇注温度对合金充型能力的影响极为显著。在一定范围内，提高液态合金的浇注温度能改善其流动性，因而提高其充型能力。因为浇注温度高，液态合金的过热度大，在铸型中保持液态流动的能力愈强，且使液态合金的黏度及其与铸型之间的温度差都减小，从而提高了流动性。因此，对薄壁铸件或流动性较差的合金可适当提高浇注温度，以防产生浇不足和冷隔。但是浇注温度过高，又会使液态合金吸气严重，收缩增大，反而易使铸件产生其他缺陷，如气孔、缩孔、缩松、粘砂和晶粒粗大等。故在保证液态合金流动性足够的前提下，浇注温度应尽可能低。通常灰铸铁浇注温度为 $1200 \sim 1380 ℃$；铸钢为 $1520 \sim 1620 ℃$；铝合金为 $680 \sim 780 ℃$。薄壁复杂件取上限温度值，厚件则取下限。

② 充型压力 液态合金在流动方向上所受压力愈大，其充型能力愈好。砂型铸造时，是由直浇道高度提供静压力作为充型压力，所以直浇道的高度应适当。

（3）铸型的充型条件

凡能增大液态合金流动阻力、降低流速和加快其冷却等因素，均会降低其充型能力。如铸型型腔过窄、预热温度过低、排气能力太差及铸型导热过快等，均使液态合金的充型能力降低。

（4）铸件的结构

铸件的壁愈薄、结构形状愈复杂，液态合金的充型能力愈差。应采取适当提高浇注温度、提高充型压力和预热铸型等措施，来改善其充型能力。

2. 铸件合金的收缩性

从浇注、凝固直至冷却至室温的过程中，铸造合金的体积或尺寸会缩减的现象为收缩，收缩是合金的物理属性。但铸造合金的收缩给铸造工艺带来许多困难，是形成缩孔、缩松、变形和裂纹等多种铸造缺陷的根本原因。

（1）铸件的收缩过程

铸造合金从浇注到铸型开始到冷却至室温，经历了 3 个收缩阶段。

① 液态收缩 液态合金从浇注温度冷却到液相线温度之间的收缩为液态收缩，其表现为铸型内液态合金的液面下降。

② 凝固收缩 从液相线温度到固相线温度之间的收缩为凝固收缩。共晶成分的合金或纯金属是在恒温下结晶，凝固收缩较小。而有一定结晶温度范围的合金，随其结晶温度范围的增大，凝固收缩增大。

以上两个阶段的收缩是铸件产生缩孔和缩松的基本原因。

③ 固态收缩 自固相线温度至室温间的收缩为固态收缩。

总之，以上 3 个阶段收缩之和为铸造合金总收缩。由于液态收缩和凝固收缩主要表现为合金体积的缩减，常用体收缩率，即单位体积的收缩量来表示。而合金的固态收缩主要表现为铸件各方向上尺寸的缩小，常用线收缩率，即单位长度上的收缩量来表示。

（2）影响收缩性的因素

铸件收缩的大小主要取决于合金化学成分、浇注温度和铸型结构。

① 合金成分　常用铸造合金中，铸钢的收缩最大，灰铸铁最小。灰铸铁收缩很小是由于其中大部分碳以石墨状态存在，石墨的比体积大；在结晶过程中石墨析出所产生的体积膨胀，抵消了合金的部分收缩。因此，灰铸铁中增加碳、硅含量和减少含硫量，均使收缩减小。

② 浇注温度　合金的浇注温度越高，过热度越大，液态收缩量也越大，因而体收缩也越大。

③ 铸型结构　铸件在铸型中冷凝时，不是自由收缩，而是受限收缩。它要受到因铸件各部分冷却速度不同而造成的相互制约所产生的阻力，以及铸型、型芯对收缩产生的机械阻力的共同作用，因此铸件的实际线收缩率比其自由线收缩率要小。

（3）缩孔与缩松

① 缩孔和缩松的形成　浇入铸型中的液态合金，在随后的冷却和凝固过程中，若其液态收缩和凝固收缩引起的容积缩减得不到补充，则在铸件上最后凝固的部位形成一些孔洞。其中容积较大的孔洞叫缩孔，细小且分散的孔叫缩松。

a. 缩孔　一般出现在铸件上部或最后凝固的部位，形状多呈倒圆锥形，内表面粗糙，通常隐藏在铸件的内层，如图 1-19 所示。

结晶温度范围愈窄的铸造合金，愈倾向于逐层凝固，也就愈容易形成缩孔。首先液态合金充满铸型，由于铸型的冷却作用，使靠近铸型表面的一层液态合金很快凝固，而内部仍然处于液态，如图 1-19(b) 所示；随着铸件温度的继续下降，外壳的厚度不断加厚，内部的液态合金因自身的液态收缩和补充外壳的凝固收缩，使其体积减小，从而引起液面下降，使铸件内部出现空隙，如图 1-19(c) 所示。如此下去，铸件逐层凝固，直到完全凝固，在其上部形成缩孔，如图 1-19(d) 所示；继续冷却至室温，固态收缩会使铸件的外形尺寸略有缩小。

总之，铸造合金的液态收缩和凝固收缩愈大，缩孔的体积就愈大。

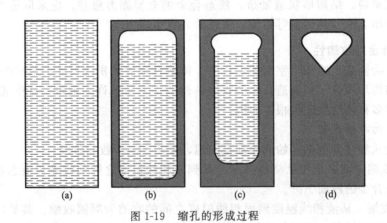

图 1-19　缩孔的形成过程

b. 缩松　缩松是铸件最后凝固的区域没能得到液态金属或合金的补偿而造成的分散、细小的缩孔。

根据分布的形态，缩松分为宏观缩松和微观缩松两类。宏观缩松是指用肉眼或放大镜可以看到的细小孔洞，通常出现在缩孔的下方。微观缩松是指分布在枝晶间的微小孔洞，在显微镜下才能看到。这种缩松的分布面更大，甚至遍及铸件整个截面，也很难完全避免。对于一般铸件，也不作为缺陷对待，除非一些对致密性和力学性能要求很高的铸件。

总之，倾向于逐层凝固的合金，如纯金属、共晶成分的合金或结晶温度范围窄的合金，形成缩孔的倾向大，不易形成缩松；而另一些倾向于糊状凝固的合金，如结晶温度范围宽的合金，产生缩孔的倾向小，却极易产生缩松。因此缩孔和缩松可在一定范围内互相转化。

② 缩孔和缩松的防止　缩孔和缩松都属铸件的重要缺陷。缩孔和缩松都使铸件的力学性能下降，缩松还导致铸件因渗漏而报废。因此，必须根据技术要求，采取适当的工艺措施予以防止，如采用顺序凝固或同时凝固。

所谓的顺序凝固就是在铸件上可能出现缩孔的厚大部位，通过安装冒口等工艺措施，使铸件上远离冒口的部位先凝固，而后是靠近冒口部位凝固，最后才是冒口本身的凝固，如图1-20所示。按照这样的凝固顺序，先凝固部位的收缩由后凝固部位的金属液来补充，后凝固部位的收缩由冒口中的金属液来补充，从而使铸件各个部位的收缩均能得到补充，而将缩孔转移到冒口之中。冒口为铸件的多余部分，在铸件清理时将其去除。因此，这个原则也叫定向凝固原则。顺序凝固原则适用于结晶温度范围窄、凝固收缩大、壁厚差别大，以及对致密度、强度等性能要求较高的合金铸件，如铸钢件、高强度灰铸铁件、可锻铸铁件等。

同时凝固原则是指采取一些工艺措施，如合理设置浇冒口系统（如将内浇口开在铸件的薄壁处，在厚壁处安放冷铁等），使铸件各部分温差很小，以实现同时凝固，如图1-21所示。

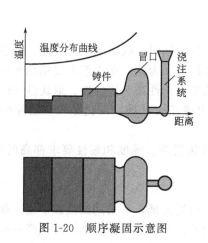

图1-20　顺序凝固示意图

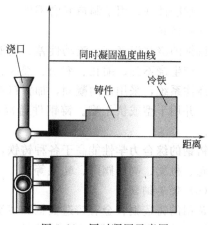

图1-21　同时凝固示意图

3. 常用铸件的铸造工艺特点

（1）普通灰铸铁件

普通灰铸铁件内部组织中的石墨呈粗片状，化学成分接近共晶，熔点低，凝固温度范围窄，流动性好，收缩小，可浇注各种复杂薄壁铸件及壁厚不太均匀的铸件；不易产生缩孔和裂纹，一般可不用冒口和冷铁；对砂型要求不高，灰铸铁的熔炼也简便、经济。故普通灰铸铁在铸件生产中应用最广。

（2）孕育铸铁件

孕育铸铁件内部组织中的石墨呈细小片状，是铁液经孕育处理后获得的亚共晶灰铸铁。孕育铸铁由于碳、硅含量较低，铸造性能比普通灰铸铁差，为防止缩孔、缩松的产生，对某些铸件需设置冒口。与普通灰铸铁相比，孕育铸铁对壁厚的敏感度小，铸件厚大截面上的性能比较均匀，多用于制造强度、硬度、耐磨性要求高，尤其是壁厚不均匀的大型铸件。

（3）球墨铸铁件

球墨铸铁内部组织中的石墨呈球状，是一种广泛应用的高强度铸铁。球墨铸铁铁液基本上是共晶成分，流动性好，但常因球化和孕育处理使铁液温度下降很多，而易使铸件产生冷隔、浇不到等缺陷。球墨铸铁的凝固是在整个体积内同时进行的，石墨化膨胀会使外壳胀大而易产生缩孔，因此，在工艺上常采取提高浇注温度（出炉铁液温度必须高达1400℃以上）、定向凝固、严格控制型砂水分、提高铸型的紧实度及足够的透气性等措施来减少缩孔。

按基体组织不同，球墨铸铁主要分为铁素体球墨铸铁件和球光体球墨铸铁两大类。铁素体球墨铸铁塑性、韧性好；球光体球墨铸铁强度、硬度高，可以用来代替铸钢、锻钢制造一些受力复杂、力学性能要求高的曲轴、连杆、凸轮轴、齿轮等重要零件。

（4）可锻铸铁件

可锻铸铁内部组织的石墨呈团絮状，碳、硅含量较低，熔点较高，凝固温度范围宽，铸造性能比灰铸铁差。为避免产生浇不到、冷隔、缩孔、裂纹等铸造缺陷，工艺上需要提高浇注温度，采用定向凝固，增设冒口和提高造型材料的耐火性和退让性等措施。

可锻铸铁分为黑心可锻铸铁和珠光体可锻铸铁。黑心可锻铸铁强度适中，塑性、韧性较好，用于制造承受冲击载荷、要求耐蚀性好或薄壁复杂的零件。珠光体可锻铸铁强度、硬度较高、耐磨性好，用于制造耐磨零件。

（5）铸钢

铸钢的浇注温度高、流动性差，钢液易氧化、吸气，同时，收缩也大。因此，铸造性能差，易产生浇不到、缩孔、缩松、裂纹、粘砂等铸造缺陷。为此，在工艺上要用截面尺寸较大的浇注系统，采用定向凝固，加冒口补缩。型砂选用耐火性高、透气性、退让性好的造型材料，并用干型或快干型。铸钢件通常都要进行退火或正火处理，细化晶粒，消除残余内应力。

铸钢的综合力学性能高于各种铸铁，适于制造形状复杂、强度和韧性要求都高的零件，如车轮、机架、高压阀门、轧辊等。

（6）铸造铜合金

常用的铸造铜合金有铸造黄铜和铸造青铜，铜合金熔点低，可采用细硅砂造型，获得表面光洁的铸件。大多数铜合金的结晶温度范围窄、流动性好、缩松倾向小，可生产一些形状复杂的薄壁件，但收缩大，易产生集中缩孔，因此，要放置冒口和冷铁，使之定向凝固，且浇注系统要保证液态金属能平稳地引入铸型，不飞溅，不断流。铜合金在液态下容易氧化吸气，形成能溶解在铜液中的Cu_2O，使力学性能下降。因此，在工艺上常用溶剂（如玻璃或硼砂）覆盖铜液表面，同时加入质量分数为0.3%～0.6%的磷铜进行脱氧，且应注意金属料不与燃料接触，金属液的温度不要过高，熔化后要及时浇注。

锡青铜的结晶温度范围宽、流动性差，易产生缩松，使铸件的致密性差。为此，对于壁厚差别不大的铸件，应使之同时凝固；对于壁厚差别大的铸件，则采用定向凝固。

（7）铸造铝合金

铸造铝合金熔点低、流动性好，可用细砂造型，并可浇注薄壁复杂铸件，但铝合金在高温时极易氧化和吸气。在熔炼中可在合金液表面用溶剂（KCl和NaCl的混合物）形成覆盖层，使合金液与炉气隔离，以减少铝液的氧化和吸气。熔炼后期还要加精炼剂进行去气精炼（通氯气或加氯化锌），使铝合金液净化。

硅的质量分数为10%～13%的铸造铝硅合金凝固温度范围窄、流动性好、收缩小，应尽量选用，而铸造铝铜、铝镁等合金凝固温度范围宽、流动性差、缩孔、缩松倾向大。因此，在工艺上需设置冒口、冷铁、型（芯）砂应有足够的退让性，适当提高浇注温度和浇注速度，以防止浇不到、缩孔、缩松及裂纹等铸造缺陷的产生。

二、锻造成型

锻压是锻造与冲压的总称。它是对坯料施加外力，使其产生塑性变形，改变坯料的尺寸和形状，改善性能，用以制造机械零件、工件或毛坯的成型加工方法。该加工方法属于金属塑性变形范畴。与其他加工方法比，锻压成型有以下特点：

① 工件组织致密，力学性能高；
② 除自由锻造以外，其余锻压加工生产率高；
③ 节约金属材料。

1. 金属的塑性变形

金属在外力作用下首先要产生弹性变形。当外力增大到内应力超过材料的屈服点时，就会产生塑性变形，如图 1-22 所示。

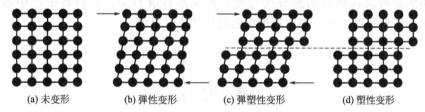

(a) 未变形　　　(b) 弹性变形　　　(c) 弹塑性变形　　　(d) 塑性变形

图 1-22　金属的塑性变形

塑性变形对金属组织和性能的影响主要有以下几个方面。

（1）加工硬化

金属在塑性变形后的强度、硬度增加，塑性、韧性下降，这种现象称为加工硬化。变形程度愈大，则加工硬化现象愈严重。

加工硬化是强化金属的重要手段之一，对于纯金属和奥氏体不锈钢等不能采用热处理强化的合金尤为重要。如发电机护环用奥氏体无磁钢 40Mn18Cr3，变形前 $\sigma_{0.2} =$ 350MPa，在常温下产生 20% 的变形时，$\sigma_{0.2}$ 可达 1000MPa。但是加工硬化不利于塑性变形的继续进行，为了能继续进行塑性变形，生产中经常在塑性变形量较大的工序后增加中间退火工艺，以重新获得良好的塑性。加工硬化是一种不稳定的组织状态，具有自动地恢复到稳定状态的倾向。但在室温下原子的活动能力较低，这种自发恢复过程非常迟缓。如果适当进行加热，增大原子的扩散能量，即可以促使金属迅速恢复到稳定状态，消除加工硬化。

（2）回复与再结晶

金属加热到某一温度以上时，由于原子获得热能使热运动加剧，通过原子的少量扩散，消除了晶格的歪扭和内应力，因此，可部分消除加工硬化，这一过程称为回复，这一温度称为回复温度。对于纯金属而言，其回复的绝对温度约为其熔化的绝对温度的 0.25～0.30 倍。

金属加热到某一更高的温度以上时，原子获得更多的热能，扩散能力大为加强，开始以某些碎晶或杂质为晶核进行再结晶，从而可全部消除加工硬化，这一过程称为再结晶，这一温度称为再结晶温度。对于纯金属而言，其再结晶的绝对温度约为其熔化的绝对温度的 0.4 倍。

（3）冷变形和热变形

在再结晶温度以下进行的变形称为冷变形。冷变形过程中无再结晶现象，变形后金属会产生加工硬化，变形抗力大。冷变形能使工件获得较高的精度和较低的表面粗糙度，在生产中常用来提高产品的表面质量和性能。

在再结晶温度以上进行的变形称为热变形。金属在热变形过程中，加工硬化随时为再结晶过程所消除，变形抗力小，塑性始终良好，能以较小的力获得较大的变形，且能获得力学性能较好的再结晶组织，故锻压成型主要采用热变形方式进行，如锻造、热轧等。钢锭经热变形后，其内部的气孔、缩松等缺陷被压合，使组织变得致密，晶粒细化，力学性能得以提高，特别是塑性和韧性的提高更为明显。

（4）纤维组织、锻造流线和锻造比

如前所述，塑性变形时，金属的晶粒沿变形方向拉长（或压扁）。如果应变量很大，则晶粒沿变形方向被拉长（或压扁）成纤维状，这种晶粒组织称为纤维组织。与此同时，变形后晶间杂质也沿变形方向排列。这种按照一定方向性分布的晶界杂质称为锻造流线。如果晶界杂质是塑性的，则流线呈连续性；杂质是脆性的，则流线呈断续状。

纤维组织和锻造流线的明显程度与金属的变形程度有关。在锻造生产中常用锻造比（$Y_{锻}$）来表示变形程度。拔长和镦粗的锻造比可用下式计算：

$$Y_{拔长} = \frac{A_0}{A_1} = \frac{L_1}{L_0}$$

$$Y_{镦粗} = \frac{A_1}{A_0} = \frac{H_0}{H_1}$$

式中　$Y_{拔长}$、$Y_{镦粗}$——分别为拔长、镦粗的锻造比；

A_0、L_0、H_0——分别是拔长前坯料的截面积、长度和高度；

A_1、L_1、H_1——分别是变形后的截面积、长度和高度。

锻造流线使金属的力学性能表现为异向性，即顺锻造流线方向的力学性能优于横向的力学性能，特别是塑性和韧性。

合理地利用锻造流线所造成的力学性能的异向性，是设计零件和制定变形工艺必须考虑的问题。设计时，应使流线方向与零件所受的最大拉应力方向一致，而与最大切应力方向垂直。在锻压生产中，还应注意使锻造流线沿锻件轮廓分布，并在切削加工过程中保持锻造流线不被切断。

2. 金属的锻造性能

金属的锻造性能是指金属材料经受锻压加工时获得优质锻件的难易程度。通常用金属的塑性和变形抗力来综合衡量。金属的塑性好、变形抗力小，则锻造性好，表明适宜用锻压加工方法成型；反之，则不宜采用锻压加工方法成型。

金属的锻造性能取决于以下两个方面。

（1）金属的化学成分和内部组织

一般纯金属的锻造性能比合金好。合金中合金元素含量越高，杂质越多，其锻造性越差。碳钢的锻造性能随着其碳量的增加而降低，合金钢的锻造性能低于相同含碳量的碳钢。合金中如果含有可形成碳化物的元素（如铬、钨、钼、钒、钛等），则其锻造性能显著下降。

纯金属和固溶体的锻造性能一般较好。铸态组织和粗晶组织由于其塑性较差而不如锻轧组织和细晶组织的锻造性能。

（2）变形条件

① 变形温度 在一定的温度范围内（过热温度以下），随着温度的升高，金属原子的活动能力增强，原子间的结合力减弱，表现为材料的塑性提高而变形抗力减小。同时，大多数钢在高温下为单一的固溶体（奥氏体）组织，而且变形的同时再结晶也非常迅速，所有这些都有利于改善金属的锻造性能。

② 变形速度 是指单位时间内材料的变形量。塑性较差的材料，宜采用较低的变形速度成型。在生产上常用高速锤锻造高强度、低塑性的合金。

③ 变形方式 变形方式不同，变形金属的内应力状态也不同。拉拔时［如图1-23(b)］，金属塑性较差。镦粗时，坯料中心部分受到三向压应力，周边部分上下和径向受到压应力，而切向为拉应力，周边受拉部分塑性较差，易墩裂。挤压时［图1-23(a)］，坯料处于三向压应力状态，金属呈现良好的塑性状态。拉应力的存在会使金属的塑性降低，三向受拉金属的塑性最差。三个方向上压应力的数目越多，则金属的塑性越好。

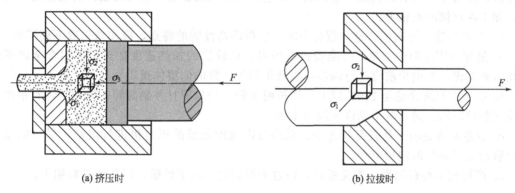

(a) 挤压时　　　　　　　　　　　　　　　(b) 拉拔时

图 1-23 挤压与拉拔时金属的应力状态

综上所述，金属的锻造性能既取决于金属的本质，又取决于变形条件。提高金属锻造性能的主要途径有：控制金属与合金的化学成分，改善组织结构，合理选择变形温度与变形速率，选择最有利的变形方式，尽量造成均匀的变形状态等。在分析解决具体问题时，应综合考虑所有的因素，根据具体情况采取相应的措施。

3. 合金钢和有色金属的锻造工艺特点

（1）合金钢的锻造工艺特点

现代生产中要求机械设备的功能强、体积小、重量轻，能适应恶劣的工作环境，因而许多重要部件都选用合金钢制造。但是，某些合金钢由于无同素异晶转变，不能用热处理工艺来获得所需要的组织与性能，这就必须采用锻造方法来提高其性能。合金钢与一般碳钢相比，其锻造工艺特点如下。

① 由于合金钢锭或轧制坯料的表面和内部缺陷较多，残余应力严重，一般在锻造前应予退火，以消除内应力并使组织均匀化。为防止内部缺陷的扩大，在锻造的最初阶段，压缩量要小些（约5%左右）。

②合金钢的锻造温度范围较窄，一般始锻温度低，终锻温度高，所以应增加火次。合金钢的导热性差，易产生热应力，为此还应缓慢加热并适当保温，锻造后要严格控制冷却规范。

③合金钢的锻造性差。一般含合金元素越多，则塑性下降，变形抗力增大。因而锻造过程中应避免拉应力状态和不均匀变形，以防止产生裂纹。

④ 合金钢的内部偏析严重。高碳合金钢常含有冲击韧度低的网状碳化物，故必须采用较大的锻造比以击碎网状结构，改善锻件的力学性能。如 W18Cr4V 铸态组织中有粗大的莱氏体组织，因而应反复地进行镦粗和拔长，增大锻造比（一般锻造比为 10），以打碎粗大的共晶碳化物，使之呈颗粒状弥散均匀分布，以改善其性能。

⑤ 合金钢在锻造过程中易产生较大的内应力，故常需进行工序间的退火。

(2) 铝合金和铜合金的锻造工艺特点

铝合金和铜合金是在机械制造中使用最为普遍的有色金属。其锻造工艺特点如下。

① 锻造特点　铝合金和铜合金的锻造温度低，范围窄，例如铝合金的始锻温度约为 $430 \sim 500 \, ^\circ C$，终锻温度为 $350 \sim 380 \, ^\circ C$；铜合金的始锻温度为 $800 \sim 900 \, ^\circ C$，终锻温度为 $650 \sim 700 \, ^\circ C$。加热和锻造时的温度控制比碳钢要严格，掌握比较困难，加之导热性好、散热快，更增加了锻造时的难度。铝合金的内摩擦系数和与工具间的外摩擦系数都较高，变形时的流动性差，并易在工具表面黏附一层铝屑。某些塑性较差的合金（如超硬铝）对变形速率很敏感，加工硬化倾向也较大。

② 工艺措施　锻造铝合金和铜合金时，根据锻造性能的特点，应注意采取下列措施。

a. 最好选用电阻炉加热，并准确控制炉温，以较快的加热速度加热。但铝合金因其强化相溶解较慢，在出炉前应进行保温，以获得均匀一致的固溶体组织。

b. 锻造工具应预热至 $250 \, ^\circ C$ 以上。锻造时要轻、快地锻打并勤翻转，以减少坯料单面与砧面接触的时间。锻造时不允许用风扇吹风。

c. 锻造铝合金的工具表面要光滑。采用打击速度较低的压力机进行锻造，尽可能地减少金属沿工具表面的剧烈流动。

d. 严格控制终锻温度，避免断裂，但也不能在过高温下停锻，以免使晶粒粗大。

三、焊接工艺

1. 焊接概述

焊接是通过局部加热或加压，或者两者并用，使分离的两部分材料形成永久性连接的工艺方法。其实质是通过一定的物理-化学过程，使两个零件表面的原子相互接近，达到晶格距离（$0.3 \sim 0.5 \, mm$）形成结合键，从而使两工件连为一体。

焊接与铆接等其他加工方法相比，具有减轻结构重量，节省材料；生产效率高，易实现机械化和自动化；接头密封性好，力学性能高；工作过程中无噪声等优点。其不足之处是会引起焊接接头组织、性能的变化，同时焊件还会产生较大的应力和变形。

焊接的种类很多，根据金属原子间结合方式的不同，可分为熔化焊、压力焊和钎焊三大类。

① 熔化焊是将两个焊件局部加热到熔化状态，并加入填充金属，冷却凝固后形成牢固的接头的焊接方法。常用的熔化焊有电弧焊、气焊、电渣焊、电子束焊、激光焊和等离子弧焊等。

② 压力焊是在焊接时对焊件施加一定的压力，使两者结合面紧密接触并产生一定的塑性变形，从而将两焊件焊接到一起的焊接方法。常用的压力焊有电阻焊、摩擦焊、扩散焊、冷压焊和超声波焊。

③ 钎焊是采用比焊件熔点低的钎料和焊件一起加热，使钎料熔化，焊件不熔化，熔化的钎料填充到焊件之间的缝隙中，钎料凝固后将两焊件连接成整体的焊接方法。常用的钎焊有锡焊、铜焊等。

主要的焊接方法分类如表 1-10 所示。

表 1-10　主要焊接方法、特点及应用

类别	焊接方法			特 点	应 用	
熔化焊	电弧焊		涂药焊条电弧焊（手工电弧焊）	具有灵活、机动，适用性广泛，可进行全位置焊接，所用设备简单、耐用性好、维护费用低等优点。但劳动强度大，质量不够稳定，决定于操作者水平	在单件、小批、零星修配中广泛应用，适于焊接 3mm 以上的碳钢、低合金钢、不锈钢和铜、铝等非铁合金	
			焊剂层下电弧焊（埋弧焊）	生产率高，比手工电弧焊提高 5～10 倍，焊接质量高且稳定，节省金属材料，改善劳动条件	在大量生产中适用于长直、环形或垂直位置的横焊缝，能焊接碳钢、合金钢以及某些铜合金等中、厚壁结构	
		气体保护焊	惰性气体：非熔化极（钨极氩弧焊）／熔化极（金属极氩弧焊）	气体保护充分，热量集中，熔池较小，焊接速度快，热影响区较窄，焊接变形小，电弧稳定，飞溅小，焊缝致密，表面无熔渣，成型美观，明弧便于操作，易实现自动化，限于室内焊接	最适用于焊接易氧化的铜、铝、钛及其合金，锆、钽、钼等稀有金属，以及不锈钢、耐热钢等	对＞50mm 厚板不适用／对＜3mm 薄板不适用
			二氧化碳气体保护焊	成本低，为埋弧和手工弧焊的 40% 左右，质量较好，生产率高，操作性能好，大电流时飞溅较大，成型不够美观，设备较复杂	广泛应用于造船、机车车辆、起重机、农业机械中的低碳钢和低合金钢结构	
			窄间隙气体保护电弧焊	高效率的熔化极电弧焊，节省金属，限于垂直位置焊缝	应用于碳钢、低合金钢、不锈钢、耐热钢、低温钢等厚壁结构	
	电渣焊			生产率高，任何厚度不开坡口一次焊成，焊缝金属比较纯净，热影响区比其他焊法都宽，晶粒粗大，易产生过热组织，焊后须进行正火处理以改善其性能	应用于碳钢、合金钢大型和重型结构，如水轮机、水压机、轧钢机等全焊或组合结构的制造，常用于 35～400mm 厚壁结构	
	气焊			火焰温度和性质可以调节，与弧焊热源比热影响区宽，热量不如电弧集中，生产率比较低	应用于薄壁结构和小件的焊接，可焊钢、铸铁、铝、铜及其合金、硬质合金等	
	等离子弧焊			除具有氩弧焊特点外，等离子弧能量密度大，弧柱温度高，穿透能力强，能一次焊透双面成型；电流小到 0.1A 时，电弧仍能稳定燃烧，并保持良好的挺度和方向性	广泛应用于铜合金、合金钢、钨、钼、钴、钛等金属，如钛合金的导弹壳体、波纹管及膜盒、微型电容器、电容器的外壳封接以及飞机和航天装置上的一些薄壁容器的焊接	
	电子束焊接			在真空中焊无金属电极沾污，保证焊缝金属的高纯度，表面平滑无缺陷，热源能量密度大，熔深大，焊速快，热影响区小，不产生变形，可防止难熔金属焊接时产生裂纹和泄漏。焊接时一般不添加金属，参数可在较宽范围内调节，控制灵活	用于焊接从微型电子线路组件、真空膜盒、钼箔蜂窝结构、原子能燃料元件到大型的导弹外壳，以及异种金属、复合结构件的焊接等，由于设备复杂，造价高，使用维护技术要求高，焊件尺寸受限制等，其应用范围受一定限制	
	激光（束）焊接			辐射能量放出迅速，生产率高，可在大气中焊接，不需真空环境和保护气体；能量密度很高，热量集中，时间短，热影响区小；焊接不需与工件接触；焊接异种材料比较容易，但设备有效系数低，功率较小，焊接厚度受限	特别适用于焊接微型精密、排列非常密集、对受热敏感的焊件。除焊接一般薄壁搭外，还可焊接细的金属线材以及导线和金属薄板的搭接，如集成电路内外引线、仪表游丝等的焊接	

类别	焊接方法		特 点	应 用
压力焊	电阻焊	点焊	低电压、大电流,生产率高,变形小,限于搭接。不需添加焊接材料,易于实现自动化。设备较一般熔化焊复杂,耗电量大,缝焊过程中分流现象较严重	点焊主要适用于焊接各种薄板冲压结构及钢筋,目前广泛用于汽车制造、飞机、车厢等轻型结构,利用悬挂式点焊枪可进行全位置焊接。缝焊主要用于制造油箱等要求密封的薄壁结构。闪光对焊用于重要工件的焊接,可焊异种金属(铝-钢、铝-铜等),从直径0.01mm金属丝到约20000mm的金属棒,如刀具、钢筋、钢轨等
		缝焊		
		接触对焊	接触(电阻)对焊,焊前对被焊工件表面清理工作要求较高,一般仅用于断面简单、直径小于20mm和强度要求不高的工件,而闪光对焊工件表面焊前无需加工,但金属损耗多	
		闪光对焊		
	摩擦焊		接头组织致密,表面不易氧化,质量好且稳定,可焊金属范围较广,可焊异种金属,焊接操作简单,不需添加焊接材料,易实现自动控制,生产率高,设备简单,电能消耗少	广泛用于圆形工件及管子的对接,如大直径铜铝导线的连接,管-板的连接
	气压焊		利用火焰将金属加热到熔化状态后加外力使其连接在一起	用于连接圆形、长方形截面的杆件与管子
	扩散焊		焊件紧密贴合,在真空或保护气氛中,在一定温度和压力下保持一段时间,使接触面之间的原子相互扩散完成焊接的一种压焊方法	接头力学性能高;可焊接性能差别大的异种金属,可用来制造双层和多层复合材料;可焊形状复杂的互相接触的面与面,代替整锻;焊接变形小
	高频焊		热能高度集中,生产率高,成本低;焊缝质量稳定,焊件变形小;适于连续性高速生产	适于生产有缝金属管;可焊低碳钢、工具钢、铜、铝、钛、镍、异种金属等
	爆炸焊		爆炸焊接好的双金属或多种金属材料,结合强度高,工艺性好,焊后可经冷热加工。操作简单,成本低	适于各种可塑性金属的焊接
钎焊	软钎焊		焊件加热温度低、组织和力学性能变化很小,变形也小,接头平整光滑,工件尺寸精确。软钎焊接头强度较低,硬钎焊接头强度较高。焊前工件需清洗,装配要求较严	广泛应用于机械、仪表、航空、空间技术所用装配中,如电真空器件、导线、蜂窝和夹层结构、硬质合金
	硬钎焊			

2. 焊接接头的组织与性能

（1）焊接区域温度的变化与分布

在焊接过程中,焊缝区的金属都是由常温状态开始被加热到较高的温度,然后再冷却到室温的。图 1-24 所示是焊接时焊件横截面上不同点的温度变化情况,由于各点离焊缝中心距离不同,导致各点的最高温度不同。同时热的传导需要时间,所以各点达到最高温度所用的时间也不相同。

（2）焊接接头金属组织与性能的变化

用焊接方法连接的接头称焊接接头。在焊接过程中,接头及附件的母材进行的是一次复杂的冶金过程,必然发生组织与性能的变化,这种变化直接影响到焊接接头的质量。

① 焊缝的组织与性能　低碳钢焊缝和焊缝附近区的金属组织与性能的变化如图 1-25 所示。图中所示下部为焊件的横截面,上部是相应各点在焊接过程中被加热的最高温度曲线。金属组织性能的变化可将图 1-25（a）和（b）进行对照分析。

焊接接头由焊缝区、熔合区、热影响区三部分组成。焊缝两侧因焊接热而导致母材的组织和性能发生变化,该区域称为焊接热影响区。焊缝和母材的交界线称为熔合线。熔合线两

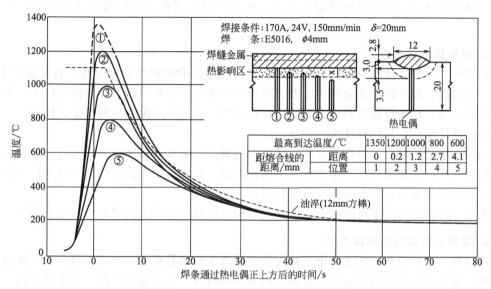

图 1-24　距焊缝不同距离各点的热循环

最高到达温度/℃		1350	1200	1000	800	600
距熔合线的距离/mm	距离	0	0.2	1.2	2.7	4.1
	位置	1	2	3	4	5

侧有一个比较窄小的焊缝与热影响区的过渡区，称为熔合区（也称半熔化区）。

焊缝组织是熔池金属结晶得到的柱状铸态组织，由铁素体和少量珠光体组成。铸态组织晶粒粗大，组织不致密，但由于焊接熔池体积小，冷却速度快，同时焊条药皮、焊剂或焊丝在焊接过程中的渗合金作用，使焊缝金属中锰、硅等有益元素含量可能高于母材，所以焊缝金属的力学性能不低于母材。

② 热影响区的组织与性能　由于焊缝附近各点受热情况不同，热影响区可分为熔合区、过热区、正火区和部分相变区等。

a. 熔合区　熔合区是焊缝和母材金属的交界区，相当于加热到固相线和液相线之间，该区域母材部分熔化，所以也称为半熔化区。熔化的金属凝固形成铸态组织，

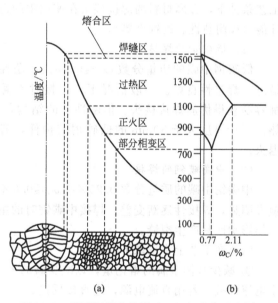

图 1-25　低碳钢焊接热影响区组织变化示意图

未熔化的金属因加热温度过高导致金属组织晶粒粗大，所以该区域的力学性能是整个接头中最差的，其性能可能在很大程度上决定着焊接接头的性能。

b. 过热区　被加热到1100℃以上至固相线的温度区间。奥氏体晶粒急剧长大，冷却后产生晶粒粗大的过热组织。因而该区域塑性和韧性很低，容易产生焊接裂纹。

c. 正火区　被加热到 Ac_3 以上至1100℃温度区间。金属发生重结晶，冷却后得到均匀而细小的铁素体和珠光体组织，该区域力学性能优于母材。

d. 部分相变区　相当于加热到 Ac_1 到 Ac_3 温度区间。部分铁素体来不及转变，只有部分组织发生转变，故称为部分相变区。该区冷却后晶粒大小不均匀，力学性能较差。

综上所述，熔合区和过热区性能最差，产生裂缝和局部破坏的倾向也最大，是焊接接头

中比较薄弱的部分，对焊缝质量影响最大，因此在焊接过程中应尽可能减小这两个区域的宽度。

3. 焊接变形与应力

焊接时，由焊接热源对焊件不均匀加热引起的结构形状和尺寸的变化，称为焊接变形。在变形的同时，焊件内部还会产生应力。因为结构在未承受外载时就存在这些应力，所以属于内应力范畴，称为焊接应力。金属结构在焊接以后，总要发生变形和产生焊接应力，而且两者是彼此伴生的，任何焊件无一例外。

当构件承受外载后，焊接应力和外载应力相叠加，造成局部区域应力过高，使构件产生新的塑性变形，生成裂纹，甚至导致整个构件断裂。而变形则会使焊件的形状和尺寸发生变化，影响装配与使用，严重时会导致工件报废。

焊接变形和应力是不可避免的，应通过结构设计和合理的工艺措施来减小或消除。

4. 常用金属材料的焊接性能

金属在一定的焊接工艺条件下获得优质焊接接头的难易程度，即金属材料对焊接加工的适应性，称为金属材料的焊接性。它包括两方面的内容：一是结合性能，主要是指在一定的焊接工艺条件下，金属材料产生工艺缺陷的倾向或敏感性；二是使用焊接性，即在一定焊接工艺条件下，金属材料的焊接接头在使用中的适应性，包括焊接接头的力学性能及其他特殊性能（如耐热性、耐蚀性等）。

（1）低碳钢的焊接

低碳钢中碳的质量分数 $\omega_C \leqslant 0.25\%$，塑性好，一般没有淬硬倾向，对焊接热过程不敏感，焊接性良好。一般情况下，焊接时不需要采取特殊工艺措施，选用各种焊接方法都容易获得优质焊接接头。但刚性大的结构件在低温环境下施焊时，应适当考虑焊前预热。对于厚度大于 50mm 的低碳钢结构件，需用大电流、多层焊，焊后需进行消除应力退火。

（2）中高碳钢的焊接

中碳钢中碳的质量分数 $0.25\% \leqslant \omega_C \leqslant 0.6\%$ 之间。随着碳的质量分数的增加，淬硬倾向愈发明显，焊接性逐渐变差。焊接中碳钢时的主要问题是：①焊缝易形成气孔；②焊缝及焊接热影响区易产生裂缝。

为此在工艺上常采取下列措施。

① 减少基体金属的熔化量，以减少碳的来源。其具体措施为：焊件开坡口；用细焊丝、小电流焊接；若用直流电源，应直接反接。

② 选用合适的焊接方法和规范，降低焊件的冷却速度。

③ 尽量选用碱性低氢型焊条，提高焊缝抗裂能力。

④ 采用多层焊或焊前预热、焊后缓冷的措施，减小焊件焊接前后的温差，可有效地防止裂纹的产生。

高碳钢的焊接性更差，故不能用于制造焊接结构，而一般用于焊补受损零件或部件。焊前应先将焊件退火，并预热至 $250 \sim 350℃$ 以上，焊后保温并立即送入炉中进行消除应力的热处理。

（3）普通低合金结构钢的焊接

普通低合金结构钢在焊接结构生产中应用较为广泛，其中含碳及合金元素越高，钢材强度级别越高，焊后热影响区的淬硬倾向也越大，导致热影响区的脆性也越大，塑性和韧性下降。焊接接头随钢材强度级别的提高，产生裂纹的倾向也增大。为此，对于 $\sigma_S < 400MPa$ 的

低强度普通低合金结构钢，在常温下焊接，不用复杂的工艺措施，便可获得优质的焊接接头。当焊件厚度较大（如 16Mn，板厚大于 32～38 时）或环境温度较低时，焊前应该预热，以防止产生裂纹。对于 $\sigma_S > 500\text{MPa}$ 的高强度普通低合金结构钢，为了避免产生裂纹，焊前应预热（$\leqslant 150℃$），焊后还应及时进行去应力退火。

（4）铸铁的焊补

铸铁含碳量高，组织不均匀，焊接性能差，所以不采用铸铁制作焊接构件。但铸铁件生产中出现的铸造缺陷及铸铁零件在使用过程中发生的局部损坏或断裂，如能焊补，其经济效益也是显著的。铸铁的焊接特点是：

① 熔合区易产生白口组织（Fe_3C），硬度很高，焊后很难进行机械加工；

② 当焊接应力较大时，在焊缝及热影响区容易产生裂纹，甚至沿焊缝整个断裂；

③ 铸铁含碳量高，焊接时易产生 CO、CO_2，铸铁凝固时间较短，熔池中气体往往来不及逸出而造成气孔；

④ 铸铁流动性好，容易流失，给铸铁焊补带来困难。

铸铁的焊补，一般都采用气焊、焊条电弧焊。按焊前是否预热可分为热焊法与冷焊法两大类。热焊法预热温度为 600～700℃，焊后缓慢冷却，用于焊补形状复杂的重要件。焊条电弧焊时，使用铸铁铁芯焊条 Z248 或 Z258。冷焊法焊补铸件时，焊前不预热或在 400℃ 以下低温预热。用于焊补要求不高的铸件，焊条可选用 Z208、Z308、Z408 等。

（5）铝及铝合金的焊接

铝及铝合金的焊接性能比较差，其焊接特点是：

① 铝和氧的亲和力很大，极易氧化成熔点高、密度大的氧化铝（Al_2O_3），阻碍金属融合，使焊缝夹渣；

② 铝的热导率为钢的 4 倍，焊接时热量散失快，需要能量大或密集的热源，同时铝的线膨胀系数为钢的 2 倍，凝固时体收缩率达 6.5%，易产生焊接应力与变形，并可能产生裂纹；

③ 液态铝能吸收大量的氢，而固态铝几乎不溶解氢，致使凝固过程中氢气来不及逸出而产生气孔；

④ 铝的高温强度和塑性均很低，易引起焊缝塌陷。铝和铝合金的焊接常采用氩弧焊、气焊、电阻焊和钎焊等方法。其中氩弧焊是较理想的焊接方法，气焊仅用于焊接厚度不大的不重要构件。

（6）铜及铜合金的焊接

① 热导率大，约为钢的 7～11 倍，因此焊接时热量散失快而达不到焊接温度，造成焊不透等缺陷。

② 线膨胀系数和收缩率都比较大，导热性好，使焊接热影响区较宽，易产生变形。

③ 在高温下易氧化，生成的 Cu_2O 与铜形成脆性低熔点共晶体，分布在晶界上，易产生热裂纹。

④ 氢与熔池中的 Cu_2O 发生反应生成水蒸气，易产生气孔。铜与铜合金可用氩弧焊、气焊、钎焊等方法进行焊接。采用氩弧焊能有效地保护铜液不受氧化和不容易气体，可以获得好的焊接质量。

5. 毛坯制造方法的选择

毛坯的选用主要指毛坯的材料、类型和制造方法的选用。选用正确与否直接关系到毛坯的制造质量、工艺、成本，并会影响到机械加工质量、工艺、成本等。

机械制造中常见的毛坯有各种铸件、锻件、焊接件、冲压件、粉末冶金件及注塑成型件等。随着现代焊接工艺的不断发展和完善，"铸-焊"、"锻-焊"等联合加工提供毛坯的方法日益广泛地得到应用。

影响毛坯选用的制约因素很多，主要包括零件的性能要求和工作条件、零件的形状和尺寸、生产的批量大小、生产条件等。

毛坯的选用是一个比较复杂的系统工程问题，必须遵循正确的选择原则和方法，进行系统的分析，以达到优质、高效、经济性好的总目标。

毛坯的选用原则主要有以下几点：① 满足材料的工艺性能要求；②满足零件的使用性能要求；③降低零件的制造成本；④符合生产条件。

四、典型的机械加工方法

毛坯要成为一个成品零件，需要进行机械加工。典型的机械加工方法有车削、铣削、刨削、磨削、钻削、镗削等。

1. 车削加工

（1）车削加工的特点及应用

车削加工是在车床上利用车刀对工件的旋转表面进行切削加工的方法。它主要用来加工各种轴类、套筒类及盘类零件上的旋转表面和螺旋面，其中包括内外圆柱面、内外圆锥面、内外螺纹、成型回转面、端面、沟槽以及滚花等。此外，还可以钻孔、扩孔、铰孔、攻螺纹等。车削加工精度一般为 IT8～IT7，表面粗糙度为 $Ra6.3～1.6\mu m$；精车时，加工精度可达 IT6～IT5，粗糙度可达 $Ra0.4～0.1\mu m$。

车削加工的特点是：加工范围广，适应性强，不但可以加工钢、铸铁及其合金，还可以加工铜、铝等有色金属和某些非金属材料；不但可以加工单一轴线的零件，也可以加工曲轴、偏心轮或盘形凸轮等多轴线的零件；生产率高，刀具简单，其制造、刃磨和安装都比较方便。

由于上述特点，车削加工无论在单件、小批，还是大批大量生产以及在机械的维护修理方面，都占有重要的地位。

（2）车床

车床的种类很多，按结构和用途可分为卧式车床（如图 1-26）、立式车床（如图 1-27）、仿形及多刀车床、自动和半自动车床、仪表车床和数控车床等。其中卧式车床应用最广，是其他各类车床的基础。

图 1-26　卧式车床

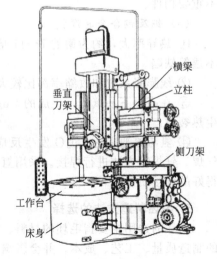

横梁

立柱

垂直刀架

侧刀架

工作台

床身

图 1-27　立式车床

2. 铣削加工

(1) 铣削加工的范围与特点

① 铣削加工的范围

铣削主要用来对各种平面、各类沟槽等进行粗加工和半精加工，用成型铣刀也可以加工出固定的曲面。其加工精度一般可达 IT9～IT7，表面粗糙度为 $Ra6.3～1.6\mu m$。

概括而言，可以铣削平面、台阶面、成型曲面、螺旋面、键槽、T 形槽、燕尾槽、螺纹、齿形等。

② 铣削加工的特点

a. 生产率较高。

b. 铣削过程不平稳。

c. 刀齿散热较好。

因此，铣削时，若采用切削液对刀具进行冷却，则必须连续浇注，以免产生较大的热应力。

(2) 铣床

铣床主要有立式铣床（图 1-28）、卧式铣床（图 1-29）和龙门铣床（图 1-30）等，以适应不同的加工需要。立式铣床是指铣床主轴与工作台面垂直；卧式铣床是指铣床主轴与工作台台面相平行。

铣床的型号如下表示：

XQ6225，X 表示铣床，Q 表示轻便铣床，6 表示卧式铣床，2 表示万能升降台铣床，25表示工作台宽度的 1/10（250mm）。铣削加工能达到的精度等级为 IT9～7 级，表示粗糙度$Ra6.3～1.6\mu m$。

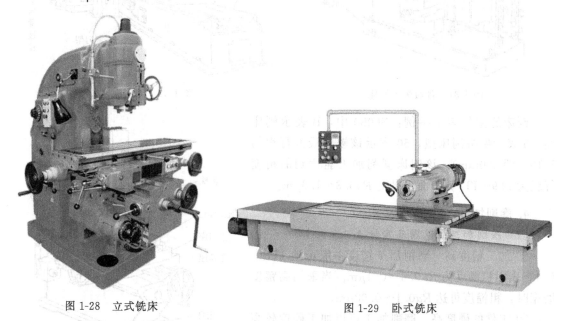

图 1-28 立式铣床 　　　　　　　　图 1-29 卧式铣床

3. 刨削加工

(1) 刨削加工的范围及其特点

刨削是使用刨刀在刨床上进行切削加工的方法，主要用来加工各种平面、沟槽和齿条、直齿轮、花键等，母线是直线的成型面。刨削比铣削平稳，但加工精度较低，其加工精度一般为 IT10～IT8，表面粗糙度为 $Ra6.3$～$1.6\mu m$。

刨削加工的特点是生产率较低；刨削为间断切削，刀具在切入和切出工件时受到冲击和振动，容易损坏，因此，在大批量生产中应用较少，常被生产率较高的铣削、拉削加工代替。

（2）刨床

按刨床的结构特征可以分为牛头刨床（图 1-31）、龙门刨床（图 1-32）和插床（图 1-33），其应用范围各有不同。牛头刨

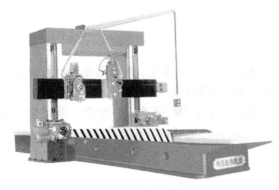

图 1-30　龙门铣床

床主要刨削中、小型零件的各种平面及沟槽，适用于单件、小批生产的工厂及维修车间。龙门刨床主要用于加工大型工件或重型零件上的各种平面、沟槽以及各种导轨面，也可在工作台上一次装夹多个零件同时进行加工。插床又叫立式刨床，主要用来加工工件的内表面。

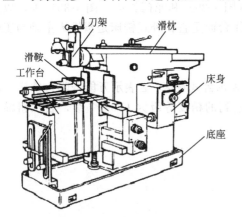

图 1-31　普通牛头刨床

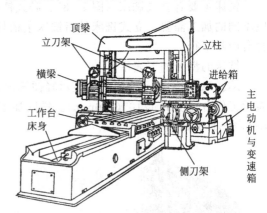

图 1-32　龙门刨床

刨床的型号表示举例：B6050 中，B 表示刨床类，6 表示牛头刨床型，50 表示该刨床最大行程的 1/10（即 500mm）。该刨床刨削加工能达到的精度等级为 IT9～IT7，表面粗糙度 $Ra6.3$～$1.6\mu m$。

4. 磨削加工

（1）磨削加工的范围及其特点

① 加工精度高　磨削加工精度一般可达 IT6～IT4，表面粗糙度为 $Ra0.8$～$0.1\mu m$。当采用高精度磨床时，粗糙度可达 $Ra0.1$～$0.08\mu m$。

② 工件的硬度高　磨削加工可以加工硬度较高的零件，尤其是淬硬的钢件和高硬度的特殊材料。

③ 磨削温度高　磨削时要有充足的冷却液，同时冷却液还可以起到排屑和润滑作用。

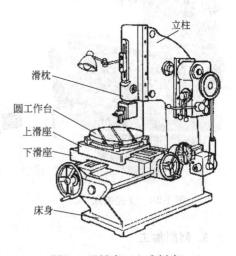

图 1-33　插床（立式刨床）

磨削加工主要用于零件的内外圆柱面、内外圆锥面、平面和成型面（如花键、螺纹、齿

轮等）的精加工，以获得较高的尺寸精度和较小的表面粗糙度。

（2）磨床

磨床是指用磨具（如砂轮）或磨料加工工件表面的机床。磨床按照不同用途可分为平面磨床、外圆磨床、内圆磨床、工具磨床、刀具刃具磨床及各种专门化磨床（曲轴磨床、凸轮磨床、齿轮磨床、螺纹磨床、导轨磨床）等。常用的是平面磨床（图 1-34）和外圆磨床（图 1-35）。

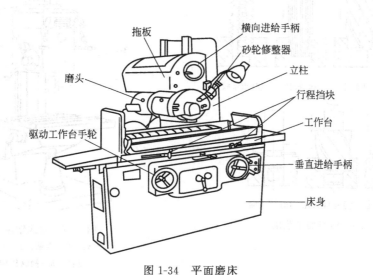

图 1-34 平面磨床

图 1-35 万能外圆磨床

5. 钻削加工

（1）钻削加工的特点及工艺范围

钻削加工的工艺特点如下。

① 钻头在半封闭的状态下进行切削，切削量大，排屑困难。

② 摩擦严重，产生热量多，散热困难。

③ 转速高，切削温度高，致使钻头磨损严重。

④ 挤压严重，所需切削力大，容易产生孔壁的冷作硬化。

⑤ 钻头细而悬伸长，加工时容易产生弯曲和振动。

⑥ 钻孔精度低，尺寸精度为 IT13～IT12，表面粗糙度 Ra 为 12.5～6.3μm。

钻削加工的工艺范围较广，在钻床上采用不同的刀具，可以完成钻中心孔、钻孔、扩孔、铰孔、攻螺纹、锪孔和锪平面等，如图 1-36 所示。在钻床上钻孔精度低，但也可通过钻孔—扩孔—铰孔加工出精度要求很高的孔（IT6～IT8，表面粗糙度为 $Ra1.6～0.4\mu m$），还可以利用夹具加工有位置要求的孔系。

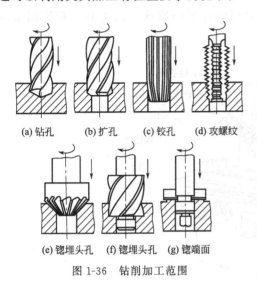

(a) 钻孔　(b) 扩孔　(c) 铰孔　(d) 攻螺纹

(e) 锪埋头孔　(f) 锪埋头孔　(g) 锪端面

图 1-36　钻削加工范围

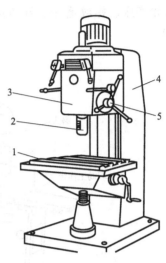

图 1-37　立式钻床

1—工作台；2—主轴；3—主轴箱；

4—立柱；5—操纵机构

（2）钻床

钻床的主要类型有台式钻床、立式钻床、摇臂钻床以及专门化钻床等。

① 立式钻床　立式钻床又分为圆柱立式钻床、方柱立式钻床和可调多轴立式钻床三个系列。图 1-37 为一方柱立式钻床，其主轴是垂直布置的，在水平方向上的位置固定不动，必须通过工件的移动，找正被加工孔的位置。立式钻床生产率不高，大多用于单件小批量生产加工中、小型工件。

② 摇臂钻床

在大型工件上钻孔，希望工件不动，钻床主轴能任意调整其位置，这就需用摇臂钻床。

图 1-38 是摇臂钻床的外形图。摇臂钻床广泛地用于大、中型工件的加工。

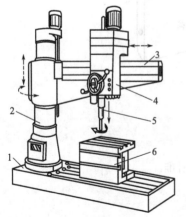

图 1-38　摇臂钻床

1—底座；2—立柱；3—摇臂；4—主轴箱；5—主轴；6—工作台

6. 镗削加工

（1）镗削加工的特点及工艺范围

镗削加工的特点如下：

① 镗削加工灵活性大，适应性强；

② 镗削加工操作技术要求高；

③ 镗刀结构简单，刃磨方便，成本低；

④ 镗孔可修正上一工序所产生的孔的轴线位置误差，保证孔的位置精度。

镗削加工的工艺范围较广，可以镗削单孔或孔系，锪、铣平面，镗盲孔及镗端面等，如图 1-39 所示。机座、箱体、支架等外形复杂的大型工件上直径较大的孔，特别是有位置精度要求的孔系，常在镗床上利用坐标装置和镗模加工。镗孔精度为 IT7～IT6 级，孔距精度可达 0.015mm，表面粗糙度值 Ra 为 1.6～0.8μm。

利用镗床还可以切槽、车螺纹、镗锥孔和加工球面等。

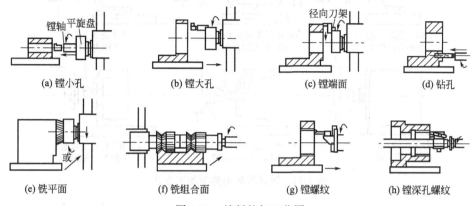

图 1-39 镗削的加工范围

（2）镗床

镗床可分为卧式镗床、坐标镗床和金刚镗床等。

① 卧式镗床 卧式镗床由床身、主轴箱、工作台、平旋盘和前、后立柱等组成，如图 1-40 所示。

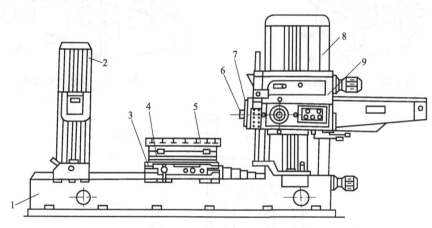

图 1-40 卧式镗床外形图

1—床身；2—后立柱；3—下滑座；4—上滑座；5—工作台；6—主轴；7—平旋盘；8—前立柱；9—主轴箱

卧式镗床的工艺范围非常广泛，典型加工方法如图 1-41 所示。

② 坐标镗床 主要用于单件小批量生产条件下对工件的精密孔、孔系和模具零件的加工，也可用于成批生产时对各类箱体、缸体和机体的精密孔系进行加工。

a. 单柱坐标镗床 其结构形式如图 1-42 所示。

b. 双柱坐标镗床 其结构形式如图 1-43 所示。

③ 金刚镗床 金刚镗床是一种高速镗床，因采用金刚石作为刀具材料而得名。现在则采用硬质合金作为刀具材料，一般采用较高的速度、较小的背吃刀量和进给量进行切削加工，加工精度较高。主要用于在成批或大量生产中加工中小型精密孔。单柱金刚镗床的结构如图 1-44 所示。

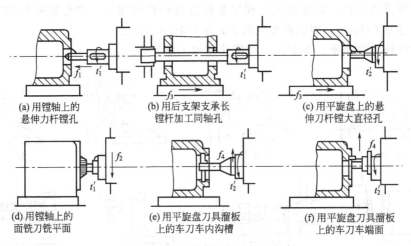

(a) 用镗轴上的　　(b) 用后支架支承长　　(c) 用平旋盘上的悬
悬伸力杆镗孔　　　镗杆加工同轴孔　　　伸刀杆镗大直径孔

(d) 用镗轴上的　　(e) 用平旋盘刀具溜板　　(f) 用平旋盘刀具溜板
面铣刀铣平面　　　上的车刀车内沟槽　　　上的车刀车端面

图 1-41　卧式镗床的典型加工方式

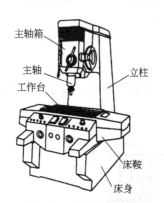

图 1-42　单柱坐标镗床

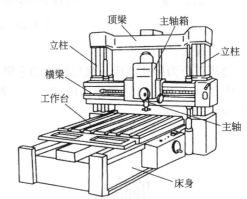

图 1-43　双柱坐标镗床

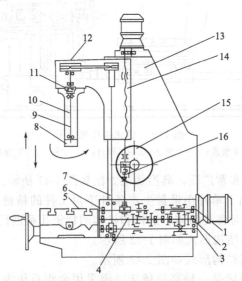

图 1-44　单柱金刚镗床

1—主动轴；2—中间轴；3—输出轴；4—进给传动轴；5—工作台；6—进给输出轴；
7—垂直传动轴；8—镗杆头；9—主轴；10—镗杆；11—离合器；12—镗架；
13—床身；14—进给丝杠；15—手动进给轮；16—进给离合器

［操作指导］

一、任务布置

调查某一型号风电机组零部件的毛坯制造方法以及机械加工方法，包括叶轮、机舱、主轴、发电机、塔架、控制器等。

二、操作指导

1. 风电机组零部件毛坯制造方法的选择

风电机组零部件按照其形状和用途的不同，可分为轴杆类、盘套类和机架箱体类三大类。这几种零件的结构特征、工作条件和毛坯的一般生产方法如下。

（1）轴杆类零件毛坯的选择

轴杆类零件的结构特征是其轴向尺寸远大于径向尺寸，常见的有实心轴、空心轴、直轴、曲轴、同心轴、偏心轴、各类管件和杆件等。按承载不同，轴又可分为：转轴——工作时既承受弯矩，又传递转矩的轴，如车床的主轴、带轮轴等；心轴——仅承受弯矩而不传递转矩的轴，如自行车、汽车的前轴等；传动轴——主要传递转矩而不承受或仅承受很小弯矩的轴。

轴杆类零件一般都是各种机械中重要的受力和传动零件。装有齿轮和轴承的轴，其轴颈处要求有较好的综合力学性能，常选用中碳调质钢；承受重载或冲击载荷以及要求耐磨性较高的轴，多选用合金结构钢。某些具有异形断面或弯曲轴线的轴，如凸轮轴、曲轴等，可选用球墨铸铁件毛坯，以降低生产成本。一般直径变化不大的直轴，可采用圆钢直接切削加工。

大多数轴杆类零件都采用锻件毛坯。在有些情况下，这类零件毛坯的生产方法也可以采用锻-焊或铸-焊结合的方法。

（2）盘套类零件毛坯的选择

盘套类零件的结构特征是轴向尺寸小于或接近径向尺寸，常见的有齿轮、带轮、法兰、联轴器、套环、垫圈和轴承环等。这类零件在机械中的使用要求和工作条件各异，因此它的所用材料和毛坯生产方法也各不相同。

下面以齿轮为例进行说明。齿轮在运转时，轮齿是主要的受力部分，齿面承受很大的接触应力和摩擦力，齿根部分承受弯曲应力，运转时有时还要承受冲击力，且以上应力作用均为交变载荷，所以轮齿表面要求有足够的接触强度和硬度，轮齿根部则要求有一定的强度和韧性。由以上分析，一般小齿轮应选用综合力学性能较好的中碳结构钢制造，承受较大冲击载荷的重要齿轮应选用合金渗碳钢制造，其毛坯生产方法均采用型材经锻造而成。结构复杂的大型齿轮（直径400mm以上）可采用铸钢件毛坯或球墨铸铁件毛坯，在单件小批量生产条件下也可采可焊接件毛坯。形状简单、直径较小（＜100mm）的低精度、小载荷齿轮，在单件小批量生产条件下可选用圆钢为毛坯；形状简单、精度要求高、负载较大的中、小型齿轮可选用模锻件毛坯，但在单件小批量生产条件下则可选用自由锻件毛坯；低速轻载的开式齿轮传动可选用灰铸铁件毛坯；高速轻载低噪声的普通小齿轮常选用铜合金、铝合金、工程塑料等材料，并采用棒料作毛坯或采用挤压、冲压或压铸件毛坯。

带轮、飞轮、手轮等受力不大或以受压为主的零件通常采用灰铸铁件毛坯，单件生产时也可采用低碳钢焊接件毛坯。

法兰、套环、垫圈等零件，根据受力情况及形状、尺寸等，可分别采用铸铁件、锻件或圆钢件毛坯；厚度小（＜40mm）批量小时，也可采用钢板直接下料作为毛坯。

（3）机架箱体类零件毛坯的选择

机架箱体类零件的结构特征是结构比较复杂，形状不规则，壁厚不均匀等。其工作条件差别很大，一般以承压为主，有些同时承受拉力和弯曲应力的作用，还有些承受冲击载荷和摩擦力作用等。常见的机架箱体类零件有各种机械设备的机身、机架、底座、横梁、工作台、减速器箱体、箱盖、轴承座、阀体、泵体等。这类零件要求有良好的刚度、密封性和减振性等，有时还要求具有良好的耐磨性。

根据这类零件的结构特征和使用要求，一般多选用铸铁件毛坯；对受力较大且较复杂的零件应采用铸钢件毛坯；单件小批量生产时也可采用焊接件毛坯。小型风力发电机中的这类零件通常采用铝合金铸造毛坯，以减轻重量。在特殊情况下，形状复杂的大型零件可采用铸-焊或锻-焊组合毛坯。

2. 风电机组零部件机械加工方法的选择

风电机组零部件种类尽管很多，形状各异，但都是由外圆表面、内圆表面、平面和特形面等最基本的几何表面组成的。

风电机组零件的加工过程，即零件表面经加工获得符合要求的零件表面的过程。合理选择各种表面的加工方案与方法，对保证零件质量、提高生产率、降低成本有重要的意义。其加工方案的选择，一般要考虑加工精度和表面粗糙度、零件材料、生产批量、热处理要求、零件结构特点及工厂的生产条件等。由于表面的类型和要求的不同，所用的加工方法也不一样。

（1）外圆表面的加工

外圆表面是轴、套、盘类零件的主要表面或辅助表面，这类零件在风电机组中占有很大的比例。外圆表面的技术要求一般有以下三种：

① 尺寸和形状精度，如直径和长度的尺寸精度及外圆表面的圆度、圆柱度等形状精度；

② 位置精度，与其他外圆表面或内表面的同轴度，与端面的垂直度等；

③ 表面质量，主要是指表面粗糙度。

此外，还有表面的物理和力学性能等。

外圆表面加工最常用的方法有车削、磨削。当精度及表面质量要求很高时，还需进行光整加工。

① 粗车　粗车的主要目的是尽快去除毛坯的大部分加工余量，使之接近工件的形状和尺寸，为精车做准备。因此，在粗车时，一般尽可能地采用大的切削量，以提高加工效率。粗车的尺寸公差等级为 IT11～IT12，表面粗糙度 Ra 值为 $50～12.5\mu m$。

② 半精车　半精车是在粗车的基础上进行的，其背吃刀量与进给量均比粗车小，常作为高精度外圆表面磨削或精车前的预备加工；也可以作为中等精度外圆表面的终加工。半精车的尺寸公差等级为 IT9-IT10，表面粗糙度 Ra 值为 $6.3～3.2\mu m$。

③ 精车　一般作为高精度外圆表面的终加工，其主要目的是达到零件表面的加工要求。为此，需合理选择车刀几何角度和切削用量。精车的尺寸公差等级为 IT7～IT8，表面粗糙度 Ra 值可达 $1.6\mu m$。

④ 精细车　精细车的尺寸公差等级为 IT5～IT6，表面粗糙度 Ra 值可达 $0.8\mu m$。

⑤ 粗磨　粗磨采用较粗磨粒的砂轮和较大的背吃刀量及进给量，以提高生产率。粗磨的尺寸公差等级为 IT7～IT8，表面粗糙度 Ra 值为 $1.6～0.8\mu m$。

⑥ 精磨　精磨则采用较细磨粒的砂轮和较小的背吃刀量及进给量，以获得较高的精度及较小的表面粗糙度。精磨的尺寸精度要求 IT6～IT5，表面粗糙度 Ra 要求可达 $0.2\mu m$。

⑦ 光整加工　如果工件精度要求 IT5 以上，表面粗糙度 Ra 要求达 $0.1～0.008\mu m$，则

在经过精车或精磨以后，还需通过光整加工。常用的外圆表面光整加工方法有研磨、超级光磨和抛光等。

外圆表面的车削加工，对于单件小批量生产，一般在卧式车床上加工；对于大批量的生产，则在转塔车床、仿形车床、自动或半自动车床上加工；对于重型盘套类零件，多在立式车床上加工。

外圆表面的磨削可以在普通外圆磨床、万能外圆磨床或无心磨床上进行。

外圆表面常用的加工方案有以下几种：

a. 粗车　适用于加工精度低，只需要粗车的除淬硬钢以外的各种材料的外圆表面；

b. 粗车-半精车　未淬硬工件的外圆表面，均可采用此方案；

c. 粗车-半精车-磨（粗磨或半精磨）此方案适用于淬硬的及未淬硬的钢件，未淬硬的铸铁件的外圆表面；

d. 粗车-半精车-精车-精细车　此方案主要适用于精度要求高的有色金属零件的外圆表面的加工；

e. 粗车-半精度-粗磨-精磨　此方案适用范围基本上与 c 相同，只是外圆表面要求的精度更高，表面粗糙度 Ra 值更小，需将磨削分为粗磨和精磨，才能达到要求；

f. 粗车-半精车-粗磨-精磨-研磨（或超级光磨或镜面磨削）　此方案适用于精度要求高的外圆表面，但不适用于加工塑性大的有色金属零件的外圆表面。

（2）内圆表面的加工方法及方案的选择

内圆表面主要指圆柱形的孔，它也是零件的主要组成表面之一。内圆表面通常的技术要求，除要有与外圆表面相应的技术要求外，还有一最具特点的要求是：孔与孔或孔与外圆面的同轴度的要求；孔与孔或孔与其他表面之间的尺寸精度、平行度、垂直度及角度的要求。

内圆表面的加工，由于受到内圆表面的直径限制，刀具刚度差，加工时散热、冷却、排屑条件差，测量也不方便。因此，在精度相同的情况下，内圆表面加工要比外圆加工困难。为了使加工难度大致相同，通常轴公差比孔公差高一级配合使用。

① 内圆表面的加工方法　同外圆表面加工一样，孔加工也可分为粗加工、半精加工、精加工和光整加工四类。各类的精度和表面粗糙度等级也和外圆表面加工相仿。

孔的加工方法很多，常用的有钻孔、扩孔、铰孔、锪孔、镗孔、拉孔、研磨、珩磨、滚压等。钻孔、锪孔用于粗加工；扩孔、车孔、镗孔用于半精加工或精加工；铰孔、磨孔、拉孔用于精加工；珩磨、研磨、滚压用于高精加工。

孔加工的常用设备有钻床、车床、铣床、镗床、拉床、内圆磨床、万能外圆磨床、研磨机、珩磨机。

② 常用的孔加工方案的选择　由于孔加工方法较多，而各种方法又有不同的应用条件，因此选择孔的加工方法和加工方案，应综合考虑内圆表面的结构特点、直径和深度、尺寸精度和表面粗糙度、工件的外形和尺寸、工件材料的种类及加工表面的硬度、生产类型和现场生产条件等进行合理的选择。

常用的加工方案有几下几种。

a. 钻孔　在实体材料上加工内圆表面时，必须先钻孔。若孔的精度要求不高（IT10 以下，$Ra=50\sim12.5\mu m$），孔径又不太大（直径小于 50mm），只经过钻孔即可。

b. 钻-扩　应用于孔径较小、加工精度要求较高（IT10～IT9，$Ra=6.3\sim3.2\mu m$）的各种加工批量的孔。

c. 钻-铰　应用于孔径较小、加工精度要求较高（IT8～IT6，$Ra=3.2\sim0.2\mu m$）的各种加工批量的标准尺寸的孔。

d. 钻-扩-铰　应用条件与 c 基本相同，不同点在于本加工方案还适用于孔径较大的非淬硬的标准（或基准）通孔，不宜于加工淬硬的、非标准的孔、阶梯孔和盲孔。

e. 钻-粗镗-精镗-精细镗　适用于精度要求高（IT6，$Ra=0.8\sim0.1\mu m$）但材料硬度不太高的钢铁零件和有色金属件的加工。

f. 钻-镗-磨　主要用于加工淬火零件的孔，但不宜用于加工有色金属零件。

g. 钻-镗-磨-珩磨（研磨）　适用于在加工过程中已淬硬零件上的孔的精加工。其中珩磨用于较大直径的深孔的终加工，研磨用于较小直径孔的终加工。

h. 钻-拉　适用于加工大批量未淬硬的盘、套类零件中心部位的通孔。

（3）平面的加工

平面是盘形和板形零件的主要表面，也是箱体类零件的主要表面之一。根据平面所起的作用不同，大致可分为以下几种：

a. 非结合面，这类平面只是在外观或防腐蚀上有要求时，才进行加工；

b. 结合面与重要结合面，如风机塔架上的法兰面等；

c. 导向平面，如机床的导轨面等；

d. 精密测量工具的工作面等。

平面的技术要求与外圆表面和内圆表面的技术要求稍有不同，一般平面本身的尺寸精度要求不高，其技术要求主要有以下三个方面：

a. 形状精度，如平面度、直线度等；

b. 位置精度，如平面之间的尺寸精度以及平行度、垂直度等；

c. 表面质量，如表面粗糙度、表层硬度、残余应力、显微组织等。

① 平面的加工

a. 平面的车削加工　平面车削一般用于加工回转体零件的端面，因为回转体类零件的端面大多与其外圆表面、内圆表面有垂直度要求，如风机的传动轴。

平面车削的表面粗糙度 Ra 值为 $6.3\sim1.6\mu m$，精车后的平面度误差在直径为 100mm 的端面上最小可达 $5\sim8\mu m$。中、小型零件的端面一般在普通车床上加工，大型零件的平面则可在立式车床上加工。

b. 平面的刨削加工和拉削加工　刨削和拉削一般适用于水平面、垂直面、斜面、直槽、V 形槽、T 形槽、燕尾槽的单件小批量的粗、精加工。平面刨削和拉削常用的设备有牛头刨床、龙门刨床、插床和拉床等。牛头刨床一般用于加工中、小型零件的平面和沟槽。龙门刨床则多用于加工大型零件或同时加工多个中型零件上的平面和沟槽。孔内平面（如方孔、孔内槽）的加工一般在插床和拉床上进行。拉削也用于中、小尺寸外表面的大批量加工，其中较小尺寸的平面用卧式拉床，较大尺寸的平面在立式车床上加工。

c. 平面的铣削加工　铣削是加工平面的主要方法之一。铣削平面一般适用于加工各种不同形状的沟槽、平面的粗、半精加工。平面铣削加工常用的设备有卧式铣床、立式铣床、万能升降台铣床、工具铣床、龙门铣床等。中、小型工件的平面加工常在卧式铣床、立式铣床、万能升降台铣床、工具铣床上进行，大型工件表面的铣削加工可在龙门铣床上进行。精铣平面可在高速、大功率的高精度铣床上采用高速细铣新工艺进行。

d. 平面的磨削加工　磨削加工是平面精加工的主要方法之一，一般在铣、刨削加工的基础上进行，主要用于中、小型零件高精度表面及淬火钢等硬度较高的材料表面的加工。平面磨削常用的设备有平面磨床、外圆磨床、内圆磨床。回转体零件上的端面的精加工在外圆磨床或内圆磨床上与有关的内、外圆在一次安装中磨出，以保证与它们之间有较高的垂直度。

e. 平面的光整加工　平面的光整加工主要有研磨、刮削和抛光等。研磨多用于中、小型工件的最终加工，尤其当两个配合平面间要求很高的密合性时，常用研磨法加工。刮削加工多用于工具、量具、机床导轨、滑动轴承的最终加工。抛光是在平面上进行了精刨、精铣、精车、磨削后的表面加工，经抛光后，可将前一道工序的加工痕迹去掉，从而获得光泽的表面。抛光一般能降低表面粗糙度值，而不能提高原有的加工精度。

② 平面加工方案的选择

a. 粗车-半精车-精车　用于精度要求较高（IT8～IT7，$Ra = 1.6\mu m$）但不需淬硬及硬度低的有色金属、合金回转体零件端面的加工。

b. 粗车-半精车-磨　用于精度要求较高（IT7～IT6，$Ra = 1.6\mu m$），且需淬硬的回转体零件端面的加工。

c. 粗刨-半精刨-宽刃精刨　用于不淬火的大型狭长平面，以刨代磨减少工序周转时间。

d. 粗铣-半精铣-高速精铣　用于中等以下硬度、精度要求较高（IT8～IT6，$Ra = 1.6\mu m$）的平面的加工。

e. 粗铣（刨）-半精铣（刨）-磨-研磨　用于精度和表面质量要求特别高（IT5，$Ra < 0.1\mu m$）且需淬硬的工件表面的加工。

f. 钻-插　用于单件小批量加工精度要求不高（IT10～IT9，$Ra = 6.3～3.2\mu m$）的孔内平面和孔内槽。

g. 钻-拉　用于大批量加工精度要求较高（IT9～IT6，$Ra = 6.3～0.2\mu m$）的孔内平面和孔内槽。

h. 粗拉-精拉　用于硬度不高的中小尺寸外表平面的大批量加工。

（4）特形表面的加工方法

① 螺纹表面的加工方法及选择　见表 1-11。

表 1-11　螺纹的加工方法及选择

螺纹类型	加工方法		表面粗糙度/μm	公差等级	适用生产范围
外螺纹	板牙套螺纹		9～8	6.3～3.2	各种批量
	车削		7～4	3.2～0.4	单件小批量
	铣削		7～6	6.3～3.2	大批大量
	磨削		6～4	0.4～0.0	各种批量
	滚压	搓丝板	8～6	1.6～0.8	大批大量
		滚子	6～4	1.6～0.2	大批大量
内螺纹	攻螺纹		7～6	6.3～1.6	各种批量
	车削		8～4	3.2～0.4	单件小批量
	铣削		8～6	6.3～3.2	成批大量
	拉削		7	1.6～0.8	大批大量
	磨削		6～4	0.4～0.1	单件小批量

② 齿轮的加工方法及选择　主要取决于齿轮的精度等级、齿轮结构、热处理方式以及生产批量等。

常用齿轮的加工方案见表 1-12。

表 1-12　齿形加工方案

齿轮精度等级	齿面粗糙度 $Ra/\mu m$	热处理	齿形加工方案	生产类型
9 级以下	6.3～3.2	不淬火	铣齿	单件小批量
8 级	3.2～1.6	不淬火	滚齿或插齿	
		淬火	滚(插)齿—淬火—珩齿	
7 级或 6 级	0.8～0.4	不淬火	滚齿—剃齿	
		淬火	滚(插)齿—淬火—磨齿滚齿—剃齿—淬火—珩齿	单件小批量
6 级以上	0.4～0.2	不淬火	滚(插)齿—磨齿	
6 级以上	0.4～0.2	淬火	滚(插)齿—淬火—磨齿	

思考题

(1) 什么是铸造？铸造的工艺特点是什么？

(2) 什么是凝固？铸件在凝固过程中易产生哪些缺陷？

(3) 何为金属的铸造性能？其影响因素主要有哪些？

(4) 焊接的特点及种类有哪些？

(5) 风电设备零部件中常用的毛坯制造方法有哪些？试举例说明？

(6) 零件常见的加工方法有哪些？各自有什么特点？

(7) 风电设备零部件中常用的机械加工方法有哪些？如何选择？试举例说明。

模块二

风叶的制造及工艺

风力发电机组是由叶片、轮毂、传动系统、发电机、储能设备、塔架及电气系统等组成的发电装置。要获得较大的风力发电功率，其关键在于要具有能轻快旋转的叶片，所以叶片是风力发电机中最基础和最关键的部件，其良好的设计、可靠的质量和优越的性能是保证机组正常稳定运行的决定因素，其制造成本占总成本的 20%～30%。本模块将就叶片的结构设计、材料选择、制造加工工艺及检验验收进行介绍。

任务一　风叶的结构设计及材料选择

[学习背景]

叶片结构和材料质量是叶片捕获风能的保证，直接影响风电机组的运行寿命。叶片结构设计的好坏，在很大程度上决定了风电机组的可靠性和利用风能的成本。由于风机叶片的尺寸大、外形复杂，并且要求精度高、表面粗糙度低、强度和刚度高、质量分布均匀性好等，使得叶片技术成为制约风力发电大力发展的瓶颈。因此，研究风电叶片的结构设计，开发出可靠性高、成本低的叶片具有重要意义。

[能力目标]

① 了解风力发电机组叶片所用材料的类型及适用场合。

② 能根据不同应用场合及风电机组自身性能要求，选择合适的叶片材料。

③ 掌握叶片结构设计流程及方法。

[基础知识]

一、风机叶片材料

风机叶片材料的强度和刚度是决定风力发电机组性能优劣的关键。目前，风机叶片所用材料已由木质、帆布等发展为金属（铝合金）、玻璃纤维增强复合材料（玻璃钢）、碳纤维增强复合材料等，其中新型玻璃钢叶片材料因为其重量轻、比强度高、可设计性强、价格比较便宜等因素，开始成为大、中型风机叶片材料的主流。然而，随着风机叶片朝着超大型化和轻量化的方向发展，玻璃钢复合材料也开始达到了其使用性能的极限，碳纤维复合材料（CFRP）逐渐应用到超大型风机叶片中。

（1）木/竹质风机叶片材料

作为天然纤维材料，木材和竹材具有质轻、可循环利用和易于回收降解等其他材料无法比拟的优势。近年来，随着木、竹质复合材料制造技术的改良以及风能产业的迅速发展，其在风机叶片上的应用潜力和发展前景将无可限量。

与目前市场上较常用的玻璃纤维增强塑料和碳纤维增强塑料相比，木/竹质风机叶片材料具有可循环利用、成本低等特点。玻璃纤维增强塑料虽然在力学强度、耐久性、耐候性及耐腐性能等方面均能达到风机叶片用材的要求，但其废旧产品既难以燃烧，又不易分解，国外多采用堆积方式处理，占用了大量土地，对环境造成严重的破坏，是一种无法持续循环使用的材料。

碳纤维增强塑料是在玻璃纤维增强塑料的基础上发展起来的一种风机叶片材料，价格昂贵，大规模的应用受到限制，只能在一些对材料有特殊要求的重要部件上使用。

相比之下，木材和竹材的优势就比较明显。木材和竹材都是可再生、可循环利用的天然生物质材料，相比于玻璃纤维材料更易于降解，便于回收，提高了环保因素。同时，木材和竹材还具有容易获得、价格合理等特点，相比于价格昂贵的碳纤维材料的应用前景更为广阔。

木质风机叶片起步较早，在 20 世纪 70 年代末，国外的学者就对木材单板层积材用于制造风机叶片进行了系统的研究。一些公司以天然非洲桃花芯木、杨木和桦木为原材料制备风机叶片。

随着竹材加工技术的提高，竹材人造板的发展势头迅猛，其产品已经得到广泛应用，研究人员对其作为风机叶片用材的可行性进行了一些研究。对比竹青层积材与几种木材单板层积材的性能（表 2-1）发现，其力学强度远高于木材层积材，完全可以满足风机叶片用材的要求。

表 2-1 竹青薄板层积材与木材层积材物理力学性能比较

品　　种	密度 /(g/cm³)	顺纹拉伸强度/MPa	顺纹压缩强度/MPa	顺纹弹性模量/GPa	顺纹拉伸强度密度	顺纹压缩强度密度	顺纹弹性模量密度
桃花芯木	0.55	82	50	10	149	91	18
白桦	0.67	117	81	15	175	121	22
花旗松	0.58	100	61	15	172	105	26
竹青	1.03	254	180	26	247	175	25

竹材作为木材的一种改进材料，既是对材料的创新，又是成熟技术的延伸。竹材作为风机叶片的原材料，除了具有木材的所有优点外，相比于木材，还具有以下 3 个优势。

① 力学性能更佳。由表 2-1 可以看出，除顺纹弹性模量，竹青层积材的强重比值至少是木质层积材的 1.4 倍左右。

② 生长周期更短。通常树木的成材期至少为 10 年，而竹材仅需 4～5 年，生长周期缩

短也可以增加原材料的供应量，为风机叶片的制备提供充足的原料。

③ 资源丰富，成本低。目前所使用的桦木天然林，价格远高于竹材。

由于竹材本身的特性，采用木材加工设备不能适应生产的要求。虽然针对风机叶片用竹质复合材料研制了竹材碾压设备，但在碾压设备之间及竹束组坯阶段依然依靠人工劳动力完成，其机械化程度较低，严重阻碍了竹质复合材料的连续化生产。因此，根据竹质复合材料的特点，解决其加工机械存在功能、结构及刀具等问题，开发投资小、生产效率高的加工设备，是竹质复合材料得以快速发展的基础，也是提高竹质风机叶片产能的关键。

（2）复合材料风机叶片

复合材料是指一种材料不能满足使用要求，需要由两种或两种以上的材料，通过某种技术方法结合组成另一种能够满足人们需求的新材料。

玻璃纤维增强塑料（Fiber Reinforced Plastics，FRP），即纤维增强复合塑料。根据采用的纤维不同分为玻璃纤维增强复合塑料（GFRP）、碳纤维增强复合塑料（CFRP）、硼纤维增强复合塑料等。它是以玻璃纤维及其制品（玻璃布、带、毡、纱等）作为增强材料，以合成树脂作基体材料的一种复合材料。纤维增强复合材料是由增强纤维和基体组成。纤维（或晶须）的直径很小，一般在 $10\mu m$ 以下，缺陷较少又较小，断裂应变约为千分之三十以内，是脆性材料，易损伤、断裂和受到腐蚀。基体相对于纤维来说，强度、模量都要低很多，但可以经受住大的应变，往往具有黏弹性和弹塑性，是韧性材料，在我国被俗称为"玻璃钢"。

① FRP 的基本构成 FRP 由基体（树脂）、增强材料、助剂、颜料和填料等五部分组成。

a. 基体（树脂）。环氧树脂，酚醛树脂，乙烯基树脂，不饱和聚酯树脂等。不饱和聚酯树脂是热固性树脂中最常用的一种。它是由饱和二元酸、不饱和二元酸和二元醇缩聚而成的线型聚合物，经过交联单体或活性溶剂形成的具有一定黏度的液体。它的相对分子量大多在 $1000\sim3000$ 范围内，没有明显的熔点，能溶于单体具有相同结构的有机溶剂中。

b. 增强材料（纤维）。玻璃纤维，碳纤维，硼纤维，芳纶纤维，氧化铝纤维，碳化硅纤维，玄武岩纤维等。FRP 中玻璃纤维是制品中主要的增强材料。玻璃纤维单丝的直径从几个微米到二十几个微米不等，相当于人头发丝的 $1/20\sim1/5$，每束纤维原丝由数百到数千根单丝组成。

c. 助剂。引发剂（固化剂），促进剂，消泡剂，分散剂，基材润湿剂，阻聚剂，触边剂，阻燃剂等。引发剂（固化剂）是指在聚合反应中能使单体分子或线型分子链中含有双键的低分子活化而成为游离基并进行连锁反应的物质。引发剂按化学组成和结构分类为有机过氧化合物类、偶氮化合物和复合引发剂。促进剂一般为异锌酸钴，在固化过程中能降低引发温度，促使有机过氧化物在室温下产生游离基的物质。消泡剂主要能加速消除反应中产生的气泡。

d. 颜料。氧化铁红，大红粉，炭黑，酞菁蓝，酞绿等。多数为色浆状态。

e. 填料。重钙，轻钙，滑石粉（400 目以上），水泥等。

② FRP 的特点及优势

a. 质轻高强度。FRP 的相对密度在 $1.5\sim2.0$ 之间，只有碳钢的 $1/4\sim1/5$，但是拉伸强度却接近甚至超过碳素钢，而强度可以与高级合金钢相比，被广泛地应用于航空航天、高压容器以及其他需要减轻自重的制品中。

b. 耐腐蚀性好。FRP 是良好的耐腐蚀材料，对于大气、水和一般浓度的酸、碱、盐及多种油类和溶剂都有较好的抵抗力，已经被广泛应用于化工防腐的各个方面，正在取代碳钢、不锈钢、木材、有色金属等材料。

c. 电性能好。FRP 是优良的绝缘材料，用于制造绝缘体，高频下仍能保持良好的介电性，微波透过性良好，广泛应用于雷达天线罩、微波通讯等行业。

d. 热性能好。FRP 热导率低，室温下为 $1.25\sim1.67kJ/(m \cdot h \cdot K)$，只有金属的 $1/100\sim1/1000$，是优良的绝热材料。在瞬时超高温情况下，是理想的热防护和耐烧蚀材料，能保护宇宙飞行器在 2000℃ 以上承受高速气流的冲刷。

e. 可设计性好。可以根据需要，灵活地设计出各种结构产品来满足使用要求，可以使产品有很好的整体性。

f. 工艺性能优良。可以根据产品的形状来选择成型工艺，且工艺简单，可以一次成型。

③ FRP 的缺点与不足

a. 弹性模量低。FRP 的弹性模量比木材的大 2 倍，但比钢材小 10 倍，因此在产品结构中常感到刚性不足，容易变形。解决的方法，可以做成薄壳结构、夹层结构，也可以通过高模量纤维或加强筋形式来弥补。

b. 长期耐温性差。一般 FRP 不能在高温下长期使用，通用聚酯 FRP 在 50℃ 以上强度就明显下降，一般只在 100℃ 以下使用。通用型环氧 FRP 在 60℃ 以上强度有明显下降。但可以选择耐高温树脂，使其长期工作温度在 $200\sim300$℃ 是可能的。

c. 老化现象。在紫外线、风沙雨雪、化学介质、机械应力等作用下容易导致性能下降。

d. 层间剪切强度低。层间剪切强度是靠树脂来承担的，所以较低。可以通过选择工艺、使用偶联剂等方法来提高层间黏结力，在产品设计时应尽量避免使层间受剪。

④ FRP 的成型方法　基本上分两大类，即湿法接触型和干法加压成型。如按工艺特点来分，有手糊成型、层压成型、RTM 法、挤拉法、模压成型、缠绕成型等。手糊成型又包括手糊法、袋压法、喷射法、湿糊低压法和无模手糊法。目前世界上使用最多的成型方法有以下 4 种。

a. 手糊法。主要使用国家有挪威、日本、英国、丹麦等。

b. 喷射法。主要使用国家有瑞典、美国、挪威等。

c. 模压法。主要使用国家有德国等。

d. RTM 法（树脂传递模塑）。主要使用国家有欧美各国、日本。

还有纤维缠绕成型法、拉挤成型法和热压灌成型法等。我国有 90% 以上的 FRP 产品是手糊法生产的，其他有模压法、缠绕法、层压法等。日本的手糊法仍占 50%。从世界各国来看，手糊法仍占相当比重，说明它仍有生命力。手糊法的特点是用湿态树脂成型，设备简单，费用少，一次能糊 10m 以上的整体产品。缺点是机械化程度低，生产周期长，质量不稳定。

采用复合材料叶片主要有以下优点。

① 轻质高强度，刚度好。复合材料性能具有可设计性，可根据叶片受力特点设计强度与刚度，从而减轻叶片重量。

② 叶片设计寿命按 20 年计，则其要经受 10^8 周次以上的疲劳交变，因此材料的疲劳性能要好。复合材料缺口敏感性低，内阻尼大，抗振性能好，疲劳强度高。

③ 风力机安装在户外，近年来又大力发展海上风电场，要受到酸、碱、水汽等各种气候环境的影响，复合材料叶片耐候性好，可满足使用要求。

④ 维护方便。复合材料叶片除了每隔若干年在叶片表面进行涂漆等工作外，一般不需要大的维修。

二、风机叶片结构设计

风机叶片结构设计的目的是通过空气动力学分析，充分利用叶片材料的性能，使大型叶片以最小的重量获得最大的扫风面积，从而使叶片具有更高的捕风能力。随着风力发电机额定功率的增大，风机叶片的重量和费用随着其长度的增加也迅速地增加。如何通过新的结构设计方案和提高材料的性能，来降低叶片的重量便至关重要了。

在玻璃钢叶片的结构形式中，叶片剖面及根端构造的设计最为重要。选择叶片剖面及根端形式，要考虑玻璃钢叶片的结构性能、材料性能及成型工艺。风机叶片要承受较大的载荷，通常要考虑 $50\sim60\mathrm{m/s}$ 的极端风载。为提高叶片的强度和刚度，防止局部失稳，玻璃钢叶片大都采用主梁加气动外壳的结构形式。主梁承担大部分弯曲载荷，而外壳除满足气动性能外，也承担部分弯曲载荷。主梁常用 D 形、O 形、矩形和双拼槽钢等形式。

德国的 Enercon 公司对叶片结构设计进行了深入研究，发现当风机叶轮的旋转直径由 30m 增加到 33m 时，由于叶片长度的增加，叶片转动时扫风面积增大，捕风能力大约提高 25％；同时，还对 33m 叶片进行了空气动力实验，经过精确的测定，叶片的实际气动效率为 56％，比 Betz 计算的最大气动效率低约 3～4 个百分点。为此，该公司对大型叶片外形型面和结构都进行了必要的改进：为抑制生成扰流和旋涡，在叶片端部安装"小翼"；为改善和提高涡轮发电机主舱附近的捕风能力，对叶片根部进行重新改进，缩小叶片的外形截面，增加叶径长度；对叶片顶部和根部之间的型面进行优化设计。在此基础上，Enercon 公司开发出了旋转直径 71m 的 2MW 风力发电机组，并且在 4.5MW 风力发电机设计中继续采用上述技术，在旋转直径为 112m 的叶片端部仍安装有倾斜"小翼"，使得旋转直径为 112m 的叶片的运行噪声小于旋转直径为 66m 的叶片运行时所产生的噪声。

丹麦的 LM 公司在 61.5m 复合材料叶片样机的设计中，对其叶片根部固定方案进行了改进，尤其是固定螺栓与螺栓之间的周围区域。这样，在保持现有根部直径的情况下，能够支撑的叶片长度可比改进前大约增加 20％。另外，LM 公司的叶片预弯曲专有技术，也可以进一步降低叶片重量和提高产能。日本机械技术研究所利用杠杆原理开发的小型抗强风柔性结构风力发电机，代表了一种新的设计理念。其叶片半径 7.5m，采用玻璃纤维增强塑料制造，塔高 15m，重 3.2t。发电机组采用活络式转子，允许桨叶、轮毂摇动，能缓和空气动力负荷反复变动产生的冲击与振动，提高玻璃钢叶片及轮毂的抗疲劳性能，从而延长工作寿命。另外，由于采用轴与叶片柔性连接的新结构，使强风时加到叶片上的力可减少 50％；而且随着风力增强，该叶片的角度会自动变化，使风在叶片后方自行消减，自动维持 80r/min 的转速，风速为 8～25m/s 时可稳定输出 15 kW 电力。

三、风机叶片翼型的发展

风机叶片翼型气动性能的好坏，直接决定了叶片风能转换效率的高低。低速风机叶片采用薄而略凹的翼型；现代高速风机叶片都采用流线型叶片，其翼型通常从 NACA 和 Gottigen 系列中选取，这些翼型的特点是阻力小，空气动力效率高，而且雷诺数也足够大。

早期的水平轴风机叶片普遍采用航空翼型，例如 NACA44xx 和 NACA230xx，因为它们具有最大升力系数高、桨距动量低和最小阻力系数低等特点。随着风机叶片技术的不断进步，人们逐渐开始认识到传统的航空翼型并不适合设计高性能的叶片。美国、瑞典和丹麦等风能技术发达国家都在发展各自的翼型系列，其中以瑞典的 FFA-W 系列翼型最具代表性。

FFA-W 系列翼型的优点是在设计工况下具有较高的升力系数和升阻比，并且在非设计工况下具有良好的失速性能。

目前，世界上最大的风机叶片生产商——丹麦的 LM 公司已开始在大型风机叶片上采用 FFA-W 系列翼型。风力发电机专用翼型将在风机叶片设计中起着越来越重要的作用，在叶片翼型的改进上也还有很大的发展空间。同时，采用柔性叶片也是一个发展方向，利用新型材料进行设计制造，使其在风况变化时能够改变它们的空气动力型面，从而改变空气动力特性和叶片的受力状况，增加叶片运行的可靠性和对风的捕获能力。另外，在开发新的空气动力装置上也进行了大量尝试，如在风机叶端加一小翼。由 Aero Vironment 公司提出的 Aero Vironment 型小翼被实际用于水平轴风力发电机，并成功地提高了风力发电机的输出功率。

在国内，风力发电机翼型的研究工作仍停留在普通航空翼型阶段，最有代表性的是 NACA 系列，对新翼型的研究很少。

[操作指导]

一、任务布置

① 根据不同的使用场合选取相应的风机叶片材料。
② 完成复合材料风机叶片的结构设计。

二、操作指导

1. 风电叶片材料选择

由于应用场合的不同，风机叶片材料的选择也会有所不同。一般较小型的叶片（如 22m 以下）选用量大价廉的 E-玻纤增强塑料（GFRP），树脂基体以不饱和聚酯为主，也可选用乙烯酯或环氧树脂；而较大型的叶片（如 42m 以上）一般采用 CFRP 或 CF 与 GF 混杂的复合材料，树脂基体以环氧树脂为主。当叶片尺寸大到一定程度时，由于使用碳纤维增强，玻璃纤维和树脂的用量可以减少，其综合成本可以做到不高于玻纤复合材料。

（1）叶片材料性能要求

恶劣的环境和长期不停地运转，对叶片的要求有密度低且具有最佳的疲劳强度和力学性能，能经受暴风等极端恶劣条件和随机负荷的考验；叶片的弹性、旋转时的惯性及其振动频率特性曲线都正常，传递给整个发电系统的负荷稳定性好；耐腐蚀、紫外线照射和雷击性能好。

叶片的原材料主要由增强材料、环氧树脂、夹芯材料三部分组成。

① 增强材料　对于同一种基体树脂来讲，采用玻璃纤维增强的复合材料制造的叶片，其强度和刚度的性能要差于采用碳纤维增强的复合材料制造的叶片的性能，但是，碳纤维的价格目前是玻璃纤维的 10 倍左右。由于价格的因素，目前叶片制造采用的增强材料主要以玻璃纤维为主。随着叶片长度不断增加，叶片对增强材料的强度和刚性等性能也提出了新的要求。为了保证叶片能够安全地承担风速、温度等外界载荷，风机叶片可以采用玻璃纤维/碳纤维混杂复合材料结构。

② 环氧树脂　环氧树脂应满足以下基本性能条件。

• 固化方便。选用各种不同的固化剂，环氧树脂体系几乎可以在 0～180℃温度范围内固化。

• 黏附力强。环氧树脂分子链中固有的极性羟基和醚键的存在，使其对各种物质具有很高的黏附力。环氧树脂固化时的收缩性低，产生的内应力小，这也有助于提高黏附强度。

　　• 收缩性低。环氧树脂和所用固化剂的反应是通过直接加成反应或树脂分子中环氧基的开环聚合反应来进行的，没有水或其他挥发性副产物放出。它们和不饱和聚酯树脂、酚醛树脂相比，在固化过程中显示出很低的收缩性（小于 2%）。

　　• 力学性能。固化后的环氧树脂体系具有优良的力学性能。

　　• 电性能。固化后的环氧树脂体系是一种具有高介电性能、耐表面漏电、耐电弧的优良绝缘材料。

　　• 化学稳定性。通常，固化后的环氧树脂体系具有优良的耐碱性、耐酸性和耐溶剂性。像固化环氧体系的其他性能一样，化学稳定性也取决于所选用的树脂和固化剂。适当地选用环氧树脂和固化剂，可以使其具有特殊的化学稳定性能。

　　• 尺寸稳定性。上述的许多性能的综合，使环氧树脂体系具有突出的尺寸稳定性和耐久性。

　　• 耐霉菌。固化的环氧树脂体系耐大多数霉菌，可以在苛刻的热带条件下使用。

　　③ 夹芯材料　为了提高叶片的刚度，同时又能减轻叶片的重量，在叶片中添加了夹芯材料。常用的夹芯材料有两种，一种是轻木，另一种是 PVC 泡沫。不管是哪种夹芯材料，都应满足以下的特点：相对密度小；有极高的强度和硬度；比热容小，受气温变化影响小；有良好的抗化学腐蚀性能；有良好的防火性能；与树脂有良好的结合性。

　　（2）叶片材料选择

　　① 增强材料。玻璃纤维增强叶片的受力特点是在玻璃纤维方向能承受很高的拉应力，而其他方向承受的力相对较小。叶片结构是由蒙皮和腹板组成。蒙皮采用夹芯结构，中间层是轻木，上下面层为玻璃纤维增强材料。面层由单向层和±45°层组成。单向层可选用单向织物或单向玻璃纤维铺设，一般用 7∶1 或 4∶1 玻璃纤维布，以承受由离心力和气动弯矩产生的轴向应力。为简化成型工艺，可不用±45°玻璃纤维布层，而采用 1∶1 玻璃纤维布，均沿轴向铺设，以承受主要由扭矩产生的剪切应力，一般铺放在单向层外侧。腹板的结构形式也是夹芯结构，但是，在蒙皮与腹板的结合部位，即梁帽处，必须是实心玻璃纤维增强结构。这是因为此部分腹板与蒙皮相互作用，应力较大，必须保证蒙皮的强度和刚度。

　　经过研究发现，叶片重量按长度的三次方增加。叶片轻量化，对运行、疲劳寿命、能量输出有重要的影响。同时为了保证在极端风载下叶尖不碰塔架，叶片必须具有足够的刚度，既要减轻叶片的重量，又要满足强度与刚度要求，有效的办法是采用碳纤维增强材料。碳纤维增强材料的拉伸弹性模量是玻璃纤维增强材料的 2～3 倍。大型风机叶片采用碳纤维增强，可充分发挥其高弹轻质的优点。经研究，采用碳纤维/玻璃纤维混杂增强的方案，叶片可减重 20%～40%。因此采用碳纤维/玻璃纤维混杂增强对抑制重量的增大是必要的，同时降低了风能成本，叶片也可具有足够刚性和长度。尤其是在翼缘等对材料强度和刚度要求较高的部位，使用碳纤维作为增强材料，这样不仅可以提高叶片的承载能力，由于碳纤维具有导电性，还可以有效地避免雷击对叶片造成损伤。

　　② 环氧树脂　根据分子结构，环氧树脂大体上可分为 5 大类：缩水甘油醚类环氧树脂、缩水甘油酯类环氧树脂、缩水甘油胺类环氧树脂、线型脂肪族类环氧树脂和脂环族类环氧树脂。

　　复合材料工业上使用量最大的环氧树脂品种是缩水甘油醚类环氧树脂，而其中又以二酚基丙烷型环氧树脂（简称双酚 A 型环氧树脂）为主。二酚基丙烷型环氧树脂实际上是含不同聚合度的分子的混合物。其中大多数的分子是含有两个环氧基端的线型结构。少数分子可能支化，极少数分子终止的基团是氯醇基团而不是环氧基。因此环氧树脂的环氧基含量、氯含量等对树脂的固化及固化物的性能有很大的影响。环氧树脂的控制指标如下。

a. 环氧值。环氧值是鉴别环氧树脂性质的最主要的指标，环氧树脂型号就是按环氧值不同来区分的。环氧值是指每 100 g 树脂中所含环氧基的物质的量数。环氧值的倒数乘以100 就称之为环氧当量。环氧当量的含义为含有 1mol 环氧基的环氧树脂的克数。

b. 无机氯含量。树脂中的氯离子能与胺类固化剂起络合作用而影响树脂的固化，同时也影响固化树脂的电性能，因此氯含量是环氧树脂的一项重要指标。

c. 有机氯含量。树脂中的有机氯含量标志着分子中未起闭环反应的那部分氯醇基团的含量，其含量应尽可能地降低，否则也会影响树脂的固化及固化物的性能。

d. 挥发分。环氧树脂中所含的水、二氧化碳、氟、氯、硼、硫等易于挥发的组分。

e. 黏度或软化点。在环氧树脂生产过程中一般需要取样去实验室化验分析它的软化点，通过它的软化点来判断物料的完成与否。经过实验分析，双酚 A 型环氧树脂是由聚合度不同的同系化合物组成的，所以它没有明确的熔点，只有一个熔融温度范围，称为软化点。软化点和熔融黏度受平均相对分子质量和相对分子质量分布的支配，所以黏度跟软化点是有一定的关系的，可以通过在线检测黏度来知道软化点，以此了解物料的反应情况，实时检测，及时做调整。

应用于大型风电复合材料叶片的环氧树脂，最好选用环氧值大于 0.40 的树脂，如 618、6101，其渗透性好，强度较好。

环氧树脂一般和添加物同时使用，以获得应用价值。添加物可按不同用途加以选择，常用添加物有以下几类：固化剂、改性剂、填料、稀释剂等。

固化剂是必不可少的添加物。常用环氧树脂固化剂有脂肪胺、脂环胺、芳香胺、聚酰胺、酸酐、树脂类、叔胺。另外，在光引发剂的作用下，紫外线或光也能使环氧树脂固化。常温或低温固化一般选用胺类固化剂，加温固化则常用酸酐、芳香类固化剂。

改性剂的作用是为了改善环氧树脂的柔性、抗剪、抗弯、抗冲击，提高绝缘性能等。常用改性剂如表 2-2 所示。

表 2-2　常用改性剂名称及作用

改性剂名称	作　　用
聚硫橡胶	可提高冲击强度和抗剥性能
聚酰胺树脂	可改善脆性，提高粘接能力
聚乙烯醇缩丁醛	提高抗冲击柔性
丁腈橡胶类	提高抗冲击柔性
酚醛树脂类	可改善耐温及耐腐蚀性能
聚酯树脂	提高抗冲击柔性
尿醛三聚氰胺树脂	增加抗化学性能和强度
糠醛树脂	改进静弯曲性能，提高耐酸性能
聚乙烯树脂	提高抗剥性和抗冲强度
异氰酸酯	降低潮气渗透性和增加抗水性
硅树脂	提高耐热性

聚硫橡胶等的用量可以在 50%～300% 之间，需加固化剂。聚酰胺树脂、酚醛树脂用量一般为 50%～100%，聚酯树脂用量一般在 20%～30%。可以不再另外加固化剂，也可以少量加些固化剂，促使反应快些。一般说来改性剂用量越多，柔性就越大，但树脂制品的热变形温度就相应下降。为改善树脂的柔性，也常用增韧剂，如邻苯二甲酸二丁酯或邻苯二甲酸二辛酯。

　　填料的作用是改善制品的一些性能，并改善树脂固化时的散热条件。用了填料也可以减少环氧树脂的用量，降低成本。因用途不同可选用不同的填料，其大小最好小于 100 目，用量视用途而定。常用填料如表 2-3 所示。

表 2-3　常用填料名称及作用

填料名称	作用
石棉纤维、玻璃纤维	增加韧性、耐冲击性
石英粉、瓷粉、铁粉、水泥、金刚砂	提高硬度
氧化铝、瓷粉	增加粘接力，增加机械强度
石棉粉、硅胶粉、高温水泥	提高耐热性
石棉粉、石英粉、石粉	降低收缩率
铝粉、铜粉、铁粉等金属粉末	增加导热、导电率
石墨粉、滑石粉、石英粉	提高抗磨性能及润滑性能
金刚砂及其他磨料	提高抗磨性能
云母粉、瓷粉、石英粉	增加绝缘性能
各种颜料、石墨	具有色彩

　　另外，适量（27%～35%）P、As、Sb、Bi、Ge、Sn、Pb 的氧化物添加，在树脂中能在高热度、压力下保持粘接性。

　　稀释剂的作用是降低黏度，改善树脂的渗透性。稀释剂可分惰性及活性两大类，用量一般不超过 30%。

　　在加入固化剂之前，必须对所使用的树脂、固化剂、填料、改性剂、稀释剂等所有材料加以检查，应符合以下几点要求。

　　a. 不含水分。含水的材料首先要烘干，含少量水的溶剂应尽量少用。

　　b. 纯度。除水分以外的杂质含量最好在 1% 以下。若杂质在 5%～25%，虽也可使用，但须增加配方的百分比。

　　c. 了解各材料是否失效。

　　d. 在缺少验收条件时，使用前最好按配方做个小样试验。

　　③ 夹芯材料。轻木，又称南美轻木、巴尔沙木，它是由紧密排列的细胞结构组成的，经过烘焙、杀菌处理，具有轻质高强度等特点，是目前叶片夹芯材料中最优的选择。它具有以下几项优点：极高的强度-重量比，突出的抗压缩性能，良好的面板粘接性能，操作简单，工艺性好，良好的绝热、隔音性能，高抗冲击性和抗疲劳性，良好的阻燃、低烟密度和烟毒性，优良的耐水性能，操作温度范围达到 -212～163℃，是天然的可再生资源。其平板测

试性能如表 2-4 所示。

表 2-4　轻木平板测试性能

压缩强度 /MPa	压缩模量 /MPa	拉伸强度 /MPa	拉伸模量 /MPa	剪切强度 /MPa	剪切模量 /MPa	密度 /kg·m^{-3}	热导率 /W·m^{-3}·K^{-1}
12.67	3921	13.00	3518	2.94	157	150	0.066

　　结构的基础设计是使夹芯结构达到最佳性能的关键。综合考虑夹心层厚度、玻璃纤维类型、玻璃纤维厚度和辅层技术等方面，并配合计算机辅助设计，设计出最佳的、科学的方案。先根据设计铺层将轻木预先裁剪为各种轮廓板。为了便于铺层的粘接，在铺放轮廓板之前可以用树脂对轮廓板进行预浸，并将这部分预浸树脂的重量计算到玻璃纤维和树脂的重量比中。为了获得高质量产品，最重要的是要保持铺层厚度的平衡，否则三明治结构不可能达到最佳的结构性能。

　　对于夹芯材料来说，为了使玻璃钢层间粘接性能提高，通常在夹芯板上开孔或制槽来作为树脂流动的通路。夹芯材料放在模具的表面上，树脂从预成型体的下表面向上表面渗透。开孔或制槽（槽的形式很多，可以是单向的，也可以是十字交错的）的夹芯材料最终是产品的一部分。表 2-5 和表 2-6 是轻木与 PVC 泡沫吸胶量的测试数据。

表 2-5　轻木吸胶量

长度 /m	宽度 /m	厚度 /mm	体积孔隙率 /%	体积吸胶量 /kg·m^{-3}	面积吸胶量 /kg·m^{-2}
1	1	9.5	9.78	107.574	1.025
1	1	12.7	9.80	107.745	1.368
1	1	15.9	9.81	107.848	1.712
1	1	19.1	9.81	107.916	2.056
1	1	25.4	9.82	108.002	2.743
1	1	28.6	9.82	108.030	3.087
1	1	31.8	9.82	108.053	3.431
1	1	34.9	9.83	108.098	3.775
1	1	38.1	9.83	108.087	4.118
1	1	41.3	9.83	108.100	4.462
1	1	44.5	9.83	108.112	4.806

表 2-6　PVC 吸胶量

长度 /m	宽度 /m	厚度 /mm	体积孔隙率 /%	体积吸胶量 /kg·m^{-3}	面积吸胶量 /kg·m^{-2}
1	1	8	6.56	72.140	0.577
1	1	10	6.94	76.383	0.764
1	1	15	7.46	82.041	1.231
1	1	20	7.72	84.870	1.697
1	1	25	7.87	86.567	2.164

2. 风机叶片结构设计

风机叶片结构设计的主要目标是：振动最小或不出现共振，重量最轻，保证结构的局部和整体稳定，满足强度要求和刚度要求。叶片结构设计还需要以叶片的气动载荷分析为设计依据，以达到减轻结构重量的目的。风机叶片的设计寿命为 20 年，其结构设计应严格按照国际标准来执行。目前主要参考的标准有 IEC 国际标准和德国 GL 标准。

风机叶片结构设计主要有叶片剖面结构形式设计、铺层设计、根端连接设计、预弯式结构设计以及叶片结构分析等。

（1）叶片剖面结构形式设计

叶片剖面结构形式的设计是叶片结构设计的重要环节，它的设计好坏对叶片结构性能影响很大。在设计中，一般根据叶片具体技术要求，选择采用恰当的叶片截面类型。截面类型主要有实心截面、空心截面及空心薄壁复合截面等。当用玻璃钢材料来制造叶片时，必须注意到材料的强度和弹性模量与其他类型材料的差异和工艺上的多样性，并且最好选用较厚的叶型设计成空腹结构。但空腹薄壁结构在受载时容易引起失稳和局部变形过大，因此一般都在空腹内充填硬质泡沫塑料、蜂窝或设置加强肋，以提高叶片总体刚度。目前风机玻璃钢叶片的剖面大多采用如图 2-1 所示结构，叶片剖面由蒙皮与主梁组成。

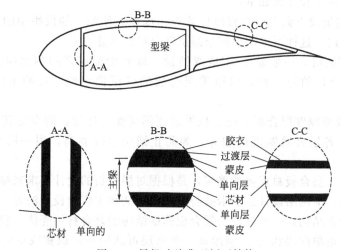

图 2-1　风机叶片典型剖面结构

蒙皮的主要功能是提供叶片的气动性能，同时承担部分弯曲载荷与大部分剪切载荷。蒙皮的层状结构包括胶衣层、玻纤毡增强层、强度层。胶衣层提供光滑的气动表面，以提高叶片的气动性能；玻纤毡增强层提供了表面胶衣与强度层之间的缓冲层；强度层为蒙皮的承载层，由双向玻纤织物增强，以提高蒙皮的剪切强度。蒙皮的后缘部分采用夹层结构，内表层也由双向玻纤织物增强，以提高后缘空腹结构的屈曲失稳能力。夹芯材料可采用 PVC 泡沫或 Balsa 木，这些芯材有较高的剪切模量，组成的夹层结构有良好的刚度特性。在靠近叶根的区域，叶片所承受的弯曲和疲劳载荷很大，此时要求蒙皮结构要有足够的强度，因此该区域常采用厚的翼型结构。在靠近叶尖的区域，对气动性能的要求比较高，常采用薄的翼型结构。叶尖蒙皮外形通常有平头和剑头两种形式，相对于剑头叶尖，平头叶尖的外形有很好的气动性能，但其噪声大，所以在对噪声要求严格的地方，通常选用剑头外形。

主梁承载叶片的大部弯曲荷载，故为主要承力结构。主梁为箱型结构，与上下蒙皮胶接。箱型主梁把叶片剖面分成三室，主梁在中间一室。主梁采用单向程度较高的玻纤织物增强，以提高主梁的强度与刚度。通常可采用70%的单向玻纤织物加30%的双向织物，交替铺放，以加强层板的整体性。主梁的肋采用夹层结构，可提高肋的刚度，并可提高叶片弦向方向的刚度。

叶片剖面的结构应根据叶片尺寸大小、荷载情况、制造工艺有所变化。如主梁较宽，主梁的上下缘应采用夹层结构，以免产生屈曲失稳；主梁宽度设计得较窄，可不采用夹层结构，但要进行屈曲稳定验算。前缘空腹由于曲率较大，抗屈曲失稳能力较强，通常不需要采用夹层结构，但前缘空腹宽度较大时应考虑采用夹层结构。蒙皮的增强层也可采用纤维毡与织物交替铺设。

（2）风电叶片铺层设计

叶片铺层设计主要是确定纤维方向和纤维量，它是复合材料风机叶片结构设计的一个重要环节，铺层设计的优劣往往决定着结构设计的成败。

铺层设计的理论基础是经典层合板理论，依据层合板所承受载荷来确定，一般包括总体铺层设计和局部细节铺层设计，前者要满足总体静、动强度和气动弹性要求，后者则应满足局部强度、刚度和其他功能要求。对于铺层的铺设方向，通常0°铺层承受轴向荷载，45°铺层承受剪切荷载，90°铺层承受横向荷载和控制泊松比。

各铺层的铺设次序和规则如下：

① 应使各铺层铺设方向沿层合板厚度均布，或者说使每一铺层组中的单层数尽可能地少，一般不超过4层，这样可以减少铺层组层间分层的可能性；

② 若含有45°铺层，一般要±45°成双铺设，以减少铺层之间的剪应力，同时，尽量使±45°层位于层合板的外表面，以改善层合板的受压稳定性、抗冲击性能和连接孔的强度；

③ 若要设计成变厚度层合板，应使板外表面铺层保持连续，而变更其内部铺层，为避免层间剪切破坏，各层台阶宽度应相等，为防止铺层边缘剥离，用一层内铺层覆盖在台阶上。

各铺层的层数、层合板总层数的确定，是根据对层合板的设计要求来综合考虑的，一般可采用等代设计法、准网络设计法、卡彼特曲线设计法和主应力设计法等。

风机叶片的剖面结构，一般外层为层合板薄壁结构的复合材料壳体，腹内填充硬质泡沫塑料。层合板主要由单向层和±45°层组成。单向层可选用单向织物或单向纤维铺设，以承受由离心力和气动弯矩产生的轴向应力。±45°层可采用经纬纤维量相等的平衡型布作±45°铺设，以承受主要由扭矩产生的剪切应力。单向层与±45°层纤维用量比例可按轴向应力和剪切应力比例来确定。

为增强叶片承载能力，通常在叶片壳体与腹板相接的位置采用单轴布铺设的梁帽，以承受更大的弯矩。叶片最外层表面通常还粘上一层树脂，这样不仅可以有利于后续工序对叶片的打磨和喷漆而得到光滑的表面，还可以提高叶片的耐腐蚀性和耐磨能力。

（3）叶片根端连接设计

叶片根端连接设计是叶片结构设计的重要环节之一。因为叶片所受的各种载荷，无论是离心力还是弯矩、扭矩、剪力，都在叶片根端达到最大值。叶片根端连接设计的任务就是把整个叶片上所承受的载荷传递到轮毂上去。叶片根端必须具有足够的剪切强度、挤压强度，与金属的胶接强度也要足够高，这些强度均低于其拉弯强度，因此叶片的根部是危险的部位，叶根连接必须具有足够的机械强度与弯扭刚度。目前在叶根的连接设计中，主要有翻边螺栓连接和预埋金属根端连接两种形式。

① 翻边螺栓连接。这种形式的叶根像一个法兰翻边。在此法兰上，除了有玻璃钢外，还与金属盘对拼，在金属盘上的附件与轮毂相连，如图 2-2 所示。

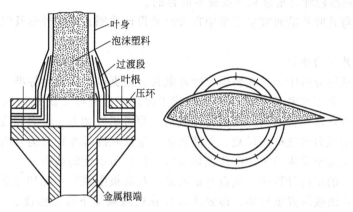

图 2-2　翻边连接示意图

在这种连接方式中，叶根处玻璃钢仍然主要承受剪切应力。虽然玻璃钢的断纹剪切强度（比层间剪切强度）高，约为 70～80MPa，但叶根强度仍由翻边出的剪切强度控制。为了提高叶根处承载性能，叶片铺层应在叶根附近加厚以扩大承力面积，螺钉应尽量靠近叶根。法兰顶面使用一个压环，并注意在翻边转角处采用圆弧过渡等措施。

② 预埋金属根端连接。如图 2-3 所示，在根端设计中，预埋上一个金属根端，此结构一端可与轮毂连接，另一端牢固预埋在玻璃钢叶片内。这种根端设计，主要用于新研制的玻璃钢叶片。这种结构形式避免了对玻璃钢结构层的加工损伤，唯一缺点就是每个螺纹件的定位必须准确。

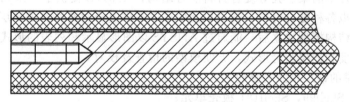

图 2-3　预埋金属根端叶根

叶片根端连接设计总的要求是在保证叶片安全使用，叶根处有较好的承载能力的条件下，考虑工艺方法及应用性能等方面的因素。

（4）叶片预弯式结构设计

风机叶片预弯的目的就是将叶片外形前弯，以免叶片旋转时打到风机塔上，如图 2-4 所示。

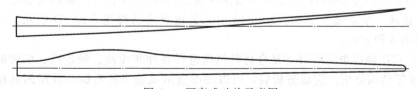

图 2-4　预弯式叶片示意图

与普通直型叶片相比，预弯式叶片具有以下优点：

① 保证在设计规范所规定的载荷状态下，叶尖挠曲变形后不会碰到塔架；

② 增大风轮扫掠面积，从而可以提高发电能力；

③ 因增加了叶尖与塔架距离，可以降低对叶片的刚度要求，从而可以减少原材料和工艺辅助材料，达到减轻叶片重量和降低成本的目的。

目前，对预弯式叶片的研究主要集中在大尺寸设计准则、叶尖外形及气动附件结构和预弯式结构设计。

（5）风机叶片结构分析

在风机叶片结构分析中，首先要确定叶片载荷。根据风力机设计标准，荷载工况可以分为正常载荷工况、非正常载荷工况和事故载荷工况。正常载荷工况是指风力机在运行、偏航、开机、停机等正常运行期间叶片所受的载荷，须考虑气动力、重力和离心力的作用。非正常载荷工况是指风力机在极端风载、安装运输、危险状况等非正常运行期间叶片所受的载荷。事故载荷工况是指发生飞车、叶片损坏事故时叶片所承受的载荷。

通常，在叶片的结构计算中，重点考虑的是叶片的极限载荷工况和正常运行工况。极限载荷工况用于叶片的极限强度校核，即要求叶片在极限载荷下满足强度、变形、稳定条件。在强度校核初步计算中，为简化叶片应力和变形分析，根据经典的层合板理论，常将叶片简化为根端固定的悬臂梁来计算，这在初步的设计计算中满足工程上的要求。正常载荷工况用于叶片的疲劳强度校核。通用的方法是根据叶片材料的 S-N 曲线，应用 Palmgren-miner 线性累积损伤准则进行叶片的疲劳强度计算。叶片的疲劳载荷较复杂，规范提供了简化疲劳载荷谱。

随着计算机技术的发展，有限元法在结构分析中得到了广泛的应用。有限元强大的建模和结构分析功能适于叶片的应力、变形、频率、屈曲、疲劳及叶根强度的分析。

ANSYS 是一款著名的商业化大型通用有限元软件，广泛应用于航空航天、机械制造等领域。

针对风机叶片中的梁、壳等复合材料层合结构，ANSYS 提供了一系列的特殊单元——铺层单元，以模拟各种复合材料。铺层单元中可以考虑复合材料特有的铺层特性和各向异性特性。复合材料结构模型建立后，能通过 ANSYS 以图形显示和列表的形式，直观地观察铺层厚度、铺层角度和铺层组合形式，方便模型的检查及校对。

ANSYS 提供的铺层单元类型包括：

- Shell91，Shell99，Shell181 板壳单元；
- Solid46，Solid191，Solid186 实体单元；
- Solid-Shell 190 实体壳单元；
- Beaml88，Beam189 梁杆单元。

其中，190 单元和 186 单元是 ANSYS10.0 及以后版本新增功能，支持实体-壳、防止剪切锁定和体积锁定等最新单元技术，基本覆盖了复合材料的 CAE 分析领域。

目前，在风机叶片单元类型的选择上主要采用 3 种方式：Shell91 壳单元、Solid46 实体单元以及（Shell91＋Solid46）壳单元和实体单元。Shell91 单元可以模拟夹芯结构，设置蒙皮与主梁的连接，节点偏置灵活。Solid46 单元是按真实结构建立的 3D 单元。在结构计算中推荐采用第 3 种方式。

ANSYS 利用铺层单元可以对复合材料结构进行各种非线性、稳定性、疲劳断裂和动力学强度/刚度等结构分析。完成分析后，可以图形显示或输出所有铺层及层间的应力和应变等结果，根据这些结果又可以判断结构是否失效破坏和满足设计要求。

另外，ANSYS 还预定义了 3 种常用复合材料破坏准则：最大应变失效准则、最大应力失效准则及 Tsai-Wu 失效准则，用来评价复合材料结构的安全性，也可自定义最多达 6 种的失效准则，对特殊复合材料进行失效判断。

除计算分析外，还要对叶片进行必要的试验验证，包括典型结构件试验以及全尺寸试验，甚至雷击防护试验等。国际上公认的 IEC88/102/CD 设计标准以及丹麦国家标准要求进行静力和疲劳试验，德国一些公司认为只做静力试验就可以了。静力试验主要验证叶片承受设计载荷的能力和应力应变分布，有的直到破坏以验证破坏位置、破坏模式和安全余度。疲劳试验主要验证疲劳寿命和疲劳薄弱环节。目前，随着叶片的大型化，全尺寸试验成本不断增加，为节省费用，大都只做静力试验且不一定做到破坏。

思考题

（1）根据风机叶片材料的性质及选用原则，为 10 kW 风电机组选择合适的叶片材料，并进行比较分析论证。

（2）根据风机叶片结构设计流程，完成 1.5MW 风电叶片的结构设计。

任务二　风叶的制造及加工工艺

[学习背景]

用复合材料制作风机叶片，具有成本低、耐化学腐蚀、重量轻、耐候性强、材料来源广泛、成型容易、便于现场修理等优点，特别是因其成型工艺适合制造复杂外形、无需后加工等一系列其他材质无法比拟的优点，已在大、中型风机叶片中普遍采用，复合材料叶片在国外风机上的应用率高达 95％以上。因此本书主要介绍复合材料风机叶片成型加工工艺。

[能力目标]

① 了解复合材料风机叶片成型工艺的种类及其发展趋势。

② 掌握传统手糊成型工艺。

③ 掌握树脂传递模塑（RTM）工艺、真空辅助 RTM 工艺（VARTM）。

④ 掌握真空吸塑成型（VRAM）工艺。

⑤ 掌握模压成型工艺流程。

[基础知识]

随着风力发电机功率的不断提高，安装发电机的塔座和捕捉风能的复合材料叶片做得越来越大。为了保证发电机运行平稳和塔座安全，不仅要求叶片的重量轻，还要求叶片的重量分布必须均匀、外形尺寸精度控制准确、长期使用性能可靠。若要满足上述要求，需要有相应的成型工艺来保证。

目前，风电领域纤维复合材料成型工艺主要包括：

① 传统工艺，如手糊、缠绕、热压、拉挤；

② 预成型工艺，如树脂转移模塑 RTM、真空辅助 VARTM、树脂渗透 RFI、树脂注入 SCRIMP；

③ 其他成型工艺，如自动铺带 ATL、自动铺丝 AFP、模压成型工艺及 Flex 成型工艺。

传统复合材料风机叶片多采用手糊工艺制造。手糊工艺生产风机叶片的主要缺点是生产效率低，产品质量均匀性不好，产品的动静平衡保证性差，废品率较高。特别是对高性能的复杂气动外形和夹芯结构叶片，还往往需要粘接等二次加工，生产工艺更加复杂和困难。由于手糊过程中含胶量不均匀、纤维/树脂浸润不良及固化不完全等，常会引起风机叶片在使用中出现裂纹、断裂和变形等问题。

在垂直轴风力发电机组中，叶片为鱼骨形不变截面，且不需考虑转子动平衡问题，可采用拉挤工艺方法生产。用拉挤成型工艺方法生产复合材料叶片，可实现工业化连续生产，产品无需后期修整，质量一致，无需检测动平衡，成品率95％。用拉挤成型工艺方法生产复合材料叶片与其他成型工艺方法生产的复合材料叶片相比，成本可降低40％。

拉挤工艺对材料的配方和拉制工艺过程要求非常严格，国际上目前只能拉挤出600～700mm宽的叶片，用于千瓦级风力发电机上。我国目前已研制成功用于兆瓦级垂直轴风力发电机的叶片，截面尺寸为1400mm×252mm，壁厚6mm，长度为80～120m，属于薄壁中空超大型型材。

此前最大的拉挤叶片为日本研制，其直径达15m。美国WindPowerSystemInc生产的StormMaster-1260 kW风机也采用了拉挤叶片。

美国生产的WTS-4型风力机叶片采用缠绕工艺方法生产，单片叶片长度达39m，重13t，其生产过程是完全自动化的。由计算机控制的缠绕设备非常复杂，它有5种功能，即移动台架、转动芯轴、伸缩工作臂、升降杆臂以及变动缠绕角。

目前国外的高质量复合材料风机叶片往往采用RIM、RTM、缠绕及预浸料/热压工艺制造，其中RIM工艺投资较大，适宜中、小尺寸风机叶片的大批量生产（＞50000片/年）；RTM工艺适宜中、小尺寸风机叶片的中等批量的生产（5000～30000片/年）；缠绕及预浸料/热压工艺适宜大型风机叶片批量生产。

由于RTM工艺具有叶片整体闭模成型，产品尺寸和外形精度高；初期投资小；制品表面光洁度高；成型效率高；环境污染小等优点，开始成为风机叶片的重要成型方法。

大型风机叶片采用的工艺目前主要有两种：开模手工铺层和闭模真空浸透。

用预浸料开模手工铺层工艺是最简单、最原始的工艺，不需要昂贵的工装设备，但效率比较低，质量不够稳定，通常只用于生产叶片长度比较短和批量比较小的时候。

闭模真空浸透技术被认为效率高、成本低、质量好，因此为很多生产单位所采用。采用闭模真空浸透工艺制备风机叶片时，首先把增强材料铺覆在涂覆硅胶的模具上，增强材料的外形和铺层数根据叶片设计规定，在先进的现代化工厂，采用专用的铺层机进行铺层，然后用真空辅助浸透技术输入基体树脂，真空可以保证树脂能很好地充满到增强材料和模具的每一个角落。

真空辅助浸透技术制备风机叶片的关键有3点：

① 优选浸透用的基体树脂，特别要保证树脂的最佳黏度及其流动特殊性；

② 模具设计必须合理，特别对模具上树脂注入孔的位置、流道分布更要注意，确保基体树脂能均衡地充满任何一处；

③ 工艺参数要最佳化，真空辅助浸透技术的工艺参数要事先进行实验研究，保证达到最佳化。

固化后的叶片由自动化操纵的设备运送到下一道工序，进行打磨和抛光等。由于模具上涂有硅胶，叶片不再需要油漆。此外还必须注意，在工艺制造过程中，尽可能减少复合材料的孔隙率，保证增强纤维在铺放与成型过程中保持平直，是获得良好力学性能的关键。

国外大型风机叶片大多采用复合材料D型主梁或O型主梁与复合材料壳体组合的结构形式。该种结构的大型叶片一般采用分别缠绕成型D型或O型主梁、（RTM）成型壳体，然后靠胶接组合成整体的工艺方法。

[操作指导]

一、任务布置

① 学习传统手糊工艺，并用此工艺制作小型风电叶片。

② 学习利用树脂传递模塑（RTM）工艺、真空辅助 RTM 工艺（VARTM）或真空吸塑成型（VRAM）工艺制作大型风电叶片。

二、操作指导

1. 手糊成型工艺

手糊成型工艺是传统的复合材料风机叶片制造工艺，我国从 20 世纪 70 年代便开始研究。下面以 Φ 型垂直轴风机叶片为例（叶片剖面翼形如图 2-5 所示），讲解手糊成型工艺制造风机叶片的流程及方法。

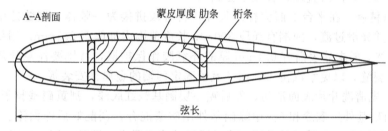

图 2-5　Φ 型垂直轴风电叶片翼形形状剖面

采用"剖腹取胎分段拼接法"，即先分段独立成型，最后对接成叶片整体。

（1）工艺流程

样板制作—模胎制作—加强肋制作—蒙皮成型—拼接与精修—喷漆—交付使用。

（2）工艺方法

① 样板制作　共 6 付对卡样板。其中，3 付是按翼型剖面尺寸制作的精修样板，3 付是按减去蒙皮厚度的模胎尺寸制作样板，材料均用厚度为 3mm 的航空层板。若采用直接划线法制作样板，可在平台上按叶片外形尺寸（如图 2-6 所示）划上线，然后将航空层板弯成两种 Φ 型样板各 1 付。

② 模胎制作　材料系含水率≤10％的一级烘干红松。制作时，直线段模胎，直接用模胎样板对卡精修；两种 Φ 型模胎，先锯成 Φ 型毛坯，再用模胎对卡样板精修。

③ 加强肋制作　材料与模胎料相同，肋条、桁条简单榫接组合，并用环氧胶固定，组合后作加强肋条，但外形应与各段模胎形状相同。

④ 蒙皮成型　增强材料为 0.5 无碱平纹和 0.2 斜纹玻璃布，树脂胶液为 100 份 6101 环氧、12～15 份邻苯二甲酸二丁醋及 18～20 份 β-羟乙基乙二胺。制作前先按蒙皮外形尺寸裁剪玻璃布，糊制顺序是：

圆弧段　二层 0.2，一层 0.5，二层 0.2，蒙皮厚度为 1.5mm；

直线段　二层 0.2，一层 0.5，三层 0.2，蒙皮厚度为 1.7mm。

成型方法如下：

首先在模胎表面涂油膏后再贴一层 0.05mm 厚的塑料薄膜作脱模剂，然后按各段裁布的规格数量和顺序，在模胎上进行层铺，当铺完第二层后，室温固化 12h 以上，然后"剖腹

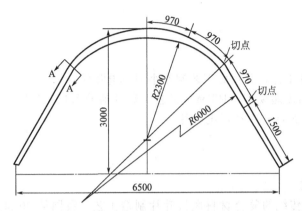

图 2-6　Φ 型垂直轴风机叶片外形尺寸

取胎"脱膜。膜胎取出后,将加强肋塞入蒙皮空腹内,并与蒙皮胶住,再继续成型至蒙皮要求厚度。六段圆弧,两段直线,各段独立成型。

⑤ 拼接与精修　在平台上照大样线尺寸,将各段拼接为一整体,接缝处用四层 0.2 的玻璃布加强,并光滑过渡,两端直线段 300mm 长度范围内加厚至 2.5mm。用剖面翼型样板对卡精修、砂光,要求外表面有 0.1mm 厚的环氧胶作保护层,特别要注意叶片剖面的后缘不得有开口和裂缝,以免水汽侵入。用环氧胶固定两端的金属件安装板。

⑥ 喷漆　先清洗叶片表面油污,然后喷一层硝基铁红底漆,刮黄硝基腻子找平,砂光。采用以 94％白硝基外用磁漆和 6％中绿硝基外用磁漆混合,调配好后作面漆。喷三层面漆,前两者喷后局部用硝基黄腻子补砂眼,喷一层硝基清漆罩光,即整个制品完工。

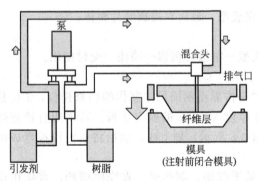

图 2-7　RTM 成型工艺流程示意图

2. RTM 成型工艺

为了降低苯乙烯的排放,低成本、低污染的成型工艺 RTM 在整个复合材料行业得到了飞速的发展。RTM 的原理:在压力注入或真空辅助条件下,模具型腔中铺放好增强材料的预成型体,低黏度树脂体系被注射到模具中,排出模具内的气体以彻底浸润纤维,由模具的加热系统加热树脂,固化后为 FRP 构件。图 2-7 是 RTM 成型工艺流程示意图。

目前,RTM 成型工艺已衍生出多种形式,如 RFI、SCRIMP、VARTM 等。RTM 成型工艺的主要优点:

① 闭模成型,产品尺寸和外形精度高,适合成型多品种、中批量、高质量的复合材料整体构件;

② 初期投资小,且制品公差小、表面光洁度高;

③ 生产周期短、生产过程自动化适应性强、成型效率高;

④ 环境污染小。

RTM 作为一种低成本成型工艺,从模具设计与制造到增强材料的设计与铺放,从树脂的选型、改性到工艺参数(如注塑压力、温度、树脂黏度等)的确定与实施,都可通过计算机模拟分析和实验验证进行确定。

3. VRAM 成型工艺

在树脂传递模塑（RTM）工艺和真空辅助 RTM 工艺（VARTM）发展过程中，真空吸塑成型（VRAM）工艺的开发成功可谓具有里程碑的意义。这一技术的应用不仅增加了树脂的传递动力，而且排除了模具及树脂中的气泡和水分，并且为树脂在模腔中的流动打开了通道，形成了完整的通路。更重要的是 VRAM 工艺完全利用真空，从而有效避免了在 RTM 和 VARTM 工艺中因注射产生的强大压力所引起的冲刷纤维现象的发生，不但大大降低了成本，而且明显提高了复合材料的性能。

采用 VRAM 工艺制备风机叶片的工艺流程如图 2-8 所示。由图可知，在设计好的模具型腔中预先放置经合理设计、剪裁或经机械化预成型的增强材料，夹紧和密封好模具，完全真空可以保证树脂能很好地充满到增强材料和模具内部的每一个角落，而后加热使复合材料固化，最后脱模得到成型制品。

采用 VRAM 工艺制备叶片的关键在于：

① 优选浸渗用的基体树脂，尤其要保证树脂的最佳黏度及其流动特殊性；

② 模具设计必须合理，尤其要注重模具上树脂吸入孔的位置和流道分布，以确保基体树脂能均衡地充满到模腔内的任何地方；

③ 工艺参数要最佳化，必须事先进行相关实验研究，以确保 VRAM 技术的工艺参数达到最佳化。

固化后的叶片由自动化操纵的设备运送到下一道工序，进行打磨和抛光等操作。由于模具上涂有硅胶，因此，叶片不需要油漆。此外，在制造过程中应尽可能减少复合材料内部的孔隙率，保证纤维在铺放过程中保持平直，这些都是复合材料获得良好力学性能的关键。

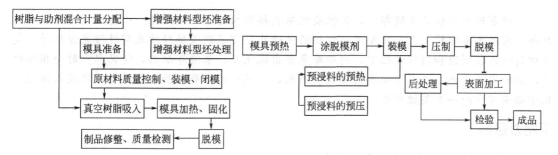

图 2-8　VRAM 成型工艺流程图　　　　图 2-9　风机叶片模压成型工艺流程示意图

4. 模压成型工艺

模压成型工艺是目前国内外先进复合材料最成熟的成型技术之一。该工艺使用预浸布为原料，从叶根向叶尖以渐薄的方式进行缠绕，最后模压成型。其工艺流程如图 2-9 所示。

具体过程：用模板法或冲模法截取各个铺层，将铺层以一定顺序装在模具上，按工艺参数进行固化；脱模后对叶片进行去毛刺、修整和钻孔，在叶片前缘铺上胶膜、丝网并装配金属保护板后，再加热、加压固化；对叶片表面进行吹砂、打底漆、涂聚氨酯涂料，干燥即可。

复合材料的尖部边缘有剥离趋向，叶片前缘、后缘及叶尖都包有钛合金条，可以消散外物损伤能量。该工艺具有生产效率高、制品尺寸精确、价格低廉、易实现机械自动化和一次成型等特点。

5. Flex 成型工艺

2010 年 10 月英国 MVP 公司推出了一种可优化的灌注成型新工艺，称为 Flex 成型工艺。该工艺的具体做法是直接向灌注膜注入树脂，然后经气动压力真空传感器，把树脂精确地分布于灌注膜内。使用由硅、聚氨酯或乳胶制成的灌注膜或再生膜，其制模成本比 RTM 的硬质模具低得多，特别在制造风机叶片、船体等大型制件效果明显。

这套工艺包括注射系统、附件和特别是用来优化灌注效果的密封件。该工艺优点：

① 用一个混合/计量灌注系统直接向灌注膜供料，从而免去了预混树脂过程并节省消耗性管件和配件的使用；

② 使用气动压力真空传感器 PPVS 附件，提高了成型的精度；

③ 采用"可闭锁"的新式、可重复利用的膜系统；

④ 取消了大体积的树脂槽和多个大孔径喂料管，从而降低成本；

⑤ 系统中的通用膜配件与各种连接阀可牢固连接。

思考题

（1）制造风机叶片的传统手糊工艺流程如何？利用手糊成型工艺，制造 1kW 风力发电机用风机叶片。

（2）学习利用真空吸塑成型（VRAM）工艺制作 1.5MW 风电叶片的工艺流程。

任务三 风叶的检查与验收

[学习背景]

风叶是风电机组的关键部件，其性能优劣直接影响着整机的性能。小型风力发电机的叶片部分采用木质材料，大、中型风电机组的风叶几乎都采用玻璃纤维或碳纤维复合材料。复合材料叶片在制造和运行过程中，内部难免会出现气孔、裂缝等缺陷，情况严重时会损坏叶片，影响安全生产，造成不必要的损失。因此，对风叶的检查与验收是风电叶片投入使用过程中必不可少的一个关键环节。

[能力目标]

① 了解风机叶片检查与验收的基本规则。

② 掌握风叶常规检验项目及其检验方法。

[基础知识]

一、检验分类

叶片的检验分出厂检验、型式检验和鉴定检验。

每片叶片均做出厂检验。新产品试制完成时应进行鉴定检验。凡属下列情况之一者应进行型式检验：

a. 新产品经鉴定定型后，叶片制造商第一次试制或小批量生产时；

b. 停产一年以上，产品再次生产时；

c. 正常生产的叶片自上次试验算起已满三年；

d. 叶片的设计、生产工艺、主要原材料的变更影响叶片性能时，进行有关项目的试验；

e. 质量监督机构、叶片制造商和用户三方对产品质量、性能发生异议时，可进行有关项目的试验。

1. 出厂检验

① 每片叶片均要求检验型面翼型的弦长、扭角、厚度等几何数据。

② 每片叶片均要求检验重量及重心位置。

③ 每片叶片均要求检验叶片连接尺寸。

④ 对于具有叶尖制动机构的定桨距叶片应进行功能试验。

⑤ 每片叶片应进行外观质量检查。

⑥ 每片叶片应进行随件试件玻璃纤维增强塑料固化度和树脂含量检验。

⑦ 对叶片内部缺陷应进行敲击或无损检验。

⑧ 对于成套供应的叶片应检验其配套情况。

⑨ 制造商与用户商定的其他检验项目。

2. 鉴定检验

叶片在定型鉴定时，应进行气动性能试验、静力试验、解剖试验、固有特性试验、雷击试验、定桨距叶片叶尖制动机构功能试验、疲劳试验。

3. 型式检验

① 型式检验项目包括随件试件性能试验、静力试验、固有特性试验、定桨距叶片叶尖制动机构功能试验。

② 质量监督机构以及制造商和用户商定的其他试验项目。

检验中使用的设备、仪器、工具、标准样品、计量器具均应符合规定的精度等级，并经质量监督机构认可。

二、判定规则和复验规则

① 检验结果与产品技术条件及要求不符时，则叶片判定为不合格品。

② 型式检验每批检验1～2片叶片，试验中只要有一项指标不合格，就应在同一批中另抽取加倍数量的叶片，对该项目进行复验；若仍不合格，应对该批叶片的该项目逐片检验。

三、不合格品处理

① 不合格叶片应做明显标记，并应单独存放或处理，禁止与合格叶片混放。

② 对存在轻微缺陷但不影响安全使用和性能要求的叶片，经必要处理，由用户认可后可视为合格品。

四、最终验收

所有叶片经过严格检验，并完成规定试验后，填好产品履历本、合格证、检验单及所需的其他文件交付验收。

[操作指导]

一、任务布置

① 对风叶进行静态检验、疲劳检验、室外检验、气动性能试验、风电试验、解剖试验

等检验。

② 完成相关检验报告。

二、操作指导

1. 检验基本要求

所有试验的目的是为了验证设计的正确性、可靠性和制造工艺的合理性，并为设计和制造工艺的完善和改进提供可靠的依据。试验结果作为产品定型的审查文件。

试验仪器、仪表及量具应满足测量精度要求。

2. 试验报告格式

试验报告应包括以下内容：

① 试验目的；

② 试验件或试验模型描述；

③ 试验仪器、仪表及量具的精度和灵敏度；

④ 试验原理及简明处理方法；

⑤ 试验情况记录（附以相应的照片和简图）；

⑥ 试验数据；

⑦ 试验处理结果（包括各种曲线）；

⑧ 试验结论；

⑨ 试验地点和日期。

试验报告应有完整的会签和盖章证明。

3. 气动性能试验

对于新研制的叶片，要求进行风洞模型试验和风场实测，目的是验证风轮在各种工况下的气动性能。对于变距叶片，还要试验各个变距角度下的气动性能。

对于购买专利或许可证生产的叶片，一般只要求进行风场实测。

（1）风洞试验

试验条件：

① 试验风洞要求能够模拟风场实际工况条件；

② 风洞直径 D 和风轮模型直径 d 的关系：

对于开口风洞　$D \geqslant 1.5d$；

对于闭口风洞　$D \geqslant 2d$。

叶片模型相似准则：

① 几何相似；

② 动力相似。

雷诺数相似不做要求，但要有可靠的试验数据和理论进行雷诺数修正。

测试项目：

① 风能利用系数 C_P 与叶尖速度比 λ 的关系曲线；

② 风轮扭矩系数 C_Q 与叶尖速度比 λ 的关系曲线。

（2）风场实测

试验地点应考虑下列因素：

① 自然物（建筑物、树木等）；

② 地形变化；

③ 其他风扰动。

对以上因素要根据设计条件进行修正。

测试项目包括风速和功率曲线，并由此得出：

- 风能利用系数 C_P 与叶尖速度比 λ 的关系曲线；
- 风轮扭矩系数 C_Q 与叶尖速度比 λ 的关系曲线。

4. 定桨距叶片的叶尖气动刹车机构功能试验

在定桨距风力发电机组中，有的叶片设计有叶尖气动刹车机构。在叶片研制过程中，这一机构的功能要进行分析和验证。

（1）试验条件

试验件是具有完整尺寸的首件实物叶片。

（2）试验内容及方法

在试验台架上，通过人工控制施加作用力，迫使叶片叶尖气动刹车机构打开和复位。检查整个机构在打开和复位过程中是否顺利，如有干涉现象，则要采取适当措施，分析和解除这种故障直到整个机构满足设计要求，并记录下试验过程中进行的所有调整内容。在满足设计要求时，整个试验过程应重复三次。

5. 固有特性试验

对于新研制的叶片，都要求进行叶片固有特性试验，其目的是测量叶片的固有频率，为叶片动力分析、振动控制提供原始依据，并验证动力分析方法的正确性。

（1）试验条件

试验件应从试制批中抽取。

试验夹具要保证叶片叶根固支，夹具刚度要大于叶片刚度的 10 倍以上。

（2）试验项目

① 叶片挥舞弯曲振动至少一、二阶固有频率。

② 叶片摆振弯曲振动至少一阶固有频率。

③ 叶片扭转振动的一阶固有频率（必要时）。

（3）试验测量方法

根据试验任务书的要求和试验设备等具体条件，可以采用时域法或频域法对叶片固有特性进行测量。

在用频域法测量时，压电式加速度传感器的安装固定要特别注意，以免影响其额定频响曲线。

6. 静力试验

对于新研制的叶片，要求做叶片静力试验；对于批生产叶片，在工艺做重大技术更改后，也要求做静力试验，其目的是为了验证叶片的静强度储备，并为校验强度、刚度计算方法以及结构合理性提供必要的数据。试验测定的有关数据还可供强度设计、振动分析使用。

静态检验可以使用多点负载方法或单点负载方法，并且负载可以在水平方向进行，也可以在垂直方向进行。

（1）试验条件

试验件应是具有静强度试验要求的全尺寸叶片，一般可从试制批中抽取，可做不影响静强度试验的再加工，以便与试验工装连接和加载。件数一般为一件。

试验夹具要尽量模拟叶片的力学边界条件，并尽可能小地影响叶片的内力分布。

（2）试验项目

① 刚度测量包括挥舞、摆振刚度，必要时，也应测量扭转刚度。

② 静强度试验。

（3）试验载荷及试验方法

试验应先进行刚度测量，再进行静强度试验。

进行刚度测量时，试验载荷不超过设计载荷。在试验载荷作用下，加载部位不得有残余变形和局部损坏。在试验过程中，按任务书规定的试验载荷，采取逐级加载、逐级测量的试验方法，对同一试验内容一般不少于 3 次试验，或用不同的试验方法验证数据的重复性和准确性。

为了消除加载时因结构间隙带来的非线性，提高数据测量的精度，可采用预加载或其他适宜的试验方法。

试验结果处理可采用最小二乘法。

进行静强度试验时，试验载荷应尽量与叶片设计载荷一致，既要满足叶片的总体受力要求，也要满足叶片的局部受力要求。

静强度试验顺序如下。

① 预试。预试是为了检查试验、测量系统是否符合试验技术要求和拉紧试验件，消除其间隙。预试载荷为设计载荷的 40%。

② 使用载荷试验。使用载荷试验是为了确定叶片承受使用载荷的能力。加载梯度不大于设计载荷的 10%，在各级载荷情况下进行应变、位移测量和变形观察；加载到使用载荷后，停留时间不少于 30s，卸载后，叶片不应出现永久变形，也不允许出现折皱等局部失稳。

③ 设计载荷试验。设计载荷试验是为了确定叶片承受设计载荷的能力。在超过使用载荷后，加载梯度不大于设计载荷的 5%。在各级载荷情况下进行应变、位移测量和变形观察，加载到设计载荷后，停留时间不少于 3s，叶片不出现破坏。

④ 破坏试验。破坏试验是为了确定叶片的实际承载能力，为强度计算提供数据。加载梯度不大于设计载荷的 5%，直至破坏。如果要求确定剩余强度而进行破坏试验，可在疲劳试验完成后进行。

7. 疲劳试验

对于新研制的叶片，要求进行叶片疲劳试验；对于批生产叶片，在工艺做重大技术改进后，也要求做疲劳试验。其目的是为了暴露叶片的疲劳薄弱部位，验证设计的可靠性、工艺的符合性，为改进设计和工艺、编制使用维护说明书、确定叶片使用寿命提供依据。

（1）试验条件

试验件应是具有静强度要求的全尺寸叶片，一般可从试制批中抽取，并做不影响静强度要求的再加工，以便与试验工装连接和加载。试验件数根据实际情况取 1~2 片。

试验夹具要尽量模拟叶片的力学边界条件，并尽可能少地影响叶片的内力分布，还要保证载荷谱多点协调加载的实现。

（2）试验载荷

疲劳试验载荷既可以采用程序谱加载，也可以采用等幅谱加载。等幅谱载荷应力幅按设计载荷包线最大值选取，循环特征依据实际载荷环境确定。对于程序谱加载，载荷谱应根据载荷环境分析及运用应变（或载荷）测量统计结果得到的使用载荷谱编制。编制载荷谱时要保证损伤等效，并能实现随机加载。

加载误差在最大峰值时一般小于 5%。

能导致蠕变或结构疲劳强度明显降低和引起任何热应力的严重影响、腐蚀影响等都应予以模拟。如果试验设备不能实现环境模拟要求，可考虑其他方法弥补。

对于复合材料叶片，若要加速试验时，试验频率不应导致试验件发热而使疲劳特性受影响。

（3）试验方法

试验前应对测量系统进行标定，标定载荷至少应达到试验载荷的 80%，试验加载系统和测量系统要按有关规定进行评定。

按试验任务书要求进行加载，进行应变、变形、载荷测量。对疲劳裂纹的出现要监测及时、记录准确。当试验结束后，应对试件进行认真的分解检查（尤其是不可检部分）和断口分析，检查分析结果纳入试验报告。

疲劳试验时间要长达几个月，检验过程中，要定期地监督、检查以及检验设备的校准。在疲劳试验中有很多种叶片加载方法，载荷可以施加在单点上或多点上，弯曲载荷可施加在单轴、两轴或多轴上，载荷可以是等幅恒频的，也可以是变幅变频的。每种加载方法都有其优缺点，加载方法的选用通常取决于所用的试验设备，主要包括等幅加载、分块加载、变幅加载、单轴加载、多轴加载、多载荷点加载、共振法加载。推荐的试验方法的优缺点如表2-7 所示。

8. 解剖试验

解剖试验仅适用于复合材料叶片。

解剖试验属于预生产试验范畴，应在工艺试模取得全面检查合格以后进行，目的是确定复合材料叶片各验证位置的材料性能，检查工艺与设计的符合性等，以便为设计调整、工艺参数修正提供依据。

（1）试验要求

试验件应是工艺试模件，对于材性试验，可根据设计要求铺设局部切面，其他项目试验可选用疲劳试验后的试件。

试验件切割位置由设计按需要在试验任务书中规定。

表 2-7　推荐的试验方法的优缺点

试 验 方 法	优　点	缺　点
分布式表面加载（使用沙袋等静重）	精确的载荷分布 剪切载荷分布很精确	只能单轴 只能静态载荷 失效能量释放可导致更严重的失效 非常低的固有频率
单点加载	硬件简单	一次只能精确试验 1~2 个剖面 由试验载荷引起的剪切载荷较高
多点加载	一次试验可试验叶片的大部分长度 剪切力更真实	更复杂的硬件和载荷控制
单轴加载	硬件简单	不易获得准确的应变,损伤分布在整个剖面上
多轴加载	挥舞和摆振方向载荷合成更真实	更复杂的硬件和载荷控制
共振加载	简单硬件 能耗低	不易获得准确的应变,损伤分布在整个剖面上

试 验 方 法	优 点	缺 点
等幅加载	简单,快速,较低的峰值载荷	对疲劳公式的精确性敏感
等幅渐进分块加载	失效循环次数有限	对疲劳公式精确性和加载顺序影响敏感
等幅可变分块加载	简单方法模拟变幅加载	疲劳公式精确性和加载顺序影响敏感 (尽管敏感程度低于等幅渐进分块加载)
变幅加载	更真实的加载 对疲劳公式精确性不敏感	较高的峰值载荷 复杂的硬件和软件 比较慢

（2）试验项目

① 成型工艺质量（型腔节点位置、前后缘黏结质量、内填件的黏结质量等）；

② 主要承力部分材性试验（密度、拉伸强度、拉伸模量、剪切模量等）；

③ 质量分布特性。

（3）试验方法

① 按任务书要求对检验件进行切割，首先检查成型工艺质量，仔细记录检查项目。

② 对主要承力部分按相应国家标准进行材性试验，如果从主要承力部分截取下来的试件不符合标准要求，设计、工艺要协商一致，也可采用随件试件的办法来解决。

③ 对试验切割下来的每段叶片，分别称重，测量重心，绘制沿展向的叶片重量分布曲线。

9. 雷击试验

雷击试验的目的是为了考核叶片防雷击保护系统的性能，确定叶片抗雷击的能力。

（1）试验条件

试验件为全尺寸叶片或模拟样件。

雷击试验可在高压实验室内进行。

（2）试验项目

进行高雷击脉冲电流试验和雷击飞弧试验。

由高雷击脉冲电流试验验证雷电电流传导系统承载电流的能力。雷击飞弧试验验证电极的引雷效果。

10. 叶片随件试件试验

叶片随件试件试验仅适用于复合材料叶片。

叶片随件试件试验是每件叶片生产时都要进行的常规试验，目的是保证工艺、材料稳定性。对于叶片来说，由于实际原因，不可能对产品进行破坏，需要对每一片叶片安排一个随模试件，对其主要性能进行测试，该测试结果按常规检验填写在叶片履历本或合格证上。

（1）试验要求

该随模试件要求和叶片一起成型，最好共用一个模具，否则，该试件的工艺参数要求和叶片成型一致。试件尺寸按设计要求，切割成符合材性测量的标准试件。

（2）试验项目

拉伸强度、拉伸模量、弯曲强度、弯曲模量、剪切强度、剪切模量。

思考题

（1）风机叶片检验分为哪几种？什么情况下需要进行型式试验？

（2）某风电机组整机制造商新购进一批 1.5MW 风机叶片，请对其进行检查验收，并出具试验报告。

模块三

轮毂的制造及工艺

风轮轮毂是风力发电机的重要部件，定桨距风电机组的轮毂是一个铸造加工的壳体，变桨距风电机组的轮毂是由轮毂壳体、变桨轴承、变桨驱动、控制箱等装置构成。轮毂的生产一般由风机总装厂向专门的铸造生产企业订货，然后由风机总装厂完成装配与调试工作。本模块主要就轮毂的结构设计、材料选择、加工制造工艺、检查与验收等问题进行介绍。

任务一 轮毂结构的设计及材料选择

[学习背景]

轮毂是风轮的枢纽，也是叶片根部与主轴的连接件，它将风轮的扭矩传递给传动系统，是风力发电机组中的一个重要部件，其重要性随着风力发电机组容量的增加而愈来愈明显。在大型风力发电机组中轮毂的重量占风力发电机组总重的30%左右。

[能力目标]

① 了解风轮轮毂的结构及技术要求。
② 了解球墨铸铁材料性质，并能够选择合适的轮毂铸造材料。
③ 掌握风电轮毂有限元设计步骤。

[基础知识]

一、风轮轮毂的技术要求

轮毂是连接叶片与主轴的关键部件，对它的技术要求如下。
① 能在环境温度为−40～50℃下正常运行。
② 风轮轮毂的使用寿命不得低于20年。

③ 风轮轮毂要有足够的强度和刚度。

④ 风轮轮毂的加工必须满足相关图样要求。

⑤ 有变桨距系统的风轮轮毂要求有：

a. 变桨距系统应承受叶片的动静载荷；

b. 变桨距系统的运动部件应运转灵活，满足使用寿命、安全性、可靠性的要求；

c. 变桨距系统的控制系统应按设计要求可靠地工作。

⑥ 风轮轮毂应具有良好的密封性，不能有渗、漏油现象，并避免水分、尘埃及其他杂质进入内部。

⑦ 机械加工以外的全部外漏表面应涂防护漆。

⑧ 风轮轮毂应允许承受发电机短时间 1.5 倍额定功率的负荷。

二、轮毂的结构形式

常用的轮毂有刚性轮毂和铰链式轮毂两种类型。

1. 刚性轮毂

刚性轮毂由于制造成本低、维护少、没有磨损等特点，三叶片风轮一般均采用它。刚性轮毂安装、使用和维护较简单，日常维护工作较少，只要在设计时充分考虑轮毂的防腐蚀问题，基本上可以说是免维护的，是目前使用最广泛的一种形式。但它要承受所有来自风轮的力和力矩，相对来讲承受风轮载荷高，后面的机械承载大，结构上主要有三角形和球形两种形式，如图 3-1 所示。小型风力发电机组的轮毂多采用三角形；兆瓦级风力发电机组由于叶片连接法兰较大，轮毂受到制造和运输体积、重量等的限制，不可能做得很大，多采用球形轮毂。

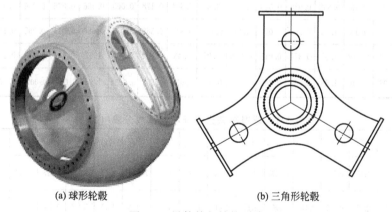

(a) 球形轮毂　　　　　　　　　　(b) 三角形轮毂

图 3-1　风轮轮毂结构形式

2. 铰链式轮毂

铰链式轮毂又称柔性轮毂或跷跷板，常用于两叶片风轮。这是一个半固定式轮毂，铰链轴与叶片长度方向及风轮轴互相垂直，像半方向联轴器。两叶片之间固定连接，可绕联轴器活动，像跷跷板一样，称为摆动铰链轮毂或跷跷板铰链轮毂。由于铰链式轮毂具有活动部件，相对于刚性轮毂来说，制造成本高。它与刚性轮毂相比，所受力和力矩较小。对于两叶片风轮，两个叶片之间是刚性连接的，可绕连接轴活动。当气流有变化或阵风时，叶片上的载荷可以使叶片离开原风轮旋转平面。铰链式轮毂在叶片旋转过程中驱动力矩的变化很大，因此风轮噪声也很大。

三、轮毂的材料

轮毂可以是铸造结构，也可以采用焊接结构，其材料可以是铸钢，也可以采用高强度球墨铸铁。由于高强度球墨铸铁具有不可替代性，如铸造性能好、容易铸成、减振性能好、应力集中敏感性低、成本低等，目前，风轮轮毂多采用球墨铸铁成型。

球墨铸铁是通过球化和孕育处理得到的球状石墨，有效地提高了铸铁的力学性能，特别是提高了塑性和韧性，从而得到比碳钢还高的强度。球墨铸铁是 20 世纪 50 年代发展起来的一种高强度铸铁材料，其综合性能接近于钢，正是基于其优异的性能，已成功地用于铸造一些受力复杂，强度、韧性、耐磨性要求较高的零件。球墨铸铁已迅速发展为仅次于灰铸铁的、应用十分广泛的铸铁材料。所谓"以铁代钢"，主要指球墨铸铁。

1. 球墨铸铁化学成分

生铁是含碳量大于 2% 的铁碳合金，工业生铁含碳量一般在 2.5%～4%，并含 C、Si、Mn、S、P 等元素，是用铁矿石经高炉冶炼的产品。根据生铁里碳存在形态的不同，又可分为炼钢生铁、铸造生铁和球墨铸铁等几种。球墨铸铁除铁外的化学成分通常为：含碳量 3.6～3.8%，含硅量 2.0～3.0%，含锰、磷、硫总量不超过 1.5% 和适量的稀土、镁等球化剂。目前市面上球墨铸铁光谱标准样品成分如表 3-1 至表 3-3 所示。

表 3-1　球墨铸铁光谱标准样品成分表（1）

名称	编号	C	Si	Mn	P	S	Cr	Ni	Mo	V	Mg	Cu	Alt	Ti	B	Nb	As
GSB03-1813-2005	1	2.62	3.43	0.182	0.547	0.0043	2.93	4.46	1.90	0.034	0.137	0.062	0.115	0.156	0.0034	0.0023	0.0032
	2	2.06	2.68	0.378	0.056	0.019	2.01	2.00	0.202	0.084	0.0059	0.217	0.020	0.054	0.0073	0.0019	0.0024
	3	2.92	2.15	0.838	0.075	0.010	1.52	3.22	0.304	0.178	0.060	0.506	0.026	0.236	0.050	0.030	0.0022
	4	3.22	1.13	1.25	0.200	0.010	1.09	0.615	0.910	0.389	0.033	0.686	0.016	0.065	0.118	0.0025	0.0021
	5	3.49	0.612	1.57	0.371	0.011	0.346	1.01	1.43	0.309	0.060	1.07	0.044	0.298	0.112	0.0046	0.0042
	6	4.08	0.340	1.86	0.032	0.067	0.04	0.094	0.036	0.587	0.0026	1.56	0.0027	0.0072	0.193	—	0.0022

表 3-2　球墨铸铁光谱标准样品成分表（2）

名称	编号	C	Si	Mn	P	S	Cr	Ni	Mo	V	Mg	Cu	Ti	W	B	La	Ce	Sn
GBW 01131a	T010-1a	3.31	0.93	0.317	0.051	0.0290	2.02	0.063	0.811	0.329	0.00033	0.571	0.223	0.323	0.524	—	—	0.282
GBW 01132a	T010-2a	3.18	2.28	0.715	0.447	0.0061	1.62	1.01	0.559	0.20	0.038	1.12	0.478	0.172	0.26	0.015	0.034	0.107
GBW 01133a	T010-3a	3.72	1.50	1.12	0.251	0.038	1.61	0.528	0.467	0.133	0.014	0.846	0.388	0.049	0.096	—	0.0002*	0.289
GBW 01134a	T010-4a	4.03	0.248	0.987	0.727	0.098	0.476	0.054	0.018	0.317	0.0015	0.148	0.031	0.0073	0.021			0.0035
GBW 01135a	T010-5a	3.00	2.65	1.27	0.140	0.0034	0.784	0.94	0.384	0.043	0.077	0.536	0.078	0.284	0.0025	0.096	0.0033	0.038
GBW 01136a	T010-6a	2.69	3.68	1.70	0.395	0.021	1.31	0.247	0.224	0.25	0.034	0.338	0.129	0.444	0.128	0.0057	0.0088	0.102
GBW 01137a	T010-7a	1.81	3.35	1.99	0.091	0.0082	0.212	1.09	0.152	0.057	0.0010	1.73	0.131	0.971	0.018	0.023	0.122	0.0064

表 3-3　球墨铸铁光谱标准样品成分表（3）

名称	编号	C	Si	Mn	P	S	Cr	Ni	Mo	V	Mg	Cu	Alt	Ti	La	Ce	N	Sn
GBW 01138a	T012-1a	1.75	3.40	0.080	0.580	0.119	2.48	0.030	0.031	0.021	0.0006	0.025	0.248	0.038	<0.0001	<0.0001	0.015	0.0031
GBW 01139a	T012-2a	2.22	2.44	0.301	0.043	0.058	2.13	0.341	0.087	0.055	0.0085	0.458	0.060	0.065	0.010	0.001	0.024	0.044
GBW 01140a	T012-3a	2.55	1.50	0.878	0.071	0.045	0.417	0.519	0.354	0.085	0.024	0.641	0.034	0.027	0.0061	0.027	0.024	0.021
GBW 01141a	T012-4a	3.16	1.96	0.462	0.396	0.017	1.40	0.778	0.428	0.166	0.025	0.921	0.0073	0.065	<0.0001	<0.0001	0.0073	0.024
GBW 01142a	T012-5a	3.52	1.17	0.311	0.420	0.019	0.766	1.03	0.629	0.324	0.021	0.389	—	0.1610	<0.0001	<0.0001	0.0047	0.013
GBW 01143a	T012-6a	4.02	0.163	1.41	0.021	0.026	0.112	1.89	0.726	0.509	0.104	1.83	0.019	0.238	<0.0001	<0.0001	0.013	0.057
GBW 01144a	T012-7a	3.94	0.918	1.38	0.085	0.0048	1.05	1.37	0.168	0.390	0.056	1.10	0.214	0.114	<0.0001	<0.0001	0.0063	0.134

2. 球墨铸铁制造步骤

① 严格要求化学成分，对原铁液要求的碳硅含量比灰铸铁高，降低球墨铸铁中锰、磷、硫的含量。

② 铁液出炉温度比灰铸铁更高，以补偿球化、孕育处理时铁液温度的损失。

③ 进行球化处理，即往铁液中添加球化剂。

④ 加入孕育剂进行孕育处理。

⑤ 球墨铸铁流动性较差，收缩较大，因此需要较高的浇注温度及较大的浇注系统尺寸。合理应用冒口、冷铁，采用顺序凝固原则。

⑥ 进行热处理。

［操作指导］

一、任务布置

① 根据风轮轮毂制造要求，选择合适的球墨铸铁材料。

② 对风轮轮毂进行结构设计，并分析优化。

二、操作指导

1. 风电轮毂球墨铸铁材料选择及质量控制

生产风电轮毂类铸件的质量要求特别高，除了要求常规性能指标外，还有低温冲击性能指标要求。轮毂的材质一般采用欧洲标准 EN-GJS-400-18U-LT 和 EN-GJS-350-22U-LT（相当于我国 GB/T 1384—2009 标准中 QT400-18AL 和 QT350-22AL），属于高韧性球墨铸铁。金相组织要求铁素体大于 90%，石墨形态为 ISO945 标准中的Ⅴ和Ⅵ型，石墨大小一般为4～6级，石墨分布为 A 类，球化率不低于 90%。要求对铸件进行超声波探伤和磁粉探伤，不允许存在超过标准规定的缩孔、缩松、气孔、夹杂物以及表面微裂纹等铸造缺陷。铸件的尺寸公差为 CT11 或 CT12 级，重量公差为 MT12 级。铸件的表面要求经过多次抛丸处理，表面质量符合欧标 EN1370 的规定。对铸造缺陷只能采用打磨处理来消除，决不允许进行焊补。

（1）化学成分控制

球墨铸铁轮毂的生产要求严格控制化学成分，主要控制 C、Si、Mn、P、S。碳当量高，易产生石墨漂浮，过低又易产生缩孔、缩松类等缺陷。成分设计时应考虑铁液铸造性能，尽量使铁液的碳当量接近共晶点。有资料介绍，由于球化元素的影响，球铁共晶点会右移至 4.6％～4.7％。碳当量对球铁液的流动性影响较大，提高碳当量可增加铁液的流动性，流动性好有利于浇注成型、补缩。但如果碳当量过大，则流动性反而下降。有学者认为碳当量为 4.6％～4.8％时流动性最好。还有人认为碳当量在 4.2％～4.8％之间时，缩孔小，缩松少。另外，提高含碳量，还可增加冲击韧度，而且含碳量在一定程度上影响球化效果和球铁的力学性能。因此选择含碳量时，应从保证球墨铸铁具有良好的力学性能和铸造性能这两个方面来综合考虑。综上所述，碳当量应控制在 4.1％～4.3％较为适宜。

厚大断面铸件的含碳量不宜过高，在轮毂生产过程中，选择 ω(C) 为 3.4％～3.8％时取得了较好效果。化学成分见表 3-4。

表 3-4　化学成分控制范围（质量分数 ω_B/％）

化 学 成 分	控 制 范 围	目 标 值	实 测 值
C	3.50～3.80	3.50～3.80	3.58
Si	1.85～2.30	1.95～2.10	2.01
Mn	<0.40	<0.20	0.143
P	<0.04	<0.03	0.028
S	<0.025	<0.020	0.007
Mg	0.02～0.06	0.02～0.06	0.031～0.039
Re	0.02～0.04	0.02～0.04	0.023～0.033
Sb	0.002～0.006	0.002～0.006	0.0030～0.0047

硅具有促进石墨化、显著提高球墨铸铁铁素体含量的作用，另一方面又有促进球化衰退、导致低温脆性、促进碎块状石墨形成的作用，这对低温下工作的铸件是不利的。有资料表明，硅量每提高 0.1％，球铁的脆性转变温度就提高 5～7℃，含硅量不能过高，硅量高，容易造成偏析和出现白口组织。

硅可提高球墨铸铁的抗拉强度、屈服强度和硬度，但降低其塑性，即使是铁素体基体的球墨铸铁，硅量也应限制在 2.5％以下，这是生产有低温性能要求球铁轮毂的关键因素。在厚大断面球铁件中，硅含量应限制在 1.8％～2.3％。在满足力学性能、铸造性能的前提下，终硅量不宜过高，高的终硅量会导致低温冲击值大幅降低。对有低温冲击性能要求的 EN-GJS-400-18U-LT 球墨铸铁轮毂，终硅量以 1.8％～2.3％为宜。

锰是促进碳化物形成的元素且易产生偏析，也是反石墨化元素，对冲击韧度和脆性转变温度有不利的影响，应加以控制。锰是在残余铁液中富集的元素，在共晶团边界上形成富锰的组织成分，最后以碳化物形式凝固，如形成的碳化物呈网状分布在共晶团边界上，则对力学性能极为有害。高的含锰量对于铁素体基体的厚大断面的球铁轮毂不利，锰的含量应控制在 ω(Mn)≤0.30％。

磷一般是随金属炉料（废钢、生铁、回炉料、铁合金等）进入球墨铸铁中的，磷易产生偏析。磷共晶熔点低，凝固过程中保持液态，不断被共晶团排挤，最后在边界凝固。磷共晶能急剧恶化球墨铸铁的力学性能，特别是对塑性和冲击韧性产生恶劣的影响。有文献指出，形成磷共晶的数量取决于含磷量，含磷量高，会在铸铁中出现缩松，具有冷脆现象，因而其含量越低越好，一般要求控制在 $\omega(P) \leqslant 0.03\%$，有研究人员认为最好控制在 $\omega(P) \leqslant 0.02\%$。

硫是反石墨球化元素，属于有害元素，随金属炉料带入球铁中，铁液中硫若与镁反应，则导致球化衰退。因此，在球墨铸铁中需采用一定的铁液预脱硫措施降低铁液的硫含量。硫的数量对球化效果影响很大，适当的硫含量可获得石墨球数多、石墨球形好、碳化物减少、缩孔倾向减弱的铸件。生产实践表明，加入球化剂后，当铁液中的硫降到 0.03% 以下时，再添加一定的镁和稀土，才能保证球化良好。降低原铁液含硫量是确保球化处理成功的前提，是获得优质铸态轮毂的基础。一般硫的含量应控制在 $\omega(S) \leqslant 0.03\%$。大量试验证明，原铁液中 $\omega(S) < 0.02\%$ 时，用 Re-Mg 合金处理的大件球铁，一般均有 $\omega(S_{残}) < 0.010\%$，对球化衰退和硫化物夹杂都没有大影响。建议球化处理后的球铁含 S 量控制在 0.010%～0.015%。

（2）微量合金元素控制

研究表明，在大断面轮毂球铁件中，与稀土元素按一定比例加入 Sb、Bi、Pb、Ti 等，对于改善石墨形态、防止石墨畸变、增强孕育、增加石墨球数有非常重要的作用，对改善轮毂的力学性能效果显著，但一定要严格控制添加量。

在球墨铸铁中，只要加入 0.002% 的 Sb，就可使石墨球数量增多。厚大断面球墨铸铁轮毂生产中加入微量元素 Sb 的范围为 0.002%～0.005%。生产实践表明，对于壁厚 200mm 的铸件，加入 0.005% 的 Sb，经孕育处理后，可得到十分圆整的石墨球，并且在单位面积上石墨球的数量与不加 Sb 相比增加了一倍。

多篇文献认为，微量 Bi 和适量的稀土合金搭配，能大幅度提高大断面球墨铸铁球化率，增加石墨球数。添加适量的 Bi，可消除变态石墨，对球状石墨是有利的。实践证明，对于以铁素体基体为主的球铁轮毂来说，加入 Bi 后使基体组织中的铁素体量增多。当 Bi 加入量为 0.005% 时，可有效地细化石墨，提高球化率和石墨球数，改善球化级别，防止或减少异形石墨的形成。

在球墨铸铁中 Ti 具有很强的还原能力，即使有少量的 Ti 也可导致形成变态石墨。当 $\omega(Ti) > 0.1\%$ 时，由于石墨畸变，导致断后伸长率和冲击韧度降低。调整炉内原铁液成分，要求 Ti 控制在 $\omega(Ti) \leqslant 0.0119\%$。

Pb 是强烈的干扰球化元素，但是，在厚大断面的球墨铸铁轮毂中加入微量的 Pb，并同时有适量的稀土时，可以改善石墨畸变。研究表明，Pb 可使奥氏体的导热能力降低，有助于形成球状石墨。生产实践中，原铁液的 Pb 含量控制在 $\omega(Pb) \leqslant 0.00251\%$。

镁和稀土元素是球化和辅助球化的元素。镁是球化元素，对韧性有影响，而稀土元素属于反石墨化元素，过高的残留稀土量，可能导致异形石墨的形成和在晶界产生碳化物，降低冲击韧度。因此生产风电铸件必须选用微量元素低的优质生铁，为保证低温冲击值和较小的夹渣和缩松倾向，对风电铸件——轮毂来说不宜采用高的残留稀土量。稀土可净化铁液，具有脱硫、脱氧和促进球化作用。为使石墨球化良好，球墨铸铁中必须含有一定量的残余镁和稀土，在保证球化的前提下，尽量降低残余稀土和镁的含量。如原铁液中硫含量较低时，则稀土也应低一些，残余镁量可控制在 0.025%～0.050%，残余稀土量可控制在 0.020%～0.040%。

2. 风电轮毂结构设计与优化

轮毂是风力发电机组中的一个重要部件，形状复杂，轮毂设计的好坏将直接影响到整个机组的正常运行和使用寿命。目前，对轮毂的设计一般采用有限元的方法，设计方法简单实用。

有限元法是随着电子计算机的发展而迅速发展起来的一种现代数值计算方法，它是解决

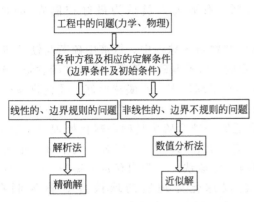

图 3-2　用有限元法求解工程问题的思路

复杂的力学问题的一个有效的工具。最常用的分析功能有：静强度分析——对结构进行静强度分析是有限元方法在机械设计中的基本应用之一；稳定性分析——稳定性分析是机械结构，尤其是柱形薄壳及管状体稳定极限承载力分析的基础，在稳定分析中占有重要位置；动态分析——利用有限元数值计算方法研究结构的动态过程；疲劳分析——根据有限元分析获得的应力应变结果进行进一步的疲劳寿命设计，已经在一些重要的工业领域（如汽车、航空航天和机器制造等）开始得到应用。另外，有限元方法在诸如结构优化和接触分析等方面也有其突出的优势。有限元方法在求解工程问题中的思路如图 3-2 所示。

选择一种有效的方法和工具是十分必要的。在机械设计领域，目前常用的设计方法有最优化设计方法、并行设计方法、虚拟现实设计方法、可靠性设计法、有限元方法以及故障诊断法、模块设计方法、相似设计和模型实验方法等。对于大多数的工程技术问题，由于物体的几何形状较复杂，或者问题的某些特征是非线性的，则很少有解析解。这类问题的解决有两种途径：一是引入简化假设，将方程和边界条件简化为能够处理的问题，从而得到它在简化状态的解。这种方法只在有限的情况下是可行的，因为过多的简化将可能导致不正确甚至错误的结果。因此人们在广泛吸收现代数学、力学理论的基础上，借助于计算机来获取满足工程要求的数值解，即数值模拟技术。目前在机械工程领域内，有限元分析是应用最为普遍的计算机辅助分析手段。在风力发电机中几乎每个机械零部件的设计都用到了有限元分析，尤其是有限元法提供的常用分析功能恰好与轮毂设计中的几项关键内容吻合，以至于有限元分析成为轮毂设计的基本内容。

在传统风力机轮毂的设计中，实际结构尺寸一般采用类比设计方法确定，然后用材料力学或弹性力学公式校核其强度和刚度，计算误差和冗余较大。采用有限元静力分析的方法对轮毂进行结构的强度分析计算，可以检验轮毂是否达到强度要求，如不满足，则需要加强；如强度无必要过大，则为轮毂设计提出可行的改进措施。因此利用有限元分析，既可以保证构件整体强度，又可以为减重等方面提供改进和优化设计的理论依据和建议。采用有限元疲劳分析方法，可以灵活地预估轮毂这个复杂零件的疲劳寿命，可为轮毂设计提供科学的理论指导。

利用有限元法对轮毂进行结构设计和分析的过程步骤如下。

（1）建立模型

根据有限元法的模型建立原则，建立轮毂的简化几何模型。利用 CAD 绘图软件 Pro/E，绘制轮毂的三维实体几何简化模型。在建模时应注意以下几个问题。

① 合理建立轮毂模型，结构的简化抓住主要矛盾，确保所需的计算精度。

② 选择合理的单元类型。轮毂一般选用三维实体单元——四面体单元和六面体单元。在进行三维实体产品的网格划分时，六面体的分析结果比四面体好，采用六面体离散的单元数远远小于四面体单元离散的单元数。六面体单元具有易于辨认的优点，在结构比较简单的场合应用广泛，但对于复杂结构其难度比较大，因为在采用六面体进行网格划分时，要求过渡扭曲的面要少，并将曲率过大处处理为过渡网格，生成的单元总数少，从而导致分析精度下降。在此情况下，常采用四面体单元进行网格模型划分。

③ 需控制单元细化密度。进行动态分析时，由于要考虑单元的重量分布，在关键的区域要适当加密单元密度。

④ 需避免病态结构。有限元用位移法求解方程组的解时，如果相关的两个方程系数差值过大，计算中会出现两个大数相减，大大增加计算误差，可能会出现错误结果。这种方程在理论上并没有错误，计算方法中称病态解。

⑤ 当结构形状对称时，其网格也必须划分对称，以使模型表现出相应的对称特性。

在 Pro/E 软件中建立的 1MW 轮毂几何模型如图 3-3 所示。模型包括 3 个连接叶片的法兰、1 个连接主轴的法兰。

（2）对几何模型划分网格

利用有限元网格划分软件 HyperMesh 对轮毂简化的几何模型进行网格划分。

有限元网格划分是进行有限元数值模拟分析至关重要的一步，它直接影响着后续数值计算分析结果的精确性。网格划分涉及单元的形状及其拓扑类型、单元类型、网格生成器的选择、网格的密度、单元的编号以及几何体素。对于轮毂，根据其几何特征和主要力学特性，采用三维实体单元。划分单元网格时，在轮毂可能出现应力集中的区域或应力梯度高的区域应布置较密的网格，在应力变化平缓的区域布置较稀疏的网格，这样做可以同时兼顾精度与效率两方面的要求。

图 3-3　1MW 风电机组轮毂几何实体模型

HyperMesh 具有六面体网格划分功能，其基本的思路是在二维网格基础上，通过"挤压"、"扫略"等方式生成三维实体单元，在此过程中进行必要的人工控制。轮毂六面体网格具体的划分步骤如下。

① 几何清理。风电轮毂可分为三部分旋转对称图形，对其中的一部分进行六面体网格划分，然后再旋转对称，即可得到一个完整的轮毂有限元模型。对要划分网格的部分又要分割成为不同的区域：轮毂主体部分，叶片法兰连接部分，安装变桨距电机孔部分，主轴法兰连接部分，导流罩法兰连接部分。按照这样的分割区域，对轮毂曲面进行清理，消除缝隙、重叠、错位等，压缩相邻曲面之间的边界，使所分割每个区域为整体的曲面。

② 划分四边形（Quad）网格。对轮毂主体部分内曲面进行二维网格划分。在 2D 页面中选择 automesh 面板，选择其中 create mesh 子面板。将划分方法设定为 interactive，点击 surfs 并在扩展的操作对象选择窗口中选择 all，点击 element size＝并输入 30，单元类型设为 quads。点击 mesh 进入 automeshing module，并且图形区中显示出了单元的密度。点击 mesh 生成初始网格，经过反复的手动调节相关参数，网格达到需要后，点击 return 接受划分网格。图 3-4 所示为轮毂的内曲面网格图。

③ 创建另一层壳单元。创建轮毂主体部分外曲面的壳单元。因为使用 Linear Solid 面板在两个相似的曲面网格之间创建六面体的实体网格，要求每一个曲面网格中的单元必须有相同的个数和相同的排列，但单元的大小和形状可以不同，所以，将内曲面已经划分好的壳单元投影到外曲面上，并对投影的网格进行手动的调节，整个过程保证外曲面的四边形单元数和内曲面的四边形单元数相同，大小相近。

④ 创建三维网格。使用 Linear Solid 面板创建六面体的实体网格。在轮毂的内曲面网格和外曲面网格之间创建六面体实体网格，密度设为 3。

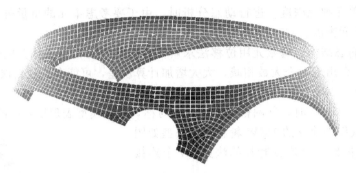

图 3-4　轮毂内曲面网格图

轮毂其他区域三维网格划分方法类似，进行②、③步骤。

⑤ 删除不必要的 Component。删除不必要的二维单元和临时节点。

⑥ 旋转对称模型。把划分好的 1/3 轮毂六面体模型分别绕主轴中线旋转 120°、240°，即得到一个完整的轮毂六面体有限元模型。

图 3-5　轮毂六面体单元模型

⑦ 单元、节点编号重排。对 3-d 单元号、节点号进行重排。最终，轮毂三维单元实体模型的节点数为 50616，单元数为 36132。图 3-5 所示为轮毂的六面体单元模型。

（3）对有限元模型进行材料定义

对于轮毂的材料性质，必须定义的参数包括杨氏模量 E、泊松比 μ、密度 ρ 等。

轮毂可以是铸造结构，也可以采用焊接结构，其材料可以是铸钢，也可以采用高强度球墨铸铁。由于高强度球墨铸铁具有不可替代的优越性，如铸造性能好、容易铸成，且减振性能好，应力集中敏感性低，成本低等，在风力发电机组中大量采用高强度球墨铸铁作为轮毂的材料。如 QT400-18L 作为轮毂材料，具有良好的低温冲击韧性。轴承钢作为叶片轴承材料，具有很好的耐磨性和刚性。它们的材料属性如表 3-5 所示。

表 3-5　轮毂、叶片轴承的材料属性

部　件	杨氏模量 E	泊松比 μ	密度 ρ	抗拉强度 Rm	屈服强度 $Rp0.2$
轮毂	$1.6E+11N/m^2$	0.29	$7000kg/m^3$	$3.9E+8Pa$	$2.5E+8Pa$
叶片轴承	$2.1E+11N/m^2$	0.3	—	—	—

（4）对有限元模型施加载荷和约束

轮毂承受复杂的静态和动态载荷，特定的工况下，轮毂上的受力是气动载荷、重力载荷、尾流载荷、冲击载荷、结冰载荷、偏航载荷、地震载荷等的一种组合。例如，轮毂正常发电工况下，轮毂受力是气动载荷和重力载荷的组合。

针对轮毂特有的结构特点和应力特点，对轮毂施加载荷时，加载位置位于叶片根部，通过 MPC 方式加载。风轮 3 个叶片上承受的力不相等，在数值上相差较大，但风轮的旋转，使得各个叶片承受循环的极限载荷。因此，在进行结构设计时，可向 3 个叶片添加相同大小的极限载荷，结果如图 3-6 所示。

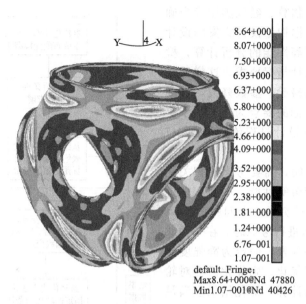

```
                                              8.64+000
                                              8.07+000
                                              7.50+000
                                              6.93+000
                                              6.37+000
                                              5.80+000
                                              5.23+000
                                              4.66+000
                                              4.09+000
                                              3.52+000
                                              2.95+000
                                              2.38+000
                                              1.81+000
                                              1.24+000
                                              6.76-001
                                              1.07-001
                              default_Fringe:
                              Max8.64+000@Nd 47880
                              Min1.07-001@Nd 40426
```

图 3-6　添加相同极限载荷模型应力云图

（5）计算分析

运用有限元专业分析软件 MSC. Nastran，对有限元模型进行静强度分析和疲劳分析等。

静力分析是工程结构设计中使用最为频繁的分析，主要用来求解结构在与时间无关或者时间作用效果可忽略的静力载荷（如集中/分布静力、温度载荷、强制位移、惯性力等）作用下的响应，并得出所需节点位移、节点力、约束反力、单元内力、单元应力和应变等。工程结构设计中，经常采用静力分析来分析结构承受极端载荷时的响应，得到相应的最大应变、应力和位移，进而讨论结构的强度问题。

进行风力发电机轮毂设计时，通过在各种载荷情况下对轮毂进行静强度分析计算，可以判断所设计的轮毂能否承受极限的载荷。但是风力发电机组运行时，轮毂所受的载荷并不是恒定不变的，风剪切、阵风等都将使机组和轮毂承受变载荷，其中既有随机性也有周期性因素。变载荷的作用使零部件将发生疲劳破坏。因此，单分析各种载荷情况下的静强度，并不能确定一种设计方案是否科学合理，疲劳问题也是进行轮毂设计时必须要考虑的。利用有限元方法并借助于有限元分析计算软件对轮毂进行静强度分析，可以比较精确地计算出各种载荷情况下轮毂的应力、应变及位移状况，并且在静强度分析的基础上，再对轮毂进行疲劳分析，计算轮毂是否满足疲劳强度的要求。通过对分析计算的数据进行后处理，可以利用计算机比较准确直观地描述出轮毂不同部位的应力应变情况，这可以为进一步对轮毂进行优化设计提供必要的依据。

（6）优化设计

读出结果，验证计算方案并确立优化设计。

优化设计是 20 世纪 60 年代初发展起来的一门学科，它是将最优化原理和计算技术应用于设计领域，为工程设计提供一种重要的科学设计方法。利用这种新的设计方法，人们就可以从众多的设计方案中寻找出最佳设计方案，从而大大提高设计效率和质量。因此优化设计是现代设计理论和方法的一个重要领域，它已广泛应用于各个工业部门。一项机械产品的设计，一般需要经过调查分析、方案拟订、技术设计、零件工作图绘制等环节。传统设计方法只是被动地重复分析产品的性能，而不是主动地设计产品的参数，从这个意义上讲它没有真正体现"设计"的含义。在风力发电机设计领域，比如轮毂的设计方面，整个的设计过程只是参照同类产品通过估算、经验类比等来确定设计方案，然后根据初始设计方案的设计参数进行强度、刚度等性能的分析计算，检查各性能是否满足设计指标要求。这样反复进行分析计算—性能检验—参数修改，直到性能完全满足设计指标的要求为止。基于有限元分析程序的优化设计过程流程如图 3-7 所示。

在进行轮毂设计时，需要考虑的相关因素有轮毂的强度、疲劳等性能。因此，在进行优化设计时，需要研究的几个问题是：

① 在对几种因素进行考虑时，在一种载荷情况下，若以某一因素，假定为静强度作为性能约束条件进行优化，则优化后再对轮毂其他性能要求进行计算，优化结果应满足这些因素计算的校核；

② 若①中所提分析结果在各种载荷情况下均满足，即应选取该因素为优化设计约束条件进行优化，并且优化设计结果是可靠的；

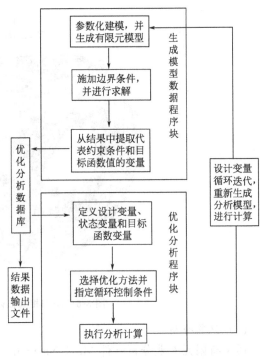

图 3-7　有限元优化设计流程图

③ 在上面①中所提分析结果不满足其他因素校核时，应继续讨论如何选取其他约束条件。

优化的目的是找出最优的轮毂材料分布，从宏观上得到轮毂的结构特点。一个好的拓扑优化结果能大大减小轮毂的重量。

轮毂连接 3 个叶片组成风轮，风轮捕捉风能，然后通过主轴把风能传递给增速齿轮箱（轮毂主轴变桨轴承装配图如图 3-8 所示）。假设配套变桨轴承和主轴尺寸已知，轮毂为一柱体，由此给出轮毂的拓扑优化有限元模型如图 3-9。

图 3-8　轮毂与变桨轴承外圈和主轴装配图

整个模型由轮毂、叶片变桨轴承外圈、主轴法兰组成。假设实心柱体为需要进行拓扑优化的轮毂原始设计空间，变桨轴承，主轴法兰结构已知，两者决定边界条件的添加。

轮毂通过变桨轴承连接 3 个叶片，轮毂承受叶片复杂的载荷，载荷加在 3 个 MPC 的中心点上（MPC：Multi-point Constraint，多点约束是对节点的一种约束，将轮毂法兰中心一节点的依赖自由度定义成法兰圆周若干节点的独立自由度的函数），用以表达叶片对轮毂的作用力，主轴法兰与轮毂用螺栓固定连接，为了简化模型，轮毂和主轴法兰建为一体，约束主轴法兰外侧所有节点的平动自由度。采用四面体单元，单元大小为 30mm，总单元数目为 201859 个。

　　用 OptiStruct 软件进行拓扑优化设计，优化结果如图 3-10 所示。优化结果呈如下特点：轮毂材料分布大致在一个空心球上，说明图 3-8 轮毂拓扑结构合理。

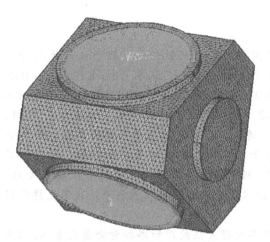

图 3-9　轮毂拓扑优化原始模型　　　　　　　　图 3-10　轮毂拓扑优化结果

　　为了进一步考究轮毂材料分布的合理性，抽取图 3-8 轮毂中性面，把轮毂简化成壳单元模型，二次拓扑优化，优化边界载荷加载同静强度分析，优化结果如图 3-11 所示。

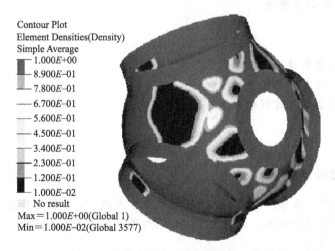

图 3-11　轮毂壳单元模型的拓扑优化结果

　　从图 3-10 可知轮毂形状为厚度不均匀的空心球状，轮毂越靠近主轴法兰端，其厚度越厚，球的大小与拓扑优化设计空间毛坯有关，具体可根据结构需要自行设计。

　　从图 3-11 可以看出，如果对轮毂减重有非常高的要求，可以在轮毂中间开 3 个小孔。但是开孔增加了铸造工艺难度，经过强度对比计算，证明开孔导致轮毂应力增加。综合考虑，轮毂被设计成球状，拓扑结构合理。

思考题

（1）利用有限元方法设计一个 1.5MW 的风电轮毂，要求其形状为球形，主要壁厚 60～100mm，轮廓尺寸为 2100mm×2100mm×2230mm，铸件重 10t 左右。

（2）风电轮毂用球墨铸铁对其化学成分有何特殊要求？应如何控制与选择？

任务二 轮毂的制造及加工工艺

[学习背景]

目前，大型风电机组三叶片风轮大部分采用刚性球墨铸铁轮毂。对于生产风电轮毂类铸件的质量要求特别高。其材质一般采用欧标中的 EN-JGS-350-22U-LT 或 EN-JGS-400-18U-LT，相当于国际中的 350-22LA 或 400-18LA，属于高韧性球墨铸铁。金相组织要求铁素体大于 90%，石墨形态为 ISO945 标准中的 V 和 VI 型，石墨大小一般为 4～6 级，石墨分布为 A 类，球化率不低于 90%。要求对铸件进行超声波探伤和磁粉探伤，不允许存在超过标准规定的缩孔、缩松、气孔、夹杂物以及表面微裂纹等铸造缺陷。铸件的尺寸公差为 CT11 或 CT12 级，重量公差为 MT12 级。铸件的表面要求经过多次抛丸处理，表面质量符合欧标 EN1370 的规定。对铸造缺陷只能采用打磨处理来消除，决不允许进行焊补。

生产高韧性球墨铸铁的常规方法，是采用石墨化退火热处理和添加贵金属元素 Ni 来满足金相组织和力学性能的要求。如果出于节能降耗和降低成本的考虑，不添加 Ni，也不进行石墨化退火，使材质的金相组织和力学性能在铸态下就达到要求，这就很不容易做到了。从造型工艺方面看，要保证铸件的内在质量和外观质量能够通过超声波探伤和磁粉探伤也绝非易事，也有很多难题要解决。

[能力目标]

① 了解风电轮毂制造加工技术要求及加工难点。
② 掌握风电轮毂加工工艺流程。
③ 掌握风电轮毂加工过程控制方法。

[基础知识]

一、轮毂加工主要技术要求

风力发电机轮毂工作条件非常恶劣，安装在几十米高空，最低工作温度达到 −40℃，工作温度低，工作时风速变化大。轮毂工作时可靠性要求高，必须保证 20 年不更换。对风电轮毂的主要技术要求如下。

① 力学性能要求 抗拉强度 ≥400MPa，屈服强度 ≥250MPa；室温伸长率 ≥18%；低温冲击韧度（−20℃）>12J/cm^2，提供附铸试块作检测用。

② 球化率达到 3 级以上，铁素体超过 90%，石墨大小 6 级以上。

③ 铸件不允许有缩松、裂纹和夹渣等铸造缺陷。

④ 铸件必须致密，超声波探伤执行 EN12680-3 标准。轮毂高应力区 2 级合格，其余 3

级合格。磁粉探伤执行 EN1369 标准，铸件无裂纹。

⑤ 铸件表面光滑，壁厚均匀，尺寸符合图纸工艺要求。

⑥ 铸件要进行消除铸造应力退火。

根据轮毂结构、工作条件和技术要求，制作风电轮毂铸件有以下难点。

① 风电球墨铸铁轮毂的力学性能是一个强制性指标，必须达到要求。由于强度与低温冲击和伸长率在一般情况下是负相关，所以在铸造工艺和化学成分设计时必须要合理兼顾，进行优化。

② 铸件必须致密，达到超声波探伤要求。由于球铁凝固特性，易产生缩松，严重降低铸件的强度和韧性。据资料介绍，缩松使疲劳强度下降 40%～50%。所以，要采取有效的工艺措施，保证铸件不产生缩孔、缩松缺陷。

③ 铸件不能有夹渣缺陷，纯净度达到磁粉探伤要求。因为球铁中要加入 Mg 和 Re，因而易产生渣，渣为产生裂纹的源泉，夹渣使疲劳强度下降 60%～70%。所以必须采取特殊的工艺措施，严格控制渣子进入型腔。

④ 铸件表面要光洁，毛坯打磨后达到探伤要求。

二、轮毂加工工艺流程

风电轮毂铸件对铸造缺陷和表面质量均有很高要求，制造加工具有极高的技术难度，已成为风电机组制造的核心技术之一。其一般加工工艺流程如下。

1. 原材料选择与控制

铸件的化学成分不但直接影响铸件的力学性能，而且影响到流动性、收缩性等工艺性能。对要求很高的风电轮毂而言，化学成分的确尤为重要。简要地说，应当采用"高碳、低硅、低锰、低硫、低磷、适量稀土和镁"的原则来确定成分。

2. 铁水熔炼

采用冲天炉-中频感应电炉双联熔炼。冲天炉熔化的铁水经过多孔塞气动脱硫法进行炉外脱硫之后，转入电炉升温和保温。

3. 球化处理

用冲入法进行球化处理。因电炉的出铁温度较高，为使球化反应平稳，提高镁的吸收率，选用含镁量较低的球化剂。根据不同的球化剂在球化反应中表现出的不同特点，将球化剂组合使用，以增强球化处理的效果。

4. 孕育处理

为增强孕育处理的效果，使用几种各具特性的复合孕育剂进行孕育处理，采用包括随流孕育在内的多次孕育处理方法，以增加石墨球数，提高球状石墨的圆整度，延长孕育效果保持时间。

5. 浇注成型

采用呋喃树脂砂手工造型。轮毂的轴孔朝上，从轮毂叶片孔的中心位置分型，两箱造型。采用半封闭的底注式浇注系统，直浇道用陶瓷管，以防止冲砂，横浇道内开设挡渣装置，内浇道也采用陶瓷管。整个浇注系统类似于底返雨淋式的。

由于轮毂的壁厚不是很均匀，故可以设计冒口和冷铁相结合的补缩系统，确保铸件不存在超过标准要求的缩孔、缩松。采用明顶冒口，在轮毂顶面还要开设出气片，以利于浇注时型腔排气。可以采用石墨冷铁，以防止冷铁使用不当造成铸件产生气孔。

6. 随型保温

铸件浇注之后，利用树脂砂良好的保温性、退让性和铁水本身的热能，让铸件在铸型中随型保温。铸件能够非常缓慢地冷却，促进凝固时共析反应相变按稳定系转变，以利于提高球墨铸铁的塑性。同时，铸件这样冷却下来，残余应力小，无需进行人工时效热处理。根据季节的不同，铸件的开箱时间控制在 3～4 天。

7. 清理

清除浇冒口、分型面及芯头披缝，同时打磨。表面粗糙度要达到 $Ra12.5\sim25\mu m$。

清理后的风电轮毂铸件，经检查员检查合格，按规定的颜色涂上合格标记，产品库负责对入库铸件的检验标记进行检查，无标记或标记不清的铸件应拒绝入库。

［操作指导］

一、任务布置

完成 1.5MW 风电轮毂铸造工艺设计。

二、操作指导

1. 轮毂铸件铸造工艺分析

（1）轮毂铸件的化学成分和力学性能

参照有关文献报道以及以往设计的轮毂铸件化学成分，选用的轮毂铸件牌号为 QT400-18，其主要化学成分如表 3-6 所示。QT400-18 是高韧性球墨铸铁，抗拉强度大于 400MPa，伸长率大于 18%，−20℃冲击韧度大于 12J/cm^2。轮毂铸件的石墨化级别和力学性能如表3-7所示。

表 3-6　轮毂铸件的化学成分（质量分数 $\omega_B/\%$）

C	Si	Mn	P	S	Re	Mg
3.6	2.14	0.22	0.034	0.007	0.010	0.03

表 3-7　轮毂铸件的石墨化级别和力学性能

球化等级	石墨球大小/级	珠光体量/%	硬度/HB
2～3	6～5	<5	149

（2）轮毂铸件的尺寸

轮毂铸件的形状如图 3-12 所示，其外形属于球形壳体。铸件的高度为 2318mm，外轮廓最大直径为 2700mm，也就是说轮廓尺寸约为 3m。铸件的主要壁厚 60～100mm，其中轴孔处的最大厚度为 167mm，镇流孔的最大厚度为 120mm，属于厚壁球铁铸件。

铸件的重量约为 8t，体积为 $1.069\times10^9\,mm^3$，表面积约为 $2.17\times10^7\,mm^2$。根据以上数据计算出铸件的模数为 4.9cm。

（3）轮毂铸件的凝固特点

风机轮毂铸件的材质是球墨铸铁，凝固特点是呈"糊状"凝固，共晶团数多，凝固膨胀压力大。这些球墨铸铁特有的凝固特点是轮毂中缩孔形成的根本原因。

根据以往生产经验，轮毂铸件的含碳量在 3.3%～3.8% 之间，成分处在过共晶成分范围内，凝固断面上液-固两相区相对较宽。在凝固过程中，当包围石墨球的奥氏体壳即将接

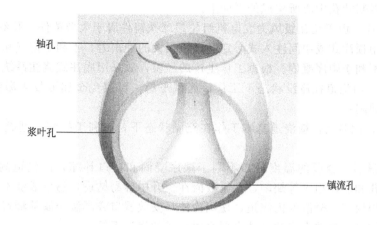

图 3-12 轮毂铸件三维造型图

触时，奥氏体壳将还没有凝固的液态金属分割成一个个连续的小熔池，失去了补缩通道，呈现出糊状状态。

球铁轮毂铸件共晶凝固时间长的原因是共晶凝固方式为非共生生长方式。当石墨长大进入共晶阶段后，奥氏体壳已经形成，碳原子由铁水通过固态的奥氏体壳扩散到石墨球上，同时铁原子要通过石墨-奥氏体界面处扩散出去，这一过程比碳原子在铁水中的扩散速度要慢得多。因此其共晶凝固时间长，这也导致了液态金属温度下降较大，从而产生体积收缩，对消除缩孔有不利的影响。

与此同时，轮毂铸件在经历共晶凝固时会有石墨析出。由于石墨的比容大于铁液的比容，石墨在析出时会引起体积膨胀。石墨球在奥氏体壳的包围下生长，奥氏体壳相互接触后，石墨就存在于空间有限的奥氏体壳中，石墨长大引起的体积膨胀受到奥氏体壳的阻碍，产生膨胀压力。

在轮毂铸造成型过程中，由于加入微量的球化元素处理的结果，石墨球核心在液相中长到一定尺寸时即被奥氏体包围，由于碳原子自熔液向石墨球扩散受到奥氏体外壳的阻碍，导致石墨球的生长速度减慢。共晶反应除了靠已有共晶团长大完成外，还靠新的晶核析出和长大完成，因而共晶转变在一个较宽的温度范围内进行，使铸件在很宽断面上固-液两相共存，呈现出"糊状"凝固。由于球墨铸铁呈"糊状"凝固，导致球墨铸铁件在浇注完成后很长凝固时间内的铸件外壳刚度不够，共晶团接触后产生的凝固膨胀力导致奥氏体枝晶的间隙增大，同时也使得并不结实的铸件外壳向外胀大，从而使铸件最后凝固的部分得不到足够的液态金属的补缩，形成缩孔。

2. 轮毂铸件铸造工艺参数设计

(1) 浇注位置、分型面及浇注方式的确定

① 浇注位置的确定

a. 铸件的重要部位朝下或位于侧面。生产经验表明，气孔、非金属夹杂物等缺陷多出现在朝上的表面，而朝下的表面或侧面通常比较光滑，出现缺陷的可能性小。此外，铸件下部金属在上部金属的静压力下凝固并得到补缩，组织致密。

b. 有利于实现顺序凝固。对于风电轮毂这样的壁厚不均匀而易于形成缩孔的铸件，浇注位置的选择应有利于顺序凝固。

为此，将轮毂铸件的厚大部分置于铸型的最上方，以便安置冒口和最好地发挥冒口补缩的效果。确定的浇注位置是轴孔朝上，镇流孔朝下。

② 分型面的确定　为方便起模，分型面应设置在通过轴线的最大截面处，因此，将分

101

型面设置在轮毂桨叶孔中心所构成的平面上。

③ 浇注方式　由于兆瓦级风力发电机组轮毂球铁铸件属于大型铸件，高约 3m，呈球形壳体状，如采用顶注式或中间注入式必定会产生很大的冲击力，不利于排气和非金属夹杂物的上浮，同时不利于顺序凝固。根据工厂生产的经验，故采用底注式浇注系统，其特点是：

a. 基本上，内浇道在淹没状态下工作，充型平稳，可避免金属液发生激溅、氧化及由此形成的铸件缺陷；

b. 无论浇口比多大，横浇道基本工作在充满状态下，有利于挡渣，型腔内的气体容易顺序排出；

c. 型腔充满后，金属的温度分布不利于顺序凝固和冒口补缩，内浇道附近容易过热，导致缩松、缩孔和晶粒粗大等缺陷，金属液面在上升中容易结皮，易形成浇不足、冷隔等缺陷，因此，采用快浇和分散的内浇道，使用冷铁、安放冒口或高温金属补浇冒口等措施，常可收到满意的结果，故整个浇注系统类似底雨淋式的浇注系统。

（2）浇注时间、浇注温度的确定

① 浇注时间　每一个铸件都有一个适宜的浇注速度。浇注时间太长，型腔上表面长时间受高温烘烤，会产生开裂、脱落，致使铸件夹砂、粘砂和结疤，还可能使铸件产生冷隔等铸造缺陷。浇注时间太短，可能使型腔中气体没有足够的时间逸出。对于小于 10t 的大、中型铸铁件，采用如下经验公式计算浇注时间：

$$t = S_2 \sqrt[3]{\delta G_L} \tag{3-1}$$

其中，t 为浇注时间；S_2 为系数，一般情况下取 $S_2 = 2$，当铁液流动性差，或浇注温度较低，或用较多冷铁时，取 $S_2 = 1.7 \sim 1.9$；δ 为铸件的壁厚（以 mm 为单位），对于轮毂这样的球形壳体的铸件，δ 取主要壁厚 100mm；G_L 为铸件的重量（以 kg 为单位）。

对于球墨铸铁件的浇注时间应比该理论值减少 $1/3 \sim 1/2$。经过计算所得浇注时间约为 125s。

② 浇注温度　对于主要壁厚大于 50mm 的球墨铸铁件来说，出铁温度为 1460℃，浇注温度在 1340～1420℃之间。一般工厂的浇注温度在 1350～1390℃之间。

3. 浇注系统设计

对于质量大于 1000kg 的铸件，通常采用半封闭式浇注系统，各个浇道的截面积之比为：

$$A_内 : A_横 : A_直 = 1 : 1.4 : 1.2 \tag{3-2}$$

采用的计算方法是先计算出内浇道的最小截面积，然后再按上式来确定横浇道和直浇道的大致尺寸，即：

$$A_{g_{min}} = \frac{G}{0.31 \mu t \sqrt{H_p}} \tag{3-3}$$

其中，G 为经过内浇道 A_g 的金属液重量，kg；t 为浇注时间，s；μ 为浇注系统的流量损耗因数，取 0.6；H_p 为平均静压力头高度，cm。又由于

$$H_p = H_0 - \frac{P^2}{2C} \tag{3-4}$$

其中，H_0 为浇口杯水平面至内浇道距离，cm；P 为内浇道至铸件最高点距离，cm；C 为铸件在铸型中的总高度，cm。由于采用底注式浇注系统，式中的 $P = C$，则

$$H_p = H_0 - \frac{P}{2} \tag{3-5}$$

浇口杯高度 200mm，上直浇道长为 1800mm，过滤系统高度 120mm，下直浇道高度

1473mm，经计算得出平均静压力头 $H_p = 230cm$。代入式（3-3）求得内浇道的最小横截面积约等于 $23cm^2$，则直浇道、横浇道的横截面积约为 $28cm^2$、$32cm^2$。

4. 补缩系统设计

为了补充铸件在冷却过程和凝固过程中由于温度降低而产生的体积收缩，设计了冒口和冷铁，以便消除缩孔缺陷，从而获得健全的优质零件。金属液在冷却和凝固过程中的体积变化是导致收缩缺陷的主要因素，金属液在冷却过程中，由于铸型的温度基本上与室温保持一致，具有较高温度的液态金属就会与铸型之间发生热量交换，使金属温度降低，在高温液态金属凝固冷却至固态的过程中，整个型腔内的金属体积发生收缩，当缩小的体积得不到外界高温金属液的补充时，则会在铸件内部那些模数比较大的部位，即凝固时间较长的热节部位产生缩孔。因此，为了消除缩孔，顺序凝固的原则经常被铸造工作者们采用，这就必须在补缩通道上设置模数比补缩通道的模数大且存有足够多金属液的冒口，外界注入的高温金属液能不断地由这些冒口补充到型腔中去，来补缩由于液态体积收缩而产生的体积减小，而缩孔最终被转移到将被切割下去的冒口里面，以此达到消除铸件内部缩孔的目的。

冒口设计、计算的一般步骤是：

① 确定冒口所在的位置；

② 初步确定冒口的数目；

③ 划分每个冒口的补缩区域；

④ 选择冒口的类型；

⑤ 确定冒口的具体尺寸。

冒口位置的设计原则如下：

① 冒口应在铸件热节的上方（顶明冒口）或热节的侧旁（侧冒口）；

② 冒口应尽量设置在铸件的最高、最厚大的部位，尽量用一个冒口补缩几个热节；

③ 当铸件需要在不同的高度上都设有冒口，或某个部分设置冒口时，每个冒口都有特定的补缩区域，必要时采用冷铁将各个冒口补缩区隔开；

④ 冒口尽可能设置在铸件的加工表面上，而不设在非加工表面上，以减少精整冒口根部的工作量和节约能耗；

⑤ 冒口尽量不设置在铸件应力集中的部位和阻碍铸件收缩的部位，以免产生裂纹；

⑥ 为加强冒口的补缩效果，冒口的设置应该与内浇道、冷铁、补贴的设置以及加保温剂、点补金属液工艺操作结合起来考虑；

⑦ 冒口设置应使切除冒口设置方便。

冒口的设计主要是合理地选择冒口的种类、冒口的形状以及正确的尺寸。为了得到健全的铸件，必须满足下列几个条件：

① 冒口的凝固时间不得小于铸件的凝固时间，否则先期凝固的冒口将无法为型腔提供额外的金属液来达到补缩的效果；

② 建立补缩的通道；

③ 具有足够的金属液以达到补缩的目的。

根据上述原则，风电轮毂铸件的冒口应为放置在铸件顶部的暗冒口。

5. 熔炼及浇注工艺

采用10t中频炉熔炼铁水，便于控制成分和温度。铁液在炉外进行脱硫处理，使原铁液硫控制在0.020%以下。脱硫后的铁水再倒入炉内，调整成分和温度。提高铁液熔炼温度至1530~1550℃，进行短时间精炼，以达到去气、去渣的目的。

采用专用球化剂和球化包，冲入法进行球化处理。第一次孕育在球化处理时进行，第二次倒包孕育后扒渣，第三次在浇注前进行孕育，加入量为0.2%。

采用具有闸门、浇口塞的专用浇口杯。浇注时待浇口杯内铁液上升至浇口杯内有效高度2/3时，立即提起浇口塞；铸型浇满后进行补浇，直至冒口内铁液不再回落为止。

6. 过程控制及工艺优化

(1) 采取措施降低铸件冷却速度

由于改变铸件冷却速度，可在较大范围内改变基体组织，即铸件随型冷却速度越慢，其基体组织中铁素体体积分数越高，但应防止出现晶粒及石墨球粗大。不同的造型材料导热能力不同，因此应优先选用干型砂或树脂砂等导热较慢的造型材料，同时适当加大吃砂量，尽量不用冷铁。可采用延长开箱时间、将随型铸件集中摆放等减缓铸件冷却速度的方法，让铸件有充足的冷却时间，达到较好效果。

(2) 加强球化率在线检测

使用超声波在线球化率检测仪进行球化效果检测，经过长时间的比较发现：该类铸件如声速试块的声速值>5600m/s，则铸件本体球化率不会小于85%。因此，对于声速值低于该值的铁液，应采取紧急措施加以补救，避免铸件生产出来才发现不合格，造成损失。

(3) 铁液的过热及静置

提高铁液熔炼温度，可使原材料中带入铁液的夹杂物及熔炼过程中形成的渣及夹杂物上浮至铁液表面，对球化后的铁液进行1～3min的静置，有利于活泼金属（如Mg、Ba、Al、Fe的氧化物及硫化物）上浮，从而净化铁液。但静置时间不可过长，否则容易导致球化和孕育衰退，或者造成回S现象；并一定注意勤扒渣，有利于聚集在熔炼过程或球化过程中形成的残存氧化物、硫化物，从而使铁、渣分离，保证进入型腔前的铁液得到良好的净化。

(4) 热处理

实际生产中，耐低温冲击球铁必须保证全铁素体基体，即珠光体体积分数需稳定控制在小于5%，才能达到低温冲击韧性的要求。而全铁素体基体由铸态保证，有时具有一定难度和风险，一般要求通过热处理的方式来保证铸件所需的金相组织。通过热处理工艺可以提高铁素体体积分数，对提高伸长率、冲击韧性都有帮助。同时通过热处理的方法，可适当放宽对原辅材料中部分元素的苛刻要求。

当球铁的铸态组织中自由渗碳体体积分数≥3%时，为了改善力学性能，必须进行高温石墨化退火。通常进行两阶段退火，高温阶段消除自由渗碳体，低温阶段是由奥氏体转变成铁素体，最终获得全铁素体基体组织。当铸态组织中无自由渗碳体时，进行低温石墨化退火，使共析渗碳石墨化和粒化，以改善韧性和获得全铁素体组织。经检测，退火后的铸件在-20℃时的冲击韧性值最低为11J/cm²，平均值达到14J/cm²。退火工艺如图3-13所示。

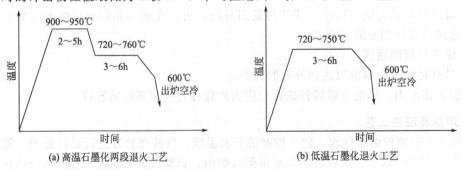

图3-13　球墨铸铁轮毂退火工艺

思考题

(1) 轮毂铸造主要工艺流程是什么？

(2) 轮毂铸造浇注系统应如何设计？

任务三 轮毂的检查与验收

[学习背景]

轮毂是连接叶片与主轴的零件，其作用是承受风力作用在叶片上的推力、扭矩、弯矩及陀螺力矩，然后将风轮的力和力矩传递到机械机构中去，因此轮毂是风轮乃至风力发电设备的重要零件，对它的检查与验收就显得格外重要。对轮毂的检查主要包括外观检查、尺寸检测、超声波无损检测等。

[能力目标]

① 掌握风电轮毂外观检查的要求。

② 掌握风电轮毂尺寸检测的要求与方法。

③ 掌握风电轮毂超声波无损检测的要求与方法。

[基础知识]

一、风电轮毂外观检查要求

1. 外观检查总体要求

轮毂不允许有影响使用性能的裂纹、冷隔、缩孔、夹砂等缺陷。

2. 最大允许显示出的不连续点的尺寸

对于轮毂桨叶法兰和主轴法兰部位，孔直径不大于 6mm、深度不大于 3mm 的孔是可以接受的；为避免凹槽及锐边，这些孔洞必须打磨到最小 R50 的圆滑过渡；在每 100cm² 区域内，不连续点的最大面积最大不能超过 1cm²。

对于轮毂其余部位，孔直径不大于 8mm、深度不大于 4mm 的孔是可以接受的；孔深在名义厚度下不大于 6mm 深的孔可以接受（应用铸件公差）；为避免凹槽及锐边，这些孔洞必须打磨到最小 R50 的圆滑过渡；在每 100cm² 区域内，不连续点的最大面积最大不能超过 2cm²。

3. 轮毂表面缺陷打磨

铸件表面缺陷可以打磨修正。打磨应将缺陷清除，如果表 3-8 给出的在最小壁厚时的最大允许打磨深度和最大允许打磨面积的要求均可满足时，应根据图 3-14 按半径 R50～100mm 圆弧进行打磨。

表 3-8 在最小壁厚时打磨区域允许面积和深度

壁厚 t/mm	允许打磨的最大面积/mm²	允许打磨的最大深度 L
$t<30$	1200	$<5\%t$
$30 \leqslant t \leqslant 50$	2000	$<5\%t$

续表

壁厚 t/mm	允许打磨的最大面积/mm²	允许打磨的最大深度 L
$50 < t \leqslant 80$	3200	$< 5\%t$
$80 < t \leqslant 130$	4900 铸	$< 5\%t$
$t > 130$	8100	$< 5\%t$,但最大不超过 10mm

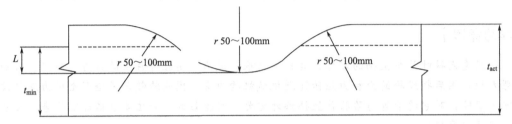

L—打磨深度；t_{min}—最小壁厚；t_{act}—实际壁厚

图 3-14 可允许的打磨形状

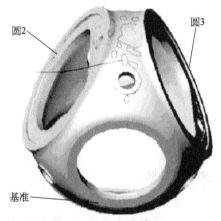

图 3-15 风电轮毂

二、风电轮毂尺寸检测要求

如图 3-15 所示，3 个叶片安装孔要求以 $120°\pm 0.08°$ 的角度在球面上均匀分布；其轴心线与基准孔端面形成 $3.5°\pm 0.1°$ 的风轮锥角。3 个叶片安装孔的轴心线与基准轴线相交于同一点，允许误差 $\leqslant \phi 0.2mm$，该交点至基准孔外端面距离为 (1110 ± 2) mm，交点至叶片安装孔内端面距离为 (875 ± 1) mm。基准孔直径为 $\phi 1230^{+0.3}$ mm，叶片安装孔直径为 $\phi 2080^{+0.5}_{-0.2}$ mm。

三、风电轮毂超声波无损检测

轮毂属于大型球形壳体类铸件，壁厚一般为 60～150mm 范围内，不允许存在超过标准规定的缩孔、缩松、气孔、夹渣以及表面裂纹等铸造缺陷。轮毂铸造成型后需要进行精加工及组装。如果在精加工前或者在组装过程中发现缺陷，将无法返修，所以需要在精加工前对轮毂进行超声波检测。

1. 球墨铸铁超声波检测的特点

球墨铸铁中的缺陷主要有疏松、缩松、缩孔、夹渣及夹杂物、裂纹、砂眼、气孔。

球墨铸铁探伤的主要特点如下。

(1) 透声性差

球墨铸铁的主要特点是组织不致密、不均匀和晶粒粗大，使超声波散射衰减和吸收衰减明显增加，透声性差。

(2) 声耦合差

球墨铸铁表面粗糙，声耦合差，探伤灵敏度低，且探头磨损严重。

(3) 干扰杂波多

球墨铸铁探伤干扰杂波多，一是由于粗晶和组织不均匀性引起的散乱反射，形成草状回波，使信噪比下降，特别是频率较高时尤为严重；二是球墨铸铁形状复杂，一些轮廓回波和迟到变形波引起的非缺陷信号多；此外铸件粗糙表面也会产生一些反射回波，干扰对缺陷波的正确判定。

球墨铸铁超声波检测一般采用纵波脉冲反射法，由于球墨铸铁的超声衰减较大，宜采用穿透能力较强的设备，例如设备的激发电压较高，同时支持方波激励。检测频率不宜过高，一般为 2～2.25MHz。

球墨铸铁超声波检测时要注意因铸件结构形状影响底波的现象；要注意因检测面为曲面而需要的增益补偿；对于位于铸件表面以下 3～4mm 之内的表层缺陷，即使采用表面检测手段，例如磁粉或涡流检测也难以发现，常规的单晶直探头也可能位于其盲区之内，故宜采用单晶探头斜射检测或者采用双晶直探头或者斜探头检测解决该问题。

2. 风力发电企业对球墨铸铁的检测要求

风电企业关于球墨铸铁的检测一般采用 EN12680-3，3 级合格，但有很多公司认为该标准较松，所以各企业根据 EN 标准编写了适合本公司的更为严格的检验及验收标准。

（1）超声波探伤仪

现在风电企业普遍采用美国 GE 公司的 USM35X-S A 型显示脉冲数字式超声波探伤仪。

（2）超声波探头

铸件探伤一般用纵波直探头和纵波双晶探头。由于铸件晶粒比较粗大，衰减严重，宜选用较低的频率，一般为 0.5～2.5MHz。探头直径一般为 10～30mm。

现在风电企业一般采用 GE 公司生产的 B1S 和 B2S 带软保护膜的单晶纵波直探头和 SEB2、SEB2-0、MSEB2 和 MSEB4。

（3）耦合剂

铸件探伤时，常用黏度较大的耦合剂，一般采用化学浆糊、甘油等。

（4）检测缺陷的记录及验收标准

依照图 3-16 所示对需超声波检查的组件进行区域划分。标准对区域 1 和区域 2 的验收等级是不同的。

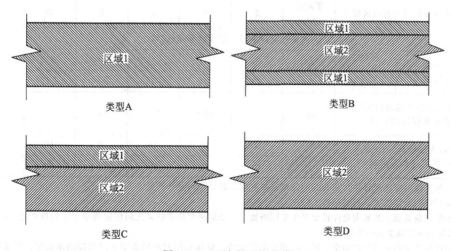

图 3-16　区域类型及分类

① 根据表 3-9 记录缺陷。该记录的缺陷为：

• 反射波高度超过表 3-9 记录标准的缺陷；

• 超过表 3-9 中底面回波高度降低量标准的底面回波降低的缺陷（注意这种底面回波

降低不能是由几何形状或耦合引起的）。

② 缺陷的大小由下述方法决定：

- dB 中记录标准之上的最大回波高度或底面回波最大降低值都应该被测量和记录；
- 在相关的记录标准下，缺陷的范围应该用 6dB 法来决定。

③ 缺陷大小修正。假如缺陷的大小比声束的直径小，应该被降低，允许降低值已经在表 3-10 中给出。

④ 缺陷评估。表 3-9 中有三种缺陷类型。

- 类型一　非测量性延伸缺陷。

非测量性延伸缺陷的反射波实际的超声波波程长度比超声波束的直径小。这类缺陷的大小不用报告，依照表 3-9 的参考标准（以平底孔为参考）和深度延伸进行评估。

- 类型二　测量性延伸缺陷。

测量性延伸缺陷的反射波实际声波波程长度比声波束的直径大。此类缺陷的大小应该报告，并且应该通过探测两侧表面超出了实际区域和壁厚规定的参考标准（以平底孔为参考）的点来决定这些缺陷的深度延伸。缺陷应依照表 3-9 中的参考标准、区域及深度延伸。

表 3-9　球墨铸铁的 UT 记录和验收标准

实际截面壁厚	mm	<20	<30	<50	<80	<130	≥130
所有超出记录标准的缺陷都应被记录							
底面回波降低	dB	12	12	12	14	16	18
反射体区域1	平底孔	2.5	2.5	2.5	3	3	3
反射体区域2	平底孔	3	3	4	5	8	8
非测量性延伸的缺陷验收标准（区域）							
等价反射体(1)的最大直径区域1	平底孔 /ϕmm	3	3	3	4	5	6
等价反射体(1)的最大直径区域2	平底孔 /ϕmm	3	3	3	8	10	10
测量性延伸的缺陷的验收标准（区域）							
表面与缺陷的最小距离	区域1 mm	≥6	≥7	≥8	≥10	≥12	≥16
	区域2 mm	≥6	≥7	≥8	≥10	≥12	≥16
缺陷的最大面积+底面回波区域1 波的全部损失(2)(3)	mm²	(3)	600	600	1000	1000	1000
缺陷的最大深度延伸,区域1 在断面的%内测量区域2	%	10	10	10	10	10	10
	%	20	20	20	20	20	20

注：1. 如果缺陷有深度延伸，那么必须按照区域的深度延伸规则进行评估。

2. 底面回波的全部损失=记录标准+6dB。

3. 缺陷的扫描表面上的最大允许长度等于实际断面 T。如果两个相邻缺陷之间的距离小于它们两者之中最大的一个尺寸，那么它们可以认为是一个缺陷。

4. 通过区域 2 中的底面回波的全部损失得到的深度延伸，应该利用对两侧表面上点的探测来确定。在这些表面上，就区域 1 内反射器而言，能够发现一个超过记录标准的直接反射波。接着应该依据就缺陷的深度延伸而言的规则，对缺陷进行评估。覆盖区域 1 和区域 2 的缺陷应该具有一个实际断面 T 最大的总深度延伸，并且区域 1 的深度延伸应至多为实际断面 T 的 10%。对于在区域 1 内缺陷的最大区域来说的规则应该被考虑。如果一个缺陷的最大长度小于实际断面 T，那么区域 2 的最大深度延伸可以被增加到 30%。

5. 在区域 2 内，记录标准和记录标准+6dB 之间的底面回波降低可以验收通过而不必测量。

• 类型三　底面回波降低。

超过的区域和壁厚规定的记录水平的底面回波降低。此类缺陷根据表3-9进行评估。评估是在缺陷范围在表面上的投影被确定后进行，投影的边界点是底面回波相对于记录标准降低了6dB的点。在测试区域的底面回波降低应该不需要深度延伸的确定就可以验收通过，在测试区域降低应该小于记录水平＋6dB。当底面回波降低量大于记录标准6dB时定义为底面回波全部消失。

表 3-10　声波束直径的补偿

超声波路径/mm	超声波波束直径 SEB2/mm	超声波波束 直径 MSEB2/mm	超声波波束直径 B2S/mm
＜20	15	5	—
20～60	15	15	—
60～120	20	20	12

注：超声波路径被定为从扫描表面到缺陷之间距离的2倍。

[操作指导]

一、任务布置

完成风电轮毂的尺寸检测。

二、操作指导

1. 测量设备的选择

将激光自动跟踪仪作为风电轮毂尺寸检测的测量设备。激光跟踪仪是便携式3D测量系统，该系统可以使用激光技术测量三维坐标。使用球形反射镜靶、高精度的角度编码器及绝对距离测量，能及时反馈三维数据，有效、精确地测量大型工件、模具及机械。

采用激光自动跟踪仪进行测量时，根据所测部位的大小、形状，选择适当的球形反射镜靶，利用激光光束，将测量靶从激光跟踪头引光到工件所需测量部位（测量头可随测量靶在规定范围内移动）进行采样，测量数据被自动记录。采集完所需测量元素后，根据设计的数据处理方法，仪器软件将自动处理数据，很快得到所需测量结果。

2. 采样点的选择与基本几何要素的建立

在基准端面和3个叶片安装孔端面上采样建立平面1、2、3、4，在基准圆柱面和3个叶片安装孔圆柱面上采样建立圆1、2、3、4，并找出各自的圆心，分别过圆心作面1、面2、面3、面4的垂线，产生线1、线2、线3、线4。

3. 测量数据的处理

计算出各圆直径，判断是否达到技术要求。分别作线2、线3、线4在基准端面（面1）上的投影，计算其相互之间夹角，并判断所得结果是否满足120°±0.08°。分别计算线2、线3、线4与面1的夹角，并判断所得结果是否满足3.5°±0.1°。分别作线2、线3、线4与基准轴心线（线1）的公共垂线，计算交点（实际是两异面直线的投影交点）到基准端面（面1）的距离，判断其是否满足（1110±2）mm。用相同方法计算叶片安装孔轴心线线2与线 3、线 2 与线 4、线 2 与线 1 的交点（实际也是两异面直线的投影交点）到其安装孔端面面 2 的距离，均应满足（875±1）mm。同样计算线 3、线 4 与其他轴心线的交点到面 3、面 4 的距离，判断其是否满足（875±1）mm。

思考题

（1）超声波无损检测有何优点？完成 1.5MW 风电轮毂超声波检测。

（2）完成 1.5MW 风电轮毂的尺寸检测，并判断是否达到设计要求。

模块四

风电机组传动系统的制造及工艺

传动系统是风力发电机组非常重要的部件，其功能是传递机械能，并最终将机械能转换成电能。为了讨论问题的方便，一般将传递风轮轴功率到发电机系统所需的传动系统称作主传动链。典型的风电机组的主传动链一般包括风轮主轴系统、增速传动机构（齿轮箱），以及轴系的支撑与连接（如轴承、联轴器）和制动系统等。

中、小型风力发电机的传动系统较为简单。一般无增速机构，其传动部件主要是直接连接风轮和发电机的主轴。图 4-1 为 10kW 风力发电机传动轴，其工作过程中既传递转矩又承受弯矩，因此要求材料有较好的综合力学性能，常选用中碳调质钢或合金结构钢，如 45、40Cr 等。

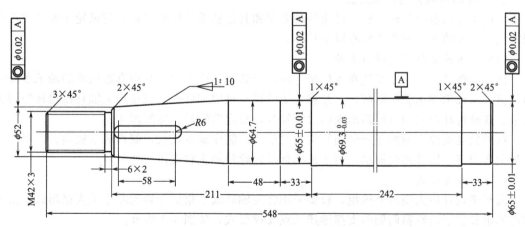

图 4-1 10kW 风力发电机传动轴

大型的风力发电机组传动系统较为复杂，本模块以兆瓦级风力发电机传动系统为例，对其传动系统的结构设计、传动轴的制造及工艺、齿轮箱的制造及工艺、传动系统的检查与验收进行介绍。

任务一　传动系统结构设计

[学习背景]

风电机组传动系统一端连接着风轮，一端连接着发电机，承担着将风轮转动起来的机械能传递给发电机的功能。因此，其质量的好坏直接影响着整个风力发电机组的效率与性能。

本任务主要对目前流行的风电机组传动系统进行介绍。

[能力目标]

① 了解大型风电机组传动链的种类及构成。

② 掌握传动系统结构设计的内容和步骤。

[基础知识]

一、传动链布局形式

1. 传动链形式设计的要求

传动链的形式往往对传动系统设计有很大影响。对于风电机组主传动链的设计，首先需要研究可靠的主轴及其支撑系统形式，并提供合理的轴系传动形式与连接方案。

风轮主轴机器支撑系统的形式应基于机组的布局设计方案，需要考虑的主要问题是如何使风轮载荷以最短路径传递给塔架。因此，其系统结构应尽可能地紧凑，并适当考虑传动链的构件与承载轴承的集成问题。但应注意，部件的集成固然可以方便安装，但与零部件标准化和可维修性的要求相矛盾，因此，在传动链的形式设计中应综合各方面的因素确定合理的方案。

2. 主传动链构件的支撑方式

组成主传动链的风轮主轴、增速传动装置和其他轴系部件的形式，与风轮主轴的支撑密切相关。主轴的支撑方式主要有以下几种。

（1）采用独立轴承支撑的主轴

该传动链是通过独立安装在主机架上的两个轴承支撑主轴，其中靠近风轮的轴承承受轴向载荷，两轴承都承受径向载荷，并将弯矩传递给机架和塔架。该布局主轴只传递转矩到齿轮箱。这种传动形式的齿轮箱出现的故障较少，稳定性较好。参阅图4-2。

这种独立支撑主轴的布局轴向结构相对较长，制作成本较长，制作成本较高。但对于小批量生产而言，这种结构简单，便于采用标准齿轮箱和主轴支撑构件。

（2）三点支撑式

近年来设计的大型风电机组，较多采用将主轴后轴承集成于齿轮箱中的支撑形式，由主轴前轴承和位于齿轮箱两侧的支撑形成三点支撑形式，如图4-3所示。

三点支撑布局形式的优点：主轴支撑的结构趋于紧凑，缩短了载荷传递到机架的距离，同时由于主轴前后距离增加，有利于降低后支撑的载荷。

（3）主轴与齿轮箱集成式

风轮主轴与齿轮箱集成是一种紧凑的传动链形式，如图4-4所示。这种传动链的主

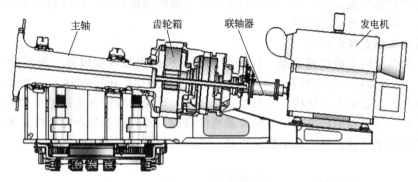

图 4-2　两点支撑式

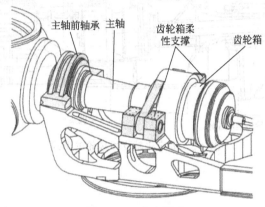

图 4-3　三点支撑式

要问题是难以直接选用标准齿轮箱，因此，在生产批量较少时，可能会导致成本的增加。

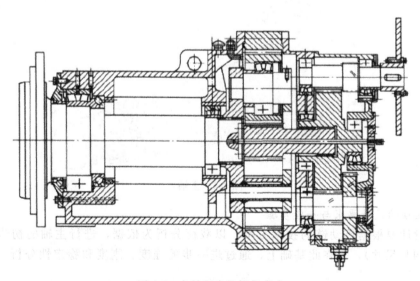

图 4-4　主轴与齿轮箱集成式

　　主轴与齿轮箱集成式的优点：风轮部件直接与齿轮箱的集成主轴连接，可以降低传动链的装配难度以及对主机架的设计要求。

主轴与齿轮箱集成式的缺点：与三点支撑式主轴的结构相比，该传动形式对疲劳循环应力比较敏感，同时维修难度增加。

　　（4）固定主轴支撑风轮式

　　由于作用在主轴上的载荷复杂，往往导致大型机组主轴成本较高。为解决此问题，图4-5所示为一种采用固定轴支撑风轮的布局。该方案采用中空的固定轴，主要承担风轮的弯矩和剪切载荷，固定轴支撑结构与主机架直接相连，风轮的转矩则通过轻质柔性轴传递给齿轮箱。这种传动链布局中的主轴一般只承载弯曲载荷，不直接参与齿轮箱传递风轮转矩，对于无齿轮箱传动系统的直驱式风电机组也是一种可行的设计形式。

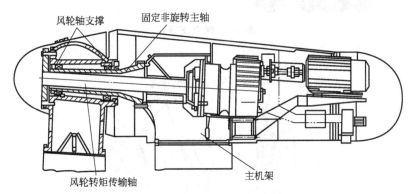

图 4-5　固定主轴支撑风轮的形式

二、传动链的主要部件

1. 主轴

　　主轴是传动链中的重要部件之一，如图4-6所示。

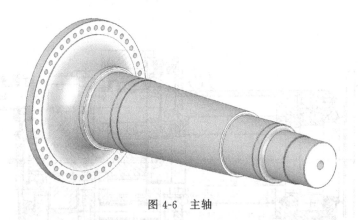

图 4-6　主轴

　　（1）主轴的设计要求与一般步骤

　　主轴设计要根据传动链的技术方案，以载荷分析为依据，进行主轴的初步设计（初定轴的结构与尺寸），并在此基础上，通过进一步的强度、刚度和稳定性分析，确定主轴的结构。

　　（2）主轴材料的选择

　　主轴材料一般选择优质碳素结构钢（如35、45）和合金结构钢（如42CrMo、34CrNiMo6)，毛坯通常采用锻造工艺。35、45钢属于调质钢，经热处理后具有良好的综合力学性能，但其硬度、耐磨性、淬透性不如合金结构钢。因此，小型风电机组主轴常选用碳素钢，而大、中型风电机组常选用合金钢。合金钢对应力集中的敏感性较高，轴的结构设计中注意减小应力集中，并对表面质量提出要求。

（3）主轴的结构设计

① 主轴的初步结构设计　主轴的初步结构设计过程中，轴的支撑形式、和其他零件的相对位置、作用载荷等需要设计确定。

首先可根据主轴传递扭矩初定出最小轴径，然后以此为基础进行结构设计和强度校核。

$$\tau_T = \frac{T}{W_P} = \frac{9.55 \times 10^6 P}{W_P n} \leqslant [\tau_T] \tag{4-1}$$

式中　τ_T——轴的扭剪应力，MPa；

　　　T——主轴传递的转矩，N·mm；

　　　P——主轴传递功率，kW；

　　　n——主轴转速，r/min；

　　$[\tau_T]$——主轴材料的许用剪应力，MPa；

　　　W_P——轴抗扭截面系数，mm³，实心圆截面主轴 $W_P = \pi d^3 / 16$。

由式(4-1)，仅考虑主轴传递扭矩所需的最小轴径为

$$d \geqslant \sqrt[3]{\frac{9.55 \times 10^6 P}{0.2[\tau_T]}} \sqrt[3]{\frac{P}{n}} \geqslant C \sqrt[3]{\frac{P}{n}} \tag{4-2}$$

② 按弯曲和扭转条件进行主轴强度分析　实际上，风轮主轴承受弯曲和扭转的综合作用，因此，根据初步结构设计，确定轴的支点位置及轴载荷的大小、方向和作用位置，还要通过对主轴的受力分析，绘制弯矩和转矩图，按照弯曲和扭转合成强度条件计算轴径。

根据上述分析，若初定的轴径不能满足强度条件，则需对轴结构的设计作出修改，直至满足强度条件。同时，还应视情况作进一步的强度校核（如安全系数法等）。

2. 轴承

轴承起着整个传动链的支撑作用，因此是结构设计中需要重点考虑的问题。如主轴的前轴承需要承受风轮产生的弯矩和推力，通常采用双列滚动轴承作为径向与轴向支撑，典型结构如图 4-7 所示。

风电机组主传动链中，较多采用圆柱滚子轴承、调心滚子轴承或深沟球轴承。相关标准对风电机组齿轮箱轴承的一般规定，是行星架应采用深沟球轴承或圆柱滚子轴承，速度较低的中间轴可选用深沟球轴承、球面滚子推力轴承或圆柱滚子轴承，高速的中间轴则应选择四点接触球轴承或圆柱滚子轴承，高速输出轴和行星轮采用圆柱滚子轴承等，具体选型要结合设计进行综合考虑。

轴承的设计计算内容主要包括静态和动态额定值、轴承寿命分析等。静态额定值是轴承设计的基本依据之一。风力发电齿轮箱轴承的承载力往往很大，如有些推力轴承的球与滚道间最大接触压力可达 1.66GPa。表 4-1 列出了传动链中一些轴承的最大接触应力。

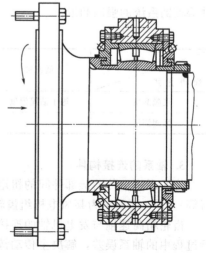

图 4-7　轴承与轴承座

表 4-1　传动链中一些轴承的最大接触应力

轴 承 位 置	行星轮	低速中间轴	高速中间轴	高速输出轴
最大接触应力/MPa	1450	1650	1650	1300

注：表中推荐值适用于设计寿命为 20 年的风电机组。

在轴承设计过程中，需要根据最大运行载荷和极限载荷分别选择静态安全系数。静态安全系数的选择若缺乏相关依据，可参考 GB/T4662—2003 或 ISO76—2006 标准给出的 C_0/P_0 值进行计算。

当轴承绕其中心进行旋转时，滚动元件将进出承载区域，使该区域载荷呈现周期性变化，即滚道表面将受循环应力的作用，会导致轴承表面的疲劳而失效。因此，合理的寿命分析与计算是传动系统轴承设计的关键环节。

在通用的轴承设计标准（ISO281—2007）中，对于轴承额定寿命的计算一般有较多的条件假设，如采用优质的钢材和合适的热处理方法；轴承运转时径向内部间隙为零；仅承受径向载荷，若承受轴向载荷，转化为等效载荷计算；沿滚子的应力分配均匀；良好的润滑及合适的运行速度等。但对于风电机组使用的大型轴承而言，设计中需要考虑标准的适用条件。例如，滚动表面粗糙部分的接触可能导致该处的接触压力值显著增加，特别是在润滑不足、油膜不够的情况下，高载和低载产生的粗糙接触所导致的塑性变形是轴承的失效源之一。

低速重载工况下运行的轴承，若油膜厚度很小，容易导致很高的应力值，使轴承产生疲劳失效。此外，金属颗粒的污染物也容易引起轴承失效，金属颗粒引起的压痕导了局部高接触应力，损伤的轴承滚道由于压力分布以及变形后的几何形状将导致该处成为失效点。

高速运行工况下的轴承，可能出现速度不匀和滑动现象。当然，在润滑良好的情况下轴承滚动体的滑动不一定导致轴承损伤，但若润滑不足时，滑动产生的热量将导致接触表面的损伤或黏着磨损，并进一步转化为灰色斑和擦伤。同时，由于轴承构件承受的应力方向、内部侧隙和错位量会影响应力分布，对其接触应力也会产生进一步的影响。因此，在 ISO—2007 标准中规定了相应的寿命系数，以反映实际轴承运行过程中的润滑污染、疲劳系数、黏度比和载荷变化等因素。

表 4-2 为推荐的风电机组轴承的运行温度，需要根据滚动轴承的运行温度设计润滑。滚动轴承的润滑方式主要有飞溅润滑和强制润滑两种，大型风电机组通常采用带有外部润滑油供给辅助系统的强制润滑。

表 4-2　轴承运行温度

轴承位置 润滑方式	低速轴	低速中间轴	高速中间轴	高速轴
飞溅润滑	等于油箱温度	高于油箱温度 5℃	高于油箱温度 10℃	高于油箱温度 15℃
强制润滑	高于进口温度 5℃			

3. 轴系的连接构件

为实现机组传动链部件间的扭矩传递，传动链的轴系需要设置必要的连接构件（如联轴器等）。图 4-8 所示为某风电机组齿轮箱与发电机轴间的联轴器结构。

齿轮箱高速轴与发电机轴的连接构件一般采用柔性联轴器，以弥补风电机组在安装和运行过程中的轴系误差，解决主传动链轴系的不对中问题。同时，柔性联轴器还可以增加传动链的系统阻尼，减少振动的传递。

齿轮箱与发电机之间的联轴器设计，需要同时考虑对风电机组的安全保护功能。由于风电机组运行过程中可能产生异常情况下的传动链过载，如发电机短路导致的转矩甚至可以达到额定值的5～6倍，为了降低设计成本，不可能将该转矩值作为传动系统的设计参数。采用在高速轴上安装防止过载的柔性联轴器，不仅可以保护重要部件的安全，也可以降低齿轮箱的设计与制造成本。联轴器在设计过程中还需要考虑完备的绝缘措施，以防止发电系统寄生电流对齿轮箱产生不良影响，如图4-9所示。

图4-8　风电机组连接齿轮箱高速
轴与发电机轴的联轴器

4. 齿轮箱

（1）风电齿轮箱的传动特点与设计要求

将风轮转速转化为发电机所需的转速，是风电机组传动链设计需要解决的关键问题之一，目前主要是采用大传动比的齿轮传动装置（简称齿轮箱）。

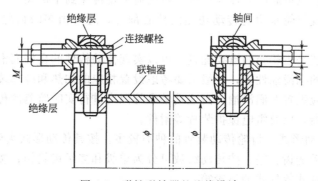

图4-9　弹性联轴器的绝缘设计

风电机组齿轮箱的主要功用，是将风轮所产生的转矩传递到发电机，并使其得到所需的转速。风电齿轮箱是一种增速装置，目前国内一些企业已能够生产增速比1：100以上的大功率传动齿轮箱。

风电齿轮箱与其他工业齿轮箱相比，其设计条件较为苛刻，同时也是风电机组的主要故障源之一，其基本设计特点表现在以下几个方面。

① 运行条件及环境　风电齿轮箱常年运行于酷暑、严寒等极端自然环境下，且安装在高空中，维修较为困难。因此，对零部件的材料要求较为严格，除常规状态下的力学性能外，还要求其在低温状态下有抗冷脆性等特性。由于风电机组长期处于自动控制的运行状态，需考虑对齿轮传动装置的充分润滑条件及其监测，并具备适宜的加热和冷却措施，以保证润滑系统的正常工作。

② 传动条件　风电齿轮箱属于大传动比、大功率的增速传动装置，且需要承受多变的风载荷作用及其他冲击载荷。由于维护不便，对其运行可靠性和使用寿命的要求较高，通常要求设计寿命不少于20年，而设计过程往往难以确定风电齿轮箱的设计载荷，在很大程度上这也是导致故障的重要诱因。

③ 设计与安装条件　齿轮箱的体积和重量对风电机组其他部件的载荷、成本等的影响较大，因此减小其设计结构和减轻重量就显得尤为重要。但结构尺寸与可靠性方面的矛盾，往往使风电齿轮箱的设计陷入两难境地。同时，随着风电机组单机功率的不断增大，对齿轮箱设计形成很大的压力。

④ 其他　一般需要在齿轮箱的输入端（或输出端）设置制动装置，配合风轮的气动制动，实现对风电机组的制动功能。由于制动产生的载荷对传动链的构件会产生不良影响，应考虑防止冲击和振动的措施，设置合理的传动轴系和齿轮箱体支撑。其中，齿轮箱与主机架间一般不采用刚性连接，以降低齿轮箱产生的振动与噪声。

根据以上特点，风电齿轮箱的总体设计目标很明确，即在满足传动效率、可靠性和工作寿命要求的前提下，以最小体积和重量为目标，获得优化的传动方案。齿轮箱的结构设计过程，应以传递功率和空间限制为前提，尽量选择简单、可靠、维修方便的结构方案，同时正确处理结构刚性与结构紧凑性等方面的问题。

（2）风电齿轮箱的基本传动形式

① 齿轮箱的构成　根据传动链布局和风轮主轴支撑形式的要求，齿轮箱的结构会有很大差异，但其主体一般由箱体、传动机构、支撑构件、润滑系统和其他附件构成。

齿轮箱体需要承受来自风轮的载荷，同时要承受齿轮传动过程中产生的各种载荷。箱体也是主传动链的基础构件之一，需要根据风电机组总体布局设计要求，为风轮主轴、齿轮传动机构和主传动链提供可靠的支撑与连接，将载荷平稳传递到主机架。

传动机构是实现齿轮箱增速传动功能的核心部分，通常由多级齿轮传动副和支撑构件组成。

可靠的润滑系统是齿轮箱的重要配置，可以实现传动构件的良好润滑。同时，为确保极端环境温度条件下的润滑油性能，一般需要考虑设置相应的加热和冷却装置。

风电齿轮箱还应设置对润滑油、高速端轴承等温度进行实时监测的传感器，防止外部杂质进入的空气过滤器，以及雷电保护装置等附件。

② 齿轮箱的传动形式　齿轮传动装置的种类较多，按其传动形式大致可分为定轴齿轮、行星齿轮及组合传动的齿轮箱；按传动级数可分为单级和多级齿轮箱；按布置形式可分为展开式、分流式和同轴式等形式的齿轮箱。

风电齿轮箱要求的增速比通常较大，一般需要多级的齿轮传动。目前大型风电机组的增速齿轮箱的典型设计，多采用行星齿轮与定轴齿轮组成混合齿轮系的传动方案。图 4-10 所示是一种一级行星＋两级定轴圆柱齿轮传动的风电齿轮箱。

需要指出的是，可以有多种方式满足齿轮箱的设计要求，而传动方案的设计在很大程度上将影响着齿轮箱的成本与性能。如图 4-11 所示，采用多级行星轮的传动方式，往往可以获得更紧凑的结构，但同时也可能增加设计与制造的难度与成本。因此，传动方案的设计过程，应综合考虑设计要求、齿轮箱总体方案和成本等因素间的关系，尽可能选择相对合理的传动形式。

（3）风电齿轮箱的设计步骤

设计齿轮传动机构，首先要了解传动要求、工况和所需齿轮的机械特性等初始条件。通常已知原始设计数据为输入功率 P_1(kW)、输入转速 n_1(r/min)、总传动比 i_p，以及工作特性和载荷工况等设计要求。

风电机组常用的行星齿轮传动的设计计算步骤推荐如下。

① 传动方案分析　传动方案分析主要研究轮系运动和动力关系。通过运动分析，确定传动机构的基本形式和传动关系。对于传动机构的运动分析，可初步确定构件与轮系的功率

图 4-10　一级行星＋两级定轴圆柱齿轮传动的风电齿轮箱

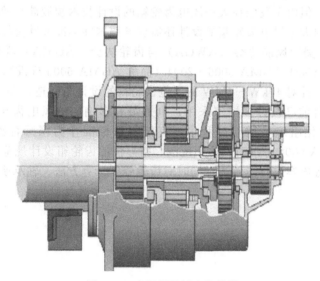

图 4-11　多级行星风电齿轮箱

和扭矩等关系。

② 行星齿轮传动的配齿设计　配齿计算是行星轮系参数设计的重要内容。需要注意的是，配齿的设计过程不仅要满足给定的传动比条件，还应尽量缩小行星齿轮传动的外廓尺寸和质量，并对配齿所得的实际传动比进行计算验证。

③ 确定齿轮传动的基本参数　对于行星轮系传动，可将其分解为单独啮合的齿轮副，以便进行传动参数分析。如对于图 4-12 所示轮系，可分解为 a-b 和 a-c 两个齿轮副，根据行星齿轮传动的设计要求、齿轮的承载能力和成本等因素，选择齿轮传动的基本几何参数、精度要求、材料、热处理方式和齿面硬度等。

④ 结构设计　根据行星齿轮传动的类型、分解啮合齿轮副的类型（如外啮合或内啮合），结合相关的传动理论，

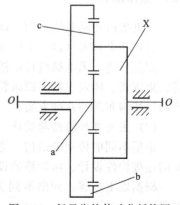

图 4-12　行星齿轮传动分析简图

119

进行轮系各构件的强度分析，并设计合理的结构。

⑤ 装配条件验算　验证所设计的行星齿轮是否满足邻接条件、同心条件和安装条件。

（4）风电齿轮箱的设计标准

设计标准是机械产品设计的重要依据，风电齿轮箱的设计也不例外。由于风电齿轮箱的特殊性，在其设计过程中，除通用设计标准外，还需要参照相关的专用标准。

① 相关的中国国家标准　风电齿轮箱的传动设计中，需要参照通用设计标准GB/T3480—1997《渐开线圆柱齿轮承载能力计算方法》。GB/T3480—1997 标准与国际标准ISO6336-1～ISO 6336-3 基本对应，主要用于齿轮的齿面耐点蚀和齿根承载能力设计。对于齿轮胶合承载能力的计算，需要参照 GB/T6413—2003 标准。

② 相关的其他标准　国际标准（ISO）和德国标准（DIN）在齿轮传动设计中起到重要作用。其中有关圆柱齿轮承载能力的主要设计标准源于 DIN3990，与国际标准 ISO 6336 基本对应。对于齿轮胶合承载能力的计算，相关的参照标准为 ISO/TR 13989—2000。

③ 风电齿轮箱的专用标准　国家标准 GB/T 19073—2008 风力发电机组-齿轮箱，对风轮扫掠面积≥40m^2 的风电齿轮箱的技术要求、试验方法、检验规则、包装、运输和存储提出了概括性的要求。但由于我国在大型风电齿轮箱的设计技术领域涉足较晚，相关设计标准尚不完善，目前国内大型风电齿轮箱的设计还需要参照国际标准或欧美标准。

2003 年 10 月，美国风能协会（AWGA）与齿轮协会（AGMA）联合制定了新的风电齿轮箱标准，亦即 ANSI/AGMA 6006—2004（简称 AGMA 6006 标准），该标准于 2004 年被确定为美国标准。针对 40kW～2MW 的风电齿轮箱的设计与制造，AGMA6006 标准做了比较全面的规定，目前已被许多国家采用，也是最有影响的的风电齿轮箱设计标准之一。2005 年，国际标准化组织采用快速程序，直接将该标准作为国际标准（ISO 81400-4—2005）颁布。AGMA 6006 标准对其适用范围、指导性的齿轮箱设计规范、齿轮箱设计和制造的要求以及润滑等内容进行了阐述，同时对齿轮强度计算方法、轴承使用情况和寿命要求等做了具体规定。

[操作指导]

一、任务布置

进行 1.5MW 风电机组的传动系统结构的设计，分析适合该机组的几种传动系统结构的方案，比较各自的优缺点，并说明如何确定最优方案。

二、操作指导

风电机组传动系统结构设计的一般流程如下。

（1）确定风电机组传动链布局的形式

如前所述，风电机组传动链的布局有以下几种：独立轴承支撑式、三点支撑式、主轴与齿轮集成式、固定主轴支撑风轮式。根据该风电机组的使用环境及载荷情况确定适合该机组传动链结构布局的几种方案。

（2）主要部件的结构设计

根据不同的传动链结构，进行主要部件的结构设计，包括主轴的设计、轴承的选型、轴系的连接构件设计、齿轮箱的设计等，具体的设计过程如前所述，在此不再赘述。

根据以上步骤，列出不同方案的设计结果，按照性能价格比最优的原则，选出最优方案。

思考题 ？

（1）风电机组传动系统的功用是什么？其主要由哪些零部件构成？

（2）风电系统传动链的形式有哪些？今后的发展趋势是什么？

任务二　传动轴的制造及工艺

[学习背景]

传动系统的功能是传递机械能（即转速与转矩），要实现其功能需要传动轴。根据不同的传动链结构，其传动轴的形式有所不同，不同功率大小的风电机组，其选材、加工方式也都有所不同。本任务主要讨论传动轴的加工、制造及工艺。

[能力目标]

① 掌握传动轴材料的选用及性能。

② 掌握传动轴的加工工艺过程。

③ 掌握影响轴加工精度的因素及解决办法。

[基础知识]

一、传动轴的材料与结构

轴的主要功用是承受弯矩与转矩，要实现以上功能并保证使用寿命，要求轴的滑动表面及配合表面硬度高，而芯部韧性好。为了提高承载能力，轴的材料应在强度、塑性、韧性等方面具有较好的综合力学性能，一般都采用中碳钢和合金钢制造，如 40、45、50、40Cr、50Cr、42CrMoA 等。常用的热处理方法是调质处理，而在重要部位（如滑动表面、重载轴肩）做淬火处理。要求较高时可采用 15Cr2Ni2、16CrNi、17Cr2Ni2MoA、17CrNi5、20CrMo、20CrMnMo、20CrMnTi、20CrNi2MoA、20MnCr5 等优质低碳合金钢进行渗碳淬火处理，或 34Cr2Ni2MoA、42CrMoA 等中碳合金钢进行表面淬火处理，以获取较高的表面硬度和较高的芯部韧性。

为了获得良好的锻造组织纤维结构和相应的力学性能，传动轴的毛坯必须使用锻造方法，并采用合理的预热处理以及中间和最终的热处理工艺，以保证材料的综合力学性能达到设计要求。带法兰盘的大型轴毛坯也可通过铸钢工艺获得，但必须有理化性能合格的试验报告。传动轴在加工时为了减少应力集中，要对轴上台肩处的过渡圆角、花键及较大轴径过渡部分做必要的处理，如抛光，以提高轴的疲劳强度。在过盈配合处，为减少轮毂边缘的应力集中，压合处的轴径应比相邻部分轴径加大 5%，或在轮毂上开出卸荷槽。

二、传动轴的加工

（1）传动轴的加工

一般使用大型卧式车床或大型卧式数控车床进行机械加工。然后加工键槽及法兰孔等部位。

（2）传动轴零件的热处理

一般没有滑动表面的轴使用中碳钢或中碳合金钢，必须进行调质处理。调质后的硬度为

32~36HRC。有滑动表面的轴，若使用中碳钢或中碳合金钢，应进行表面淬火，表面淬火应优先选用高频感应加热淬火工艺。高频感应加热淬火后的硬度为50~56HRC，淬硬层的深度不应小于轴颈尺寸的2%；若使用低碳钢或低碳合金钢，应进行渗碳处理，渗碳层的深度不应小于轴颈尺寸的2%。淬火后的硬度为58~62HRC。细长轴在热处理时要采取措施，防止热处理变形。要求加热应使用井式炉，悬吊方式加热，垂直淬火工艺；调质高温回火时也应如此。

轴类零件的热处理后，轴上各个配合部分的轴颈需要进行磨削加工以修正热处理变形，同时使轴颈尺寸达到配合精度要求。

三、传动轴加工工艺过程分析

在制定传动轴加工工艺过程时，应考虑下列一些共性问题。

1. 热处理工序的安排

在传动轴加工过程中，应合理地安排热处理工艺，以保证传动轴的力学性能及加工精度，并改善材料的切削加工性能。

一般在传动轴毛坯锻造后，首先需安排正火处理，以消除锻造应力，改善金属组织，细化晶粒，降低硬度，改善切削性能。

在粗加工后，安排第二次热处理——调质处理，获得均匀细致的索氏体组织，提高零件的综合力学性能，以便在表面淬火时，得到均匀致密的硬化层，使硬化层的硬度由表面向中心逐步降低。同时，调质处理后的金属组织，经切削加工后，能获得较好的表面粗糙度。

两次热处理之后，尚需对有滑动表面和经常装拆的轴表面进行表面淬火处理，以提高其耐磨性。

2. 定位基准的选择与转换

工件加工时定位基准选择是否恰当，不仅直接影响被加工表面的相互位置精度，而且还会影响各表面加工的先后顺序。当工件加工用的粗基准选定后，其加工顺序也就大致确定。这是因为各阶段开始，总是先加工出定位基准面，即先行工序必须为后续工序准备好所用的定位基准。所以，在安排传动轴的加工工艺时，必须合理选择定位基准。

轴类零件的定位基准，最常用的是两中心孔，它是辅助定位基准，零件工作时无任何作用。采用两中心孔作定位基准，不仅能在一次装夹后加工出更多的外圆与端面，而且可确保各外圆之间的同轴度以及端面与轴心线的垂直度要求，符合基准统一原则。因此，只要有可能，就尽量采用中心孔定位。

对于空心主轴零件，在加工过程中，作为定位基准的中心孔因钻出通孔而消失。为了在通孔加工后还能使用中心孔作定位基准，一般都采用带有中心孔的锥堵或锥套心轴。

为了保证锥孔轴心线和支撑轴颈轴心线同轴，磨主轴锥孔时，选择主轴设计基准——前后支撑轴颈作为定位基准，这符合基准重合原则，使锥孔相对于支撑轴颈的圆跳动易于控制。但是，当支撑轴颈不适于作定位基准时，也可改用其他表面。如有的工厂鉴于支撑轴颈是圆锥面，用作定位将使夹具复杂化，就选与其邻近的圆柱面作为定位基准。又如有的主轴前后轴颈相距太近，为了提高装夹精度，有的工厂就选相距较远的两个外圆柱面作为定位基准。显然，为了减少基准不重合误差，被选作定位基准的这些表面，应该和支撑轴颈在一次装夹中磨出。

3. 工序顺序的安排

（1）加工阶段的划分

由于主轴是多阶梯的零件，切除大量的金属后会引起残余应力重新分布而变形，因此在安排工序时，应将粗、精加工分开。先完成各表面的粗加工，再完成各表面的半精加工与精加工，主要表面的精加工放在最后进行。

（2）外圆表面的加工顺序

应先加工大直径外圆，然后加工小直径外圆，以免一开始就降低了工件的刚度。

（3）深孔加工工序的安排

该工序安排时应注意两点：第一，钻孔应安排在调质之后进行，因为调质处理变形较大，深孔会产生弯曲变形，若先钻深孔后调质，则孔的弯曲得不到纠正，这样不仅影响使用时棒料通过主轴孔，而且会带来因主轴高速旋转不平衡而引起的振动问题；第二，深孔加工应安排在外圆粗车或半精车之后，以便有一个较精确的轴颈作定位基准，保证孔与外圆轴心线的同轴度，使主轴壁厚均匀，如果仅从定位基准的选择来考虑，希望始终用中心孔定位，避免使用锥堵，而将深孔加工安排到最后工序进行，但是由于深孔加工毕竟是粗加工，发热量大，会破坏已加工表面的精度，故不可取。

（4）次要表面加工的安排

主轴上的花键、键槽、螺纹、小孔等次要表面的加工，通常安排在外圆精车、粗磨之后和精磨外圆之前。这是因为如在精车前铣出键槽，精车时会因断续而产生振动，既影响加工质量，又容易损坏刀具；另外，也难以控制键槽的深度尺寸。主轴上的螺纹有较高的要求，应安排在最终热处理（局部淬火）之后，以克服淬火后产生的变形，而且车螺纹使用的定位基准与精磨外圆的基准应当相同，否则达不到较高的同轴度要求。

四、传动轴加工精度分析

1. 外圆磨削精度分析

外圆磨削常见的缺陷主要有以下几种。

（1）螺旋纹

螺旋纹是在工件表面出现的一条很浅的螺旋痕迹，螺距常等于每转进给量。产生的原因有砂轮架刚度差，在磨削推力作用下主轴偏转，造成砂轮母线与工件母线不平行，如图4-13所示；砂轮修整后母线不直，有凸出点或呈凹形，如图 4-14 所示；机床头、尾架刚度差，在磨削推力下，纵向进给磨工件左侧时，头架顶尖产生弹性位移，造成砂轮右旋与工件接触多，如图 4-15（a）所示，磨右端时，尾架顶尖产生弹性位移，造成砂轮左缘与工件接触多，如图 4-15（b）所示，因而工件两端产生螺旋纹，但不到达端面；工作台运动时，有爬行现象；工作台导轨润滑油过多，使进给运动产生摆动。

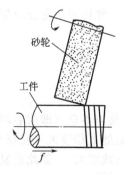

图 4-13　砂轮轴母线与工件
母线不平行产生螺旋纹

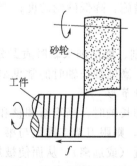

图 4-14　砂轮修整不良
产生螺旋纹

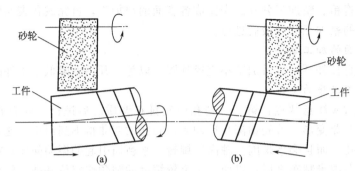

图 4-15　头尾弹性位移产生螺旋纹

解决办法：精细修整砂轮，保证母线平直；调节切削用量，降低磨削推力；打开放气阀，排除液压系统中的空气或检修机床以消除工作台的爬行现象；给工作台导轨供油要适量。

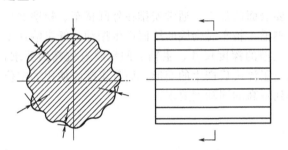

图 4-16　外圆上产生的直波纹

（2）直波纹

直波纹是工件表面沿母线方向存在的一条条等距的直线痕迹，其深度小于0.5mm。直波纹产生的原因主要是砂轮与工件沿径向产生周期性振动，如图 4-16所示。

防止直波纹的主要方法是仔细平衡好砂轮，调整好砂轮主轴轴承间隙，平衡好电动机或在电动机底座下垫橡皮以隔振。

此外，提高工件-顶尖系统刚度（如提高顶尖与头、尾架锥孔的接触刚度等），及时修整砂轮以防止砂轮钝化和堵塞，都有利于消除振动，防止直波纹。

（3）表面划伤

表面划伤产生的原因：砂轮磨粒自励性过强；砂轮罩磨屑落在砂轮与工件之间，将工件拉毛；冷却液不清洁。

消除措施：砂轮磨粒选择韧性高的材料；砂轮硬度适当提高；清理砂轮罩上的磨屑；砂轮修正后用冷却液毛刷清洗；用纸质过滤器或涡旋分离器对冷却液进行过滤。

（4）表面烧伤

表面烧伤可分为螺旋形烧伤和点状烧伤，表面呈黑褐色。

产生的原因：砂轮硬度偏高；横向或纵向进给量大；散热不良；砂轮变钝等。

消除措施：降低砂轮硬度；严格控制进给量；适当提高工件转速；充分冷却；及时修整砂轮。

2. 车削、磨削细长轴时质量分析

车削、磨削细长轴时的常见缺陷如下。

（1）竹节形

车削细长轴时，当重新调整和修磨跟刀架支撑块后，若接刀不良（即前后两次的吃刀深度不一致），则跟刀架支撑块与第二次车削处接触时，会因该处直径较大（或较小），造成工件略微靠近（或远离），从而使被加工直径相应地略微减小（或增大）。如此重复下去，工件全长上就出现与支撑块宽度一致的周期性的直径变化，即竹节形。

轻微的竹节形可通过改变切削深度或调节上支撑块压力，或减小大拖板与中拖板之间的间隙来解决。

若跟刀架外侧支撑块调节过紧，则在工件中段容易出现周期性的竹节变化。解决的办法是重新调整支撑块，使它与工件保持不松不紧的接触。

（2）鼓形

磨细长轴时，中心架调整过松会产生鼓形。解决的办法是重新调整中心架和增加光磨次数。

（3）鞍形

磨细长轴时，中心架外侧支撑块压力过大，或顶尖顶得过紧，都会产生鞍形。解决的办法是重新调整支撑块压力，在工作中不时放松尾架顶尖并重新调整后顶尖压力。

3. 圆锥面加工的质量分析

车削外圆锥面和磨削长轴上的锥孔时，最常见的缺陷是母线不直。主要原因是车刀或砂轮轴心线与工件回转轴心线不等高。过高或过低都会使工件纵向截面的母线有双曲线误差。此外，磨削锥孔时，如果砂轮在锥孔两端伸出距离过长（一般应不超过砂轮宽度的 1/3），也会使锥孔母线不直，形成两端喇叭口。解决的办法是保证刀尖或砂轮轴心线与工件回转轴心线等高，磨削时等高偏差不应超过 0.01mm，磨削精度高的锥孔不超过 0.005mm。

4. 中心孔加工的质量分析

中心孔是轴类零件的常用定位基准，其质量对加工精度有直接的影响。

（1）中心孔的圆度

中心孔的锥面不圆，则加工后工件表面也不圆。中心孔不圆，磨削时因磨削力将工件推向一方，砂轮与顶尖始终保持不变的距离 a，因此工件外圆形状取决于中心孔的形状，当工件旋转一周时，中心孔的圆度被直接反映到工件外圆上去，如图 4-17 所示。

（2）中心孔深度

同一批零件中心孔深度不一，将影响到零件在机床上的轴向定位，如果采用调整法加工，将难以保证轴的两端面及各阶梯间尺寸一致，甚至有时会因为零件轴向位移太大，导致端面加工余量不够。

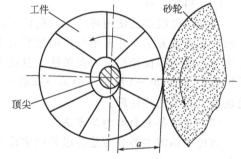

图 4-17 中心孔的圆度误差
对加工精度的影响

（3）两中心孔的同轴度误差

两中心孔不同轴，造成中心孔与顶尖接触不良，加工时可能出现圆度及位置误差。

通过以上分析，要提高外圆加工精度，修研中心孔是主要手段之一；此外，在轴的加工过程中，中心孔还会出现磨损、拉毛、热处理后的氧化及变形，故需要对中心孔进行修研。常见的修研方法有以下几种：用油石或橡胶砂轮修研；用铸铁顶尖修研；用硬质合金顶尖修研；用中心孔磨床磨削。

［操作指导］

一、任务布置

某公司以小批生产的 1.5MW 的风电机组的主传动轴如图 4-18 所示，试拟定该零件的工艺过程。

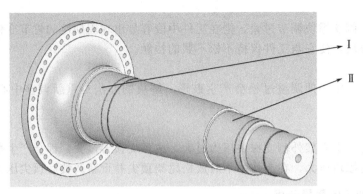

图 4-18　1.5MW 风电机组主传动轴

二、操作指导

工艺过程的拟定步骤大致如下。

（1）分析零件

该主传动轴左端是与风轮轮毂相连接的法兰盘，Ⅰ处和Ⅱ处是支撑轴颈，与滚动轴承的内圈过渡配合，右端通过联轴器与齿轮箱相连。由此可见，法兰盘的端面、Ⅰ处和Ⅱ处支撑轴颈是零件的主要表面，它们的尺寸精度、相互位置精度和表面粗糙度都有较高的要求。

（2）确定毛坯

根据风电机组的使用环境及载荷情况，材料可选用 42CrMo 中碳合金钢。传动轴的毛坯一般使用锻造方法，并采用合理的预热处理以及中间和最终的热处理工艺，以保证材料的综合力学性能达到设计要求，但带法兰盘的大型轴毛坯也可通过铸钢工艺获得。因此，该零件采用电炉→LF 炉→VD 炉→模铸→锻造工艺，并严格执行 GB/T17107—1997 规定，对锻后毛坯进行相应的热处理。

（3）确定各表面的加工方法

该传动轴的主要表面是各段外圆表面及法兰盘的端面，次要表面是法兰盘上的孔、各倒角等。

各段外圆表面和法兰盘端面的加工采用车削和磨削的加工方法。

孔的加工采用镗削加工。

（4）划分加工阶段

根据加工阶段划分的要求和零件表面加工精度要求，该传动轴的加工可划分为 3 个阶段：粗加工阶段（粗车各外圆、法兰盘端面、镗孔、钻中心孔等）、半精加工阶段（半精车各外圆、台肩面、修研中心孔等）和精加工阶段（粗、精磨各外圆、台肩面及法兰盘端面）。

（5）工件装夹方式

按照切削加工顺序的安排原则：先加工轴两端面，钻中心孔；再粗加工、半精加工、精加工。

（6）工件装夹方式

该传动轴由于批量较小，可考虑选择通用夹具。粗加工时为了提高零件的刚度，采用外圆表面和中心孔同作定位基准，即采用一夹一顶的方式进行装夹加工；半精加工及精加工阶段，为了保证两轴承处的位置公差要求，采用两中心孔作为定位基准，即采用两顶尖进行装夹加工。另外，为了减少机床传动链对加工精度的影响，在双顶尖装夹过程中还辅以鸡心夹头进行装夹。

（7）拟定加工工艺路线

根据以上分析，轴的外圆表面加工采用粗车—半精车—粗磨—精磨，孔的加工采用粗镗—半精镗—精镗，端面的加工采用粗车—半精车—磨削的加工路线。

（8）确定加工余量、工序尺寸与公差

该传动轴的加工遵循基准重合统一原则，各外圆的加工都经粗车—半精车—粗磨—精磨4个阶段，所以各外圆的工序尺寸可以从最终加工工序开始，向前推算各工序的基本尺寸。公差要求各自采用加工方法的经济精度确定并进行标注。

（9）填写工艺卡片

根据确定的工艺路线及各工序的工艺参数，制定工艺卡片。

思考题

（1）风电机组主传动轴毛坯常用的材料有哪些？对于不同的毛坯材料，在加工各个阶段中所安排的热处理工序有什么不同？它们在改善材料加工性能方面起什么作用？

（2）传动轴在加工过程中，常以中心孔作为定位基准，试分析其特点。若工件是空心的，如何实现加工过程中的定位？

（3）中心孔的质量对传动轴的加工精度有什么影响？中心孔的修研方法有哪些？各有何特点？

任务三　齿轮箱的制造及工艺

[学习背景]

由于风轮转速与发电机转速之间的巨大差距，使得齿轮箱成为风电机组中的一个必不可少的部件，它承担着将风轮轴输入的较低风速转化为发电机需要的较高转速的功能。风电机组齿轮箱不仅结构复杂、维护检修困难，而且加工制造要求极高。

齿轮箱的结构可分为齿轮箱体、齿轮、齿轮箱轴、轴承、轴承支座等，根据齿轮箱的功能要求，各零部件所用的材料、加工制造的方法都有所不同。齿轮箱轴与前述主传动轴的加工制造是相同的。轴承为标准件，需要根据齿轮箱的载荷情况进行选择。因此，本任务对其主要零部件如齿轮箱体、齿轮、轴承支座的加工制造进行学习和探讨。

[能力目标]

① 掌握齿轮箱各零部件的结构及材料。
② 掌握齿轮箱的加工制造过程及工艺。

[基础知识]

一、齿轮箱各零部件的结构及材料

1. 齿轮箱体和轴承支座材料

根据国家标准 GB/T19073—2008 齿轮箱体的制造技术要求，箱体类零件的材料应按照GB/T1348—2009 和 GB/T9439 的规定选用铸铁材料，宜选用球墨铸铁，也可选用 HT250以上的普通铸铁和其他具有等效力学性能的材料。采用铸铁箱体可发挥其减振性、易于切削加工等特点，适于批量生产。常用的材料有球墨铸铁和其他高强度铸铁。

常用的有灰铸铁 HT250/HT300 和球墨铸铁：QT400-15/18、QT450-10、QT500-7、QT600-3、QT700-2，相当于欧洲标准 EN-GJS400-15/18、EN-GJS450-10、EN-GJS500-7、EN-GJS600-3、EN-GJS700-2 及德国标准 GGG25、GGG30、GGG35.5、GGG40、GGG40.3、GGG50、GGG60。使用最多的是耐低温冲击的铁素体球墨铸铁。

单件小批生产时常采用焊接或焊接与铸造相结合的箱体。为减小机械加工过程和使用过程中的变形，防止出现裂纹，无论是铸造还是焊接箱体均应进行退火、时效处理，以消除内应力。

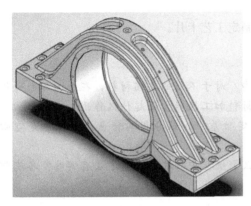

图4-19　轴承座（QT400-18AL）

轴承座材料有铸铁、铸钢、不锈钢等。铸铁的经济便宜，但不耐用。铸钢的经久耐用，价格高。不锈钢的用于有腐蚀的地方。而大型风电机组轴承座一般常用灰铸铁如 HT150 或 HT200，或球墨铸铁如 QT400-18AL 等，如图4-19所示。

2. 齿轮的材料与结构

风力发电机组运转环境非常恶劣，受力情况也非常复杂，要求所使用的材料除了要满足强度、塑性、韧性、硬度等方面具有较好的综合力学性能外，还应满足极端温差条件下所具有的材料特性，如抗低温冷脆性、冷热温差影响下的尺寸稳定性等。

齿轮材料一般为低碳或中碳合金结构钢，外齿轮推荐采用 15CrNi6、17Cr2Ni2A、17Cr2NiMo6、17Cr2Ni2MoA、20CrMnMo、20CrNi2MoA 等材料。内齿轮材料推荐采用 34Cr2Ni2MoA、42CrMoA 等材料。其力学性能应分别符合 GB/T3077—1999、JB/T6395—1992、JB/T6396—2006 的规定，也可以选用其他具有等效力学性能的材料。

为了获得良好的锻造组织纤维结构和相应的力学特征，齿轮毛坯必须使用锻造方法制造，并采取合理的预热处理以及中间和最终热处理工艺，保证材料的综合力学性能指标达到设定的设计要求。太大尺寸的齿轮毛坯允许采用铸钢工艺，但必须有理化性能合格的试验报告。大尺寸的铸钢齿轮毛坯的轮齿和孔一般都是铸造出来的，锻造齿轮必须把轴孔锻出，这样可以节省材料并减少切削加工量。

加工人字齿的时候，若是整体结构，半人字齿轮之间应有退刀槽；若是拼装人字齿轮，则分别将两半齿轮按照普通圆柱齿轮进行加工，最后用工装将两者准确对齿，再通过过盈配合套装在轴上。

在一对齿轮副中，小齿轮的齿宽应比大齿轮略大一些，这主要是为了补偿轴向尺寸变动和便于安装。为减小轴偏斜和传动中弹性变形引起载荷不均匀的影响，应在齿形加工时对轮齿做修形处理。

二、齿轮箱各零部件的制造加工

1. 齿轮箱体的加工方法

风电机组齿轮箱体属于大型箱体类零件，根据风机功率的不同，轮廓尺寸约为 2～3m，大部分为剖分结构。加工需要镗杆直径约为 160～250mm 的大型数控铣镗床和数控钻镗铣加工中心、大型数显立式镗床、大型立式数控加工中心、大型数控龙门移动式五面体加工中心、大型单立柱或双立柱式车床、大型数控钻床等，加工精度要求较高。

风电机组齿轮箱体为了避免振动，全部采用浮动安装方式，并且它的传动方式以行星轮系为主。因此，风电机组齿轮箱箱体的加工工艺是以中心圆为基准进行加工的，这与传统的以底面为安装基准的齿轮箱加工方法完全不同。

风电机组齿轮箱的加工工艺过程如下。

① 齿轮箱箱体的铸造毛坯首先必须进行退火和时效处理，以消除内应力。清砂后喷丸处理，然后喷涂防锈漆。

② 小批量生产时，钳工划线作为加工装夹时找正的基准。大批量生产采用特制的卡具，保证各个加工面加工余量均匀，避免出现局部缺陷造成废品。

③ 将齿轮箱箱体毛坯的剖分面上的法兰面向上吊装在立式车床的转盘上，找正后卡紧。按图样要求车出法兰孔、端面及与剖分法兰孔在一条轴线上的所有孔、端面及内圆面。

箱体接合表面的表面粗糙度 $Ra \leqslant 6.3\mu m$。箱体剖分面应密合，用 0.05mm 的塞尺检查其缝隙时，塞尺塞入深度不得超过接合面宽度的 1/3。

④ 在大型数控钻镗铣床上采用中心芯轴定位卡紧方式进行装夹，加工出剖分面法兰孔、浮动安装耳环孔及与中心孔不在一条轴线上的其他全部孔。

车孔或镗孔时要求车刀及镗杆必须有足够的刚度，以保证车孔及镗孔精度。前、后箱体互相连接部位及与轴承内齿圈相配合各孔的加工要求如下：

• 内齿圈孔和轴承孔挡肩的端面圆跳动公差值应符合 GB/T1184—1996 的 5 级精度的规定；

• 前、后箱体各轴承孔的同轴度、圆跳动应符合 GB/T1184—1996 的 5 级精度的规定；

• 中心距极限偏差应符合 GB/T10095.1—2008 和 GB/T10095.2—2008 的 5 级精度的规定。

⑤ 更换卡具，齿轮箱箱体剖分面采用一面两销定位的方式装夹，使用大型数控钻镗铣床加工出箱体前后端面及其端盖安装孔。

⑥ 大型数控钻镗铣工作台旋转 90°，加工出箱体侧面窗口平面及其压盖安装孔。齿轮箱上所有安装螺栓孔的位置精度误差不允许大于 0.2mm。

⑦ 机械加工完成后，全部外露表面应喷涂防护漆，涂层薄厚应均匀，表面平整、光滑、颜色均匀一致。

⑧ 全部加工完成后应进行清洗，箱体不得有渗油、漏油现象，检验合格后入库。

生产批量较小时，为节省大型设备加工工时和降低成本，齿轮箱上的安装孔可以使用钻模在摇臂钻床上钻出。生产批量较大时，则应使用专用钻床提高效率，一组安装孔一次进给全部钻出。生产批量中等时，则可用数控钻床加工，但这样加工增加了工件的装夹次数。对于齿轮箱体这样的大型工件来说，装夹一次的费用也相当可观。因此，采用何种加工工艺，需要根据工厂的实际条件进行仔细的成本核算之后决定。

2. 齿轮箱轴承支座的加工

风电机组齿轮箱的轴承一般根据轴承的负荷、可用空间等进行选择。选择原则是一般性负荷、高转速为球轴承；重负荷、低转速选用滚子轴承。而轴承支座主要起支撑轴承的作用，其加工工艺过程一般可分为以下几步：

① 画线 画底边加工线、轴承中心高线、螺栓孔位置十字线；

② 刨或铣 刨或铣轴承座底平面；

③ 画线 画出螺栓孔位置线及螺栓孔位置控制参考线；

④ 钻　钻出螺栓孔并忽平；

⑤ 镗或车　镗或车轴承安装孔；

⑥ 防腐处理　机加工表面涂防锈油；未加工表面刷防锈漆。

3. 齿轮的加工

风电齿轮箱的齿轮模数很大，使齿轮的加工量很大，需要对大型内齿圈、圆柱直齿轮和斜齿轮等进行批量加工。风电机组齿轮主要加工设备为大型数控立式滚齿机、数控插齿机、数控磨齿机等。这些齿轮加工机床中，大规格数控齿轮机床普遍要求具有高效、重载、刚性好的特点。其中大规格、大模数齿轮和齿圈采用数控成型铣齿机和数控成型磨齿机。数控成型铣齿机要求大切深、大进给、滚速高；数控成型磨齿机要求精度达到 5 级以上，自动化程度高、自动调心、自动测量、自动修形、稳定性好。

（1）齿轮的机械加工

齿轮加工中，规定好加工的工艺基准非常重要。齿轮的加工首先在车床上车制齿轮毛坯，然后外齿轮用内孔和端面定位，装夹在滚齿机的芯轴上进行齿面加工；内齿轮用外圆和端面定位，装夹在插齿机的转盘上进行齿面加工；轴齿轮加工时，常用顶尖顶紧轴端中心孔进行齿面加工。滚齿齿轮在精滚时一般采用修缘滚刀。

（2）齿轮的热处理

齿轮齿面粗加工后进行热处理，使齿轮具有良好的抗磨损接触强度，轮齿芯部应具有较低的硬度和较好的塑性，能提高抗弯强度。齿轮热处理后应进行无损探伤检测，以确保齿面没有裂纹。

① 低碳合金钢热处理的方法是低碳淬火　热处理后要求轮齿表面硬度达到 58～62HRC，齿面有效硬化层深度为 0.1～0.2 倍的齿轮法向模数。有效硬化层深度偏差为有效硬化层深度的 40%，但不大于 0.3mm。

② 中碳合金钢热处理的方法是表面淬火　高频感应淬火表面硬度应达到 50～56HRC，齿面有效硬化层硬度为 0.15～0.35 倍的齿轮法向模数。齿底硬度大于 45HRC，齿底硬化层深度为 0.1～0.3 倍的齿轮法向模数。齿轮芯部调质硬度为 25～30HRC。

③ 齿轮的精加工　齿轮热处理后必须进行磨齿加工以提高精度。齿轮的精度直接影响齿轮箱的寿命和齿轮箱的噪声。因此，要求齿轮箱内用作主传动的齿轮精度，外齿轮不低于 GB/T10095.1—2008 和 GB/T10095.2—2008 规定的 5 级，内齿轮不低于 GB/T10095.1—2008 和 GB/T10095—2008 规定的 6 级。磨齿齿轮应做齿顶修缘，磨齿齿轮副应做齿向修形。同组行星齿轮的齿厚极限偏差应保持在 0.02～0.05mm 内。

（3）行星架的材料和工艺要求

行星架在行星轮系中起着承上启下的作用，直接影响着齿轮箱的寿命和齿轮箱的噪声，但行星轮轴与行星架都处于恶劣的悬臂工作状态，为此对行星架的制作有以下要求：

① 行星架的材料应选用 QT700、42CrMoA、ZG34Cr2NiMo，其力学性能应分别符合 GB/T1348—2009、GB/T3077—1999、JB/T6402—2008 的规定，也可使用其他具有等效力学性能的材料；

② 行星轮孔系与行星架回转轴线的位置度应符合 GB/T1184—1996 的 5 级精度的规定；

③ 行星架精加工后应进行静平衡；

④ 行星架若采用焊接结构，则应对其焊缝进行超声波探伤，并应符合 GB/T11345—1989 的要求。

[操作指导]

一、任务布置

现有一 2.5MW 的风电机组的齿轮箱，其结构示意图如图 4-20 所示。

该齿轮箱的材料为 QT400，小批量生产。试编制该箱体的机械加工工艺路线，选用合适的加工设备及加工工艺过程。

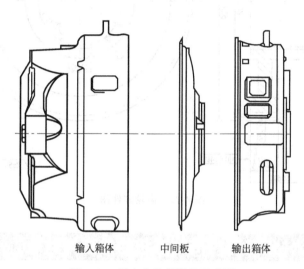

输入箱体　　中间板　　输出箱体

图 4-20　风电齿轮箱结构示意图

二、操作指导

（1）零件分析

该齿轮箱体属于大型铸造箱体，且是分体结构。该箱体的尺寸加工精度要求较高，尤其是各单件上用于固定轴承的孔与孔之间的形位公差要求较高，特别是与孔配合的部件（如轴承）的尺寸精度和位置精度。

齿轮箱体的加工主要加工的表面有接合面、轴承支撑孔、油孔、螺纹孔等。

接合面的加工一般不困难，但轴承支撑孔的加工精度要求较高。其具体的要求如下：轴承支撑孔的尺寸公差为 H7，表面粗糙度 Ra 值小于 $1.6\mu m$，圆柱度误差不超过孔径公差的一半，孔距精度误差为 $\pm 0.03mm$。

（2）齿轮箱体的加工设备

根据齿轮箱体的加工要求，一般需要使用镗杆直径约 $160\sim250$ 的数控落地镗铣中心或大型卧式加工中心、龙门加工中心等。

（3）齿轮箱体的加工工序过程

前面已述，这里不再赘述。

试根据所学知识描述该齿轮箱体的加工。

思考题

试根据所学知识，根据图 4-21 所示的零件图，分析其结构、主要表面的加工方法、拟定加工工艺路线。

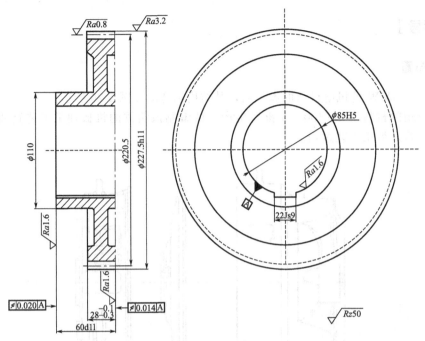

图 4-21　齿轮零件图

任务四　传动系统的检查与验收

[学习背景]

传动系统的好坏直接影响着风电机组的运行是否正常。因此，生产、加工完成的传动系统要进行多种试验，确保其符合设计的要求。本任务主要对前面所介绍的传动系统主要零部件进行检查与验收。

[能力目标]

① 掌握齿轮箱各零部件的结构及材料。
② 掌握齿轮箱体、齿轮的加工与制造。

[基础知识]

一、传动轴的检查与验收

1. 外观检查

① 用目测法检测零件外观无锈斑、黑皮、变形、毛刺、缺损、划痕、碰伤等外观不良。
② 有镀层或喷涂层的轴类零件，镀层无剥落、起层、碰伤等外观缺陷。
③ 表面光洁度按照图纸要求，根据标准样板或标准粗糙度对比块进行目测对比。
④ 螺纹用目测检查无碰伤、毛刺、乱丝等外观缺陷。

2. 尺寸检验

（1）检验方法
① 检具量测法　根据图纸尺寸的公差要求，选择高一精度等级的计量检测器具进行尺

寸检查。

② 试装检测法　选择同轴配合的相关标准零件进行试装配，根据装配手感进行确定。

③ 治具检测法　用偏摆仪和百分表综合治具进行检测，主要检测形位公差。

（2）尺寸检测分类

① 外径尺寸　如果与轴承配合，使用标准轴承进行试装检测法进行检测；如果与其他零件配合，使用相应标准的封样零件进行试装检测；也可以根据图纸尺寸，使用外径千分尺寸进行检测。

② 长度尺寸　可以用钢尺、卡钳、游标卡尺来测量。

③ 挡圈卡槽尺寸　采用标准开口挡圈进行检测。

④ 螺纹尺寸　用标准螺丝或螺母进行试装，同时检测螺纹的拧合顺滑性和攻丝深度。

3. 形位公差的检测

（1）圆度与圆柱度误差的检验

圆度与圆柱度的测量可以采用三坐标测量仪（图 4-22）、平台打表的方法及圆度仪进行测量。

采用三坐标测量仪进行测量时，工件测量面尽量要平行于测量仪工作台放置。先建立工件坐标系，然后在该坐标系下自动生成测量点，编程自动测量。三坐标测量仪进行圆度误差测量时，要把所采集的测量点投影到一个平面内，所以如果被测元素与投影面垂直度不好，则存在测量误差。对于高精度圆度/圆柱度误差来说，三坐标测量仪不是一个最佳的选择。最好选用专用的圆度仪进行高精度圆度/圆柱度误差的检测。

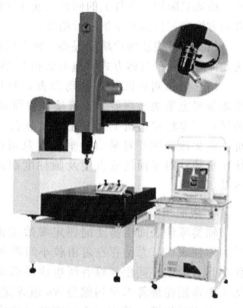

图 4-22　三坐标测量仪

采用平台打表法测量圆度/圆柱度时，又可分为两点法和三点法。两点法进行测量时，需将被测件放在精密平台上，侧面由直角座定位，调整指示表使之位于最高点，在被测件回转一周的过程中，测量一个截面上最大与最小读数值之差的一半作为圆度误差值；按此法测量若干个横截面，取各横截面所测得的所有读数值中最大与最小读数之差的一半作为圆柱度误差值。三点法进行测量时，需将被测圆柱放在 V 形块内，指示器测头调整到与被测圆柱最高母线垂直接触，记下被测圆柱转动一周指示器最大与最小读数差值的一半为圆度误差；沿轴向移动测件，在不同轴向位置测量若干个截面，取所有截面上最大与最小读数差值的一半作为圆柱度误差。

圆度仪通常用于高精度圆度/圆柱度误差的检测。通常圆度仪的旋转精度为 $0.02\mu m$，径向及轴向精度为 $0.02\mu m$ 左右。

（2）同轴度误差的检验

同轴度误差可以用三坐标测量仪、平台打表测量法、数据采集仪连接百分表等方法测量。

三坐标测量仪测量同轴度直观、方便，其测量结果精度高，并且重复性好。通常用公共轴线法、直线度法、求距法求得。

平台打表测量法是用两个相同的刀口状 V 形块支撑基准部位，然后用打表法测量被测部位。

数据采集仪连接百分表法的测量原理是数据采集仪会从百分表中自动读取测量数据的最大值和最小值，然后由数据采集仪软件里的计算软件自动计算出所测产品的圆度误差，最后数据采集仪会自动判断所测零件的同轴度误差是否在同轴度范围内。如果所测同轴度误差大于同轴度公差值，采集仪会自动发出报警功能，提醒相关操作人员该产品不合格。其优势：

① 无需人工用肉眼去读数，可以减少由于人工读数产生的误差；

② 无需人工去处理数据，数据采集仪会自动计算出同轴度误差值；

③ 一旦测量结果不在同轴度公差带时，数据采集仪就会自动报警。

（3）跳动误差的测量

跳动是一项综合性的精度指标，在一定条件下，可以反映或代替其他一些形位误差项目。跳动只限于测件上的回转表面和回转端面，轴类工件跳动误差的测量可以采用平台打表的方法和三坐标测量机进行测量。

用平台打表法测量跳动误差，跳动的测量基准是测量时被测件旋转的回转轴线。回转轴线的体现有两种具体方式：顶尖法和V形块法。

用三坐标测量机测量跳动误差，圆柱对圆柱的跳动误差在三坐标上测量比较简单，在测量机上采集被测要素，直接评价跳动即可。而平面对圆柱或圆柱对平面的跳动误差测量在三坐标测量机上无专用评价软件，但也可以采用一些间接测量的方法进行测量评价。例如改测圆柱对平面的垂直度及圆柱度误差的测量，在测量机上采集被测要素，直接评价圆柱对平面的垂直度及圆柱度误差即可。上述两项误差之和不超过圆柱对平面的跳动规定值。

4. 表面粗糙度的检验

轴类零件表面粗糙度的评定参数无论是机械加工后的零件表面，还是用其他方法获得的零件表面，总会存在着由较小间距和峰谷组成的微量高低不平的痕迹，这种加工表面上具有的较小间距和峰谷所组成的微观几何形状特性，就是零件的表面粗糙度。机械加工中常用轮廓算术平均偏差 Ra 值评定表面粗糙度。Ra 值越小，表面越光滑；Ra 值越大，表面越粗糙。常用的表面粗糙度的检验方法有样块比较检验和表面粗糙度测量仪检验等。

样块比较检验是将被测表面与粗糙度样块比较，如图 4-23 所示，判断其合格性。

图 4-23 样块比较法测量表面粗糙度

表面粗糙度测量仪是评定零件表面质量的台式粗糙度仪，如图 4-24 所示，可对多种零件表面的粗糙度进行测量，包括平面、斜面、外圆柱面、内孔表面、深槽表面及轴承滚道等，实现了表面粗糙度的多功能精密测量。

二、齿轮箱的检验与试验

1. 齿轮箱的检验

齿轮箱的产品检验分为出厂检验与型式检验。有下列情况之一应进行型式检验：

图 4-24 表面粗糙度测量仪

① 新产品的试制定型鉴定时；

② 产品的设计、工艺等方面有重大改变时；

③ 出厂检验的结果与上次型式试验有较大差别时；

④ 根据质量监督机构要求进行型式检验时。

2. 齿轮箱的出厂检验

风电机组齿轮箱是风电机组的关键部件之一。齿轮箱的设计要求严格，制造精度高，要求运行可靠性好。因此，齿轮箱的出厂试验显得尤为重要。齿轮箱的出厂检验项目和检验方法按表 4-23 的规定进行。全部检验项目由质监部门检验合格后，出具产品合格证书方可出厂。

表 4-23 齿轮箱出厂检验项目和检验方法

序　号	检验项目	检验要求	检验方法
1	外观	按设计技术要求检验	目测
2	材质	轴、箱体、行星架、齿轮按前述要求检验	按 GB/T3480.5—2008 等有关标准的规定进行
3	密封	能防止水分、灰尘等进入，不应有渗漏油现象	目测
4	接触斑点	按图样要求检验	按 GB/T13924—2008 的规定进行
5	空载功率损耗	齿轮箱机械效率应大于 97%	按型式试验方法进行

3. 齿轮箱的试验

（1）齿轮箱的试验项目、内容与要求

齿轮箱是风电机组中发生故障频率最高的部件，究其原因在于风力载荷的不稳定性，使得理论设计仍有待完善。齿轮箱的样机试验与型式试验要求完全相同，主要有以下几项。

① 空载试验　在额定转速下，正反两方向运转不小于 1h，需满足：连接件、紧固件不松动；运转平稳，无冲击；密封处、接合处不漏油；润滑充分；检查轴承和油池温度，每 5min 记录一次油压、油温。

② 载荷性能试验　按规定 25%、50%、75% 的额定负载各运转 30min，按 100% 的额定负载运转 120min，110% 超负载运转 30min；在额定转速和 100% 额定负载下，测定齿轮箱的噪声、振动；检查齿轮齿面状况，有无接触斑点、齿面是否损坏等。

③ 空载功率损耗测定　在额定转速、油温稳定在 45～65℃、空载工况下测定齿轮箱功率损耗。

④ 齿面接触疲劳寿命试验　在额定负荷下高速齿轮的应力循环数：调质齿轮、淬火齿轮为 5×10^9，检验项目与载荷性能试验相同。同时，也允许用工业应用试验代替疲劳寿命试验，试验时间不小于 3000h。

⑤ 超载试验　在额定转速下：120% 额定载荷，运转 1min；150% 额定载荷，运转

1min。然后检查齿轮及其他部件的损坏情况。注意：超载试验应在启动以后加载，卸载以后制动。

（2）齿轮箱试验装置

上述齿轮箱的试验需要以下几种装置。

① 齿轮箱试验台架　齿轮箱试验台架是进行齿轮箱试验的专用工艺装备。对齿轮箱试验台架的主要要求是：加载转矩和转速时要稳定，波动不应超过5%；运转中应能加载和卸载；试验的驱动和加载方式及装置不受限制。

② 载荷与转速测试仪器　仪器仪表的规格、量程、精度应与试验相适应。测试项目为加载转矩及转速时，测试精度应不超过读数的1%。优先采用转矩转速传感器与转矩转速测量仪，并应在被测齿轮箱的输入输出轴端各装一台传感器，直接测定试件（仅附加联轴器）的输入输出转矩、转速。

③ 试验装置的安装调试　全部试验装置（不包括电控电源设备）应装在同一（或组合）平台上，要求各部件找平、对心，系统运转灵活。先进行静调零，再进行动调零；调整仪器转矩显示值读数的前几位均为0，最后一位不大于4。

试验用油必须采用与齿轮箱工作时完全一致的油品，润滑油路必须是齿轮箱正常工作时的油路，试验后应更换滤清器。涂装时，为保证齿轮箱油路的完好性，不应拆卸各元件。

脱开联轴器，可以测定试件的空载转矩。

④ 负载试验的温度、噪声、振动测试仪器的要求　齿轮箱油池和轴承的温度测定可采用经计量部门检定合格并在有效期内的半导体点温计，量程到150℃的温度计。

噪声仪和测试方法应符合GB/T6404.1—2005的规定，一般用声级仪测试试车噪声。在额定转速下，用GB/T3785—1983中规定的Ⅰ型和Ⅰ型以上声级计，在距齿轮箱中分面1m处测量，当环境噪声小于减速器噪声3dB（A）的情况下，应符合要求。

振动测试仪和测试方法应符合有关规定，要求测量高速轴、内齿圈外部等处振动量。注意在加载过程中，若有异常，应立即停车，消除故障后重新试车。试验后将齿轮箱内的油放出，并冲洗干净，更换过滤元件。

⑤ 测试数据的采集与处理　试验中采集的数据包括加载转矩、功率、转速、温度、噪声、振动、齿轮磨损、时间等。

规定时间内应采集的数据有输入输出转速、输入输出转矩、功率值、润滑油温、轴承温度及室温。从数显仪上采数或打字机取数，转速、转矩、功率值每次至少采集5组数据，同时记录下采集数据的时间。

对于噪声、振动，应每个载荷挡次及每个转速挡次测定一次，并记录噪声、振动值及相应的负荷转速与时间。

齿轮的点蚀、胶合、裂断及齿面接触率的变化，一般至少每日观察记录一次。试验正常、无损伤，记录时间间隔可较长；反之，齿面若已出现损伤，记录时间间隔应缩短。

轴、轴承与机体等在试验中的不正常现象、损伤、润滑油的牌号与种类等均应记录。

试验数据的处理按国家相关标准进行，其内容包括计算转矩、功率的平均值、齿轮传动效率、齿轮箱热功率曲线、高速齿轮的每齿应力循环数的计算、温升计算与温度限额。

⑥ 疲劳寿命试验　在额定载荷下，疲劳寿命试验其合格指标如下：齿轮与各机件无断裂；齿面无胶合、擦伤；齿面摩擦、磨损厚度，在齿根附近测量不超过模数值的4%；齿面点蚀面积限额为：调质齿轮点蚀面积总和不超过有效工作面积总和的2%，渗碳淬火齿轮点蚀面积总和不超过有效工作面积总和的1%，且齿轮的一齿面点蚀面积不超过有效工作面积总和的4%。

三、传动系统的检验

传动系统是风电机组最重要的部分，其运行的可靠性不再仅仅根据单个零件的强度进行评估。因此，安装好的传动系统要进行调试和检验，一般是通过在其轴承和各级传动级上安装振动加速度传感器和转速传感器，取得振动和转速信号，通过使用专业的分析软件，对这些信号进行分析，来诊断系统中的潜在缺陷。

[操作指导]

一、任务布置

某风电机组的齿轮箱为一级行星加两级平行轴的传动形式，其内部结构如图 4-25 所示。试述其试验项目及方法。

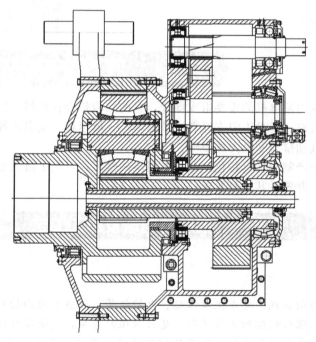

图 4-25　风电齿轮箱内部结构图

二、操作指导

根据前面所述内容进行该齿轮箱的试验，并根据试验的项目及各自的要求，绘制风电齿轮箱试验报告单。

思考题

（1）风电主轴的检查有哪些项目？各自用什么工具或仪器？

（2）何为齿轮箱的型式试验？什么情况下齿轮箱需要型式试验？

模块五

机舱、底盘的制造及工艺

机舱、底盘是风力发电机的重要组成部分，它的结构是否合理将直接影响着整个风力发电机的平稳运行。机舱、底盘不但支撑着主轴轴承座、增速箱、发电机等大部件，而且还受到周围空气对它的气动推力和阻力的影响。

机舱、底盘的生产制造各具特色。通过本模块的学习，可以了解机舱、底盘的材料，它们的加工制作工艺，并熟悉其检验要求。

任务一　机舱的制造及加工工艺

[学习背景]

机舱用来安装传动系统、发电机液压站、电控柜等，相当于地面的机房，用以保护舱内关键部件及其附件，保证机组的正常运行，延长机组的寿命，减小风机运行阻力，同时为安装和维护人员提供必要的操作空间。因其使用环境较为恶劣，长期经受自然界风、霜、雨、雪的侵袭，因此，对各零部件的强度、刚度和耐候性的要求也较高。本任务主要就机舱的材料、设计因素、加工制造的方法及检验要求进行介绍。

[能力目标]

① 了解机舱的材料及设计过程。
② 掌握机舱的加工制造方法。
③ 掌握机舱的检验要求。

[基础知识]

一、机舱材料

为了减小风力发电机组主要构件的载荷，要求机舱和导流罩的重量应尽可能地轻，并应具有良好的流线型外形。同时要求机舱与导流罩的形状应具有美感。以上要求都必须在风电机组现有结构尺寸的基础上进行设计，因此机舱与导流罩的形状比较复杂，而且尺寸很大。

对机舱与导流罩材料的要求如下：

① 材料应具有良好的力学性能，以保证有足够的强度和刚度；

② 材料的密度应尽可能的小，以便减轻机舱的重量；

③ 材料应具有良好的可加工性，即工艺性能好；

④ 材料的价格应比较低，以使机舱的成本较低。

目前大型风电机组的机舱与导流罩一般采用玻璃纤维增强复合材料作为主要材料，辅以其他的材料。也有一些机型的机舱采用金属材料，金属材料一般采用铝合金或不锈钢。金属材料机舱和导流罩制作成流线型工艺较复杂，成本较高。

二、机舱的设计因素

1. 机舱的使用功能

机舱的设计要充分考虑其使用功能、人机工程学以及运输限制等多方面的因素。其使用功能可分为内外功能两部分。

（1）内部功能

① 连接功能 采用何种方式与机舱座连接，目前主要有法兰直接连接和预埋板连接两种方式。

② 吊装要求 日常维护及其他小部件的吊装。

③ 维护空间 为安装和维护人员提供充分和安全的操作空间。

④ 其他 满足齿轮箱及发电机的通风、机舱的降噪及舱内照明。

（2）外部功能

① 吊装要求 如何实现机舱的吊装。

② 密封要求 免受或减少外部环境条件所带来的危害，主要是罩体接缝处以及其他与外界有空气流通的部分。

③ 附件安装 风速风向仪及航空障碍灯的安装。

④ 雷电保护 合理布置导电带，减少雷电可能带来的损伤。

⑤ 施工区域 合理设置防护栏杆及防滑带。

2. 机舱的设计标准

机舱的设计依据 GL2003 认证规范。

3. 机舱的设计分析

（1）机舱的外形设计

机舱作为外覆盖件，不仅要承担保护内部核心设备的作用，同时也要美观。其外形的设计主要取决于：核心设备的大小及布置；符合空气动力学性能，尽量减小风载；充分考虑制造工艺水平；美观。

（2）机舱的断面结构形式

根据使用要求和制造工艺，机舱的断面结构通常分为以下几种：实心板、夹层结构、实心板与加强筋组合、夹层结构和加强筋组合。

（3）机舱的设计参数

① 材料特征值与设计值

a. 材料的特征值按下式计算：

$$R_k(\alpha, p, C_N, n) = \bar{x}\left[1 - C_N\left(U_\alpha + \frac{U_P}{\sqrt{n}}\right)\right]$$

式中　U_α——对应于 $\alpha\%$ 破坏概率的正态分布；

U_P——对应于 $P\%$ 置信度概率的正态分布；

$\bar{x}$——材料试验的平均值；

n——试验次数（至少 10 次）；

C_N——离散系数。

b. 安全系数。材料静强度安全系数 r_{Ma}，由局部安全系数 r_{Mo} 和缩减系数组 C_{ia} 相乘得到：

$$r_{Ma} = r_{Mo}\prod_i^n C_{ia}$$

式中　$r_{Mo} = 1.35$——局部安全系数；

$C_{1a} = 1.35$——老化影响；

$C_{2a} = 1.1$——温度影响；

$C_{3a} = 1.1$——用预浸料、压制技术、拉挤或树脂浇灌方法成型；

$C_{3a} = 1.2$——用手工铺层、湿法成型；

$C_{4a} = 1.0$——后固化成型，或 $C_{4a} = 1.1$——非后固化成型。

c. 设计值。材料静强度的设计值 S_d 为特征值除以安全系数，即 $S_d = R_K \div r_{Ma}$。

② 载荷

a. 自重。由机舱所含各设备的质量叠加即为自重，超载系数 r_f 可取 1.05。

b. 动载荷：梯子、内部用于行走的踏板、平台等；顶部载荷：上罩用于行走的部分；提供水平抗力的所有结构单元上的水平载荷；系安全带的索孔。

c. 风载。风压按下式计算：

$$W_{SK} = \rho V^2/2$$

其中　W_{SK}——风压，kN/m^2；

ρ——空气密度，kg/m^3；

V——风速，m/s。

机舱内各部位的实际风压：

$$W = W_{SK}C_W$$

式中　W_{SK}——风压，kN/m^2；

C_W——风压系数，反映每个表面垂直气流作用的情况。

C_W 的设定值适用于带锐边的机舱。对于圆形机舱，所有 C_W 值可以缩减 20%。

机舱的不同位置，C_W 取不同数值，如图 5-1 所示。

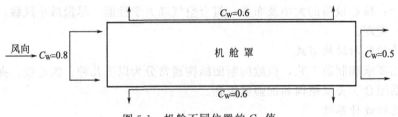

图 5-1　机舱不同位置的 C_W 值

d. 雪和冰载。雪和冰载包含在机舱顶部载荷内，由 GB50009—2001 确定，如有特殊要求，可根据实际情况取较大值。

e.应考虑以下载荷的组合：静载荷与动载荷的叠加；静载荷与风载的叠加。

三、机舱的制造工艺

1.玻璃纤维增强复合材料机舱的制作

（1）模具的制造

温度、湿度及车间环境对模具的生产有很大的影响，应严格控制。模具制造是产品生产的第一步，为确保制造和脱模顺利进行，应合理设置模具的分模面。为了实现模具制造的合理性，应重点解决好以下几点：

① 模具必须具有足够的刚度和强度，以承受脱模时所产生的冲击，避免使用过程中变形；

② 模具拐角的曲率应尽量加大，内侧拐角曲率半径应大于 2mm，防止纤维的回弹在拐角周围形成气泡或空洞；

③ 分模面应使模具容易脱模，不应位于表面质量要求高或受力大的部位处。机舱模具的生产流程如图 5-2 所示。

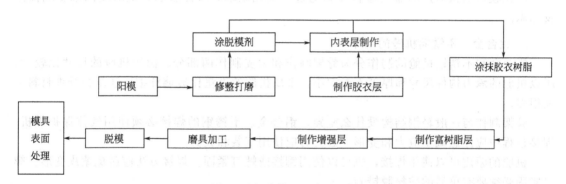

图 5-2　机舱模具生产流程图

（2）机舱的制造

兆瓦级以上的风力发电机组玻璃纤维增强复合材料机舱的厚度一般为 7~8mm，加强肋及法兰面的厚度在 20~25mm，一个完整的机舱重量大约 3~4t。

玻璃纤维增强复合材料机舱的制作最常用的方法是手糊法和真空浸渗法。

① 手糊法　手糊法的第一步是机舱部件模具的制造。根据机舱部件的形状和结构特点、操作难易程度及脱模是否方便，确定模具采用凸模还是凹模，决定模具制造方案后根据机舱图样画出模具图。一般凸模模具的制作比较容易，采用较多。

对于机舱部件这样的大型模具，模芯的制作必须考虑到制作成本和重量。一般采用轻质泡沫塑料板或轻钢骨架镶木条作为模架，再在模架上手糊一定厚度的可加工树脂，经过打磨修整，用样板检验合格后即可用于生产。

手糊法制作机舱部件的糊制方法、注意事项、缺陷原因和缺陷处理与手糊法制作叶片是相同的，这里不再赘述。

机舱部件的加强肋是在糊制过程中，在该部位加入高强度硬质泡沫塑料板制成的。这种泡沫塑料板的特点是闭孔结构使树脂无法渗入其中。机舱部件中需要预埋的螺栓、螺母及其他构件较多，应在糊制过程中准确安放，不要遗漏和放错。

手糊法生产效率较低，产品一致性较差，只有一面光滑，修整工作量大，不适用于批量生产。

② 真空浸渗法 真空浸渗法生产的产品一致性好，两面光滑，适宜批量生产。但生产的一次性投资大，整套机舱模具需要几十万元，需要真空泵等设备。真空浸渗法属于闭模成型，一套模具由模芯和模壳两部分组成。

真空浸渗法机舱部件的制造工艺过程如下。

a. 在模芯上按图样要求将增强材料按规定的材质、层数、位置铺覆好，需要预埋的螺栓、螺母、加强肋及其他构件准确安放好。

b. 先将铺覆好增强材料的一半吸死，然后将模壳和模芯合模，均匀拧紧全部压紧螺母，最后用密封胶将模壳与模芯合模部位全部密封。

c. 启动真空泵，对模具内部抽真空。看真空表能否保住真空度，若不能则需查出漏点并消除，直到达到真空度要求。

d. 从注料口注入与固化剂混合均匀的树脂，在大气压力的推动下，树脂迅速浸渗到增强材料的各个地方，充满模具内部。

e. 在20℃室温条件下固化48h，然后开模取出产品。也可在模具上增加加热系统，提高固化速度以减少模具内的固化时间。

f. 出模后的机舱产品需要修整飞刺毛边及其他缺陷，喷涂胶衣，最后喷涂聚氨酯面漆及标志。

2. 铝合金、不锈钢机舱的制作

铝合金和不锈钢机舱的制作分为骨架制作和蒙皮制作两部分。由于机舱的尺寸比较大，所以机舱的承力构件尺寸和厚度不能太小，金属机舱的重量比玻璃纤维增强复合纤维材料的大很多。

骨架制作与一般轻钢结构没什么差异。铝合金、不锈钢的焊接必须使用气体保护焊机。焊接过程中应注意减小应力和变形，必要时应使用工装和夹具。

机舱的蒙皮可以使用焊接，也可以使用铆接或螺钉紧固。焊接方法应避免蒙皮变形。螺钉紧固必须要有可靠的防松脱措施。

金属机舱完工后必须进行防腐处理和表面防护。预处理要求完全除去金属表面的氧化皮、锈、污垢和涂层等附着物，表面应显示均匀的金属色泽。内表面喷漆，用双组分复合厚膜环氧树脂喷漆，漆层厚度为干膜$100\mu m$。外表面底层用双组分复合厚膜环氧树脂漆喷漆，漆层厚度为$90\mu m$；外表面表层喷漆用双组分复合聚氨酯漆喷封（阻抗$50\% \sim 75\%$），漆层厚度为干膜$50\mu m$。

四、机舱的检查与验收

出厂检验是对已批量生产的机舱产品进行的检验，要求检查以下项目。

① 每个机舱均应进行外观质量检查。目视检查，机舱外表面应光滑，无飞边、毛刺，应特别注意气泡、夹杂起层、变形、变白、损伤、积胶等，对表面涂层也要进行外观目视检查。

允许修补机舱外表面气泡和缺损的缺陷，但应保持色调一致。对于内部开胶、胶接处缺胶、分层等缺陷，可通过注胶修补。对于机舱表面的凹坑和皱褶，可用环氧树脂或聚酯腻子填充进行修补，并喷涂表面涂层，打磨抛光。

对于运输过程中造成的机舱损伤，可根据损伤的具体情况，由生产商制定修补计划，在使用现场进行修补，并由生产商提供质量保证。

② 对机舱内部缺陷应进行敲击或无损探伤检验。自动超声波检查非常适合机舱的内部

质量检验，该检验方法可以有效地检验层的厚度变化，显示隐藏的产品故障，例如分层、内含物、气孔、缺少粘合剂和粘结不牢。

③ 每个机舱均要求检验机舱与底板连接尺寸、机舱各部件之间的连接尺寸。

④ 每个机舱均要求检验预埋件的位置是否符合图样要求，是否有遗漏、歪斜、错放等问题。

⑤ 每个机舱均要求检验重量及重心位置，并在非外露面做出标记，以方便吊装。

⑥ 每个机舱均应进行随件试件纤维增强塑料固化度和树脂含量检验。

机舱随件试件检验适用于复合材料机舱各个部件。机舱随件试件检验是每个机舱生产时都要进行的常规检验，目的是保证工艺、材料的稳定性。对于机舱来说，由于实际原因，不可能对产品进行破坏，需要对每一个机舱安排一个随模试件，对其主要性能进行测试，该测试结果按常规检验填写在机舱合格证上。

a. 实验要求　该随模试件要求与机舱一起成型，最好共用一个模具，否则该试件的工艺参数要求与机舱成型不一致。试件尺寸按设计要求、切割成符合材料性能测试的标准试件。

b. 实验项目　包括抗拉强度、拉伸模量、抗弯强度、弯曲模量、抗剪强度、切变模量。

c. 试验设备及方法　以上检验项目均可在万能材料试验机上进行，试验方法按国家有关标准要求进行。

⑦ 制造商与用户商定的其他检验项目。

[操作指导]

一、任务布置

现有一1.5MW风电机组的机舱，试述其机舱的制造加工过程，包括材料的选择、结构的设计、加工制造的步骤。

二、操作指导

具体内容如前所述，这里不再赘述。

思考题

(1) 机舱对制作材料的要求是什么？

(2) 简述玻璃纤维增强复合材料机舱的制作方法。

(3) 简述真空浸渗法模具的制作方法。

(4) 怎么进行机舱的表面防护处理？

任务二　底盘的制造及加工工艺

[学习背景]

风电机组底盘是风力发电机组中的重要组成部件，它上面支撑着风轮、传动系统、发电机、液压站和电控柜等重要的设备；中间支撑着偏航减速器，使其输出小齿轮与固定在塔架顶部的偏航外齿轮正确啮合；下面与偏航轴承的动圈连接，在对风时带动机舱及风轮偏航。机舱底盘不但承受着来自这些设备的各种载荷，而且作用在风轮上的轴向推力也通过机舱底盘传递到塔架上。本任务主要就底盘的材料、设计过程、加工制造的方法以及检验要求进行学习。

[能力目标]

① 了解底盘的材料及设计过程。

② 掌握底盘的加工制造方法。

③ 掌握底盘的检验要求。

[基础知识]

一、底盘材料

风力发电机组的机舱除了承担容纳所有机械设备外，还承受所有外力（包括静负载及动负载）的作用。尤其是现代风力发电机组，为了获得更多的风能，往往将塔架高度提得很高，有的已高达 100m，对机舱的强度及刚度的要求将更为苛刻，特别是对机舱底盘的结构设计要求较高。

一个大型风电机组的底盘重量约在 20t，而它所需要支撑的重量在 100t 左右，为满足对底盘的强度和刚度要求，底盘一般采用铸造或焊接成型。使用齿轮箱的异步发电机底盘因为纵向尺寸较长，一般采用前部铸造后部焊接混合结构或焊接结构，而直驱同步机组的底盘尺寸和重量都会小很多，一般采用铸造结构。

（1）铸造底盘的材料

铸造成型底盘的材料一般选用铸铁材料，宜选用球墨铸铁，也可选用 HT250 以上的普通铸铁，或其他具有等效力学性能的材料（如铸钢）。采用铸铁底盘可发挥其减振性、易于切削加工等特点，适于批量生产。

采用的牌号为球墨铸铁：QT400-15/18、QT450-10、QT500-7、QT600-3、QT700-2，或灰铸铁：HT250、HT300。相当于欧洲标准：EN-GJS400-15/18、EN-GJS450-10、EN-GJS500-7、EN-GJS600-3、EN-GJS700-2，及德国标准：GGG25、GGG30、GGG35.3、GGG40、GGG40.3、GGG50、GGG60。使用最多的是耐低温冲击铁素体球墨铸铁。

铸造底盘的热处理方法为时效处理，其目的是在不降低铸件力学性能的前提下，使铸件的内应力和机械加工切削应力得到消除或稳定，以减少长期使用中的变形，保证几何精度。

（2）焊接底盘的材料

焊接底盘的材料一般选用厚钢板，对其要求如下。

① 选择金属结构件的材料依据环境温度而定，可根据 GB/T 700—2006 选择使用 Q235B、Q235C、Q235D 结构钢，或根据 GB/T 1591—2008 选择使用 Q345B、Q345C、Q345D 低合金高强度结构钢。

② 钢板的尺寸、外形及允许偏差应符合 GB/T 709—2006 的规定。钢板的平面度不大于 10mm/m。

③ 采用 Q345 低合金高强度结构钢时，用边缘超声波检验方法评定质量，质量分级应符合 GB/T 19072—2003 附录 A 的规定。最低环境工作温度时冲击吸收功不大于 27J（纵向试样），在钢厂订货时提出或补做试验。

④ 所选材料应随附制造厂的合格证与检验单，主要材料和用于主要零部件的材料应进行理化性能复检。

⑤ 代用材料性能指标及质量等级应与原使用材料相当。

焊接底盘具有强度和刚度高、重量轻、生产周期短以及施工简便等优点。为了保证尺寸稳定，消除内应力，焊接后必须进行热处理，第一次热处理安排在焊接完成后，第二次热处理安排在粗加工之后进行。

二、底盘的结构及设计要求

1. 风机底盘设计的准则

风机底盘的设计主要应保证刚度、强度及稳定性。

① 刚度　评定底盘工作能力的主要准则之一是刚度，底盘的刚度决定风电机组传动链的工作稳定性，决定回转支撑工作的稳定性。

② 强度　强度是评定底盘工作性能的另一个基本准则，底盘的强度应根据风电机组在运转过程中可能发生最大载荷来校核。对于风电机组更重要的还要校核其疲劳强度，因为风电机组的寿命要求高，国外已有将风电机组寿命提高到 30 年及运行小时数达 200000h。

风机底盘强度和刚度都要从静态和动态两个方面来考虑。动刚度是衡量底盘抗振能力的指标，而提高底盘抗振性能应从提高底盘构件的静刚度、控制固有频率、加大阻尼等方面入手。

③ 稳定性风电机组的底盘是一个扁平式结构，其主要受力件稳定性较好，某些受压部件及受压弯结构也可能存在失稳问题，必须加以校核。

2. 风机底盘设计的技术要求

① 在满足强度及刚度的前提下，底盘应尽量重量轻、成本低。

② 抗振性好。

③ 结构设计合理，工艺性良好，便于铸造、焊接和机械加工。

④ 结构力求便于安装与调整，方便修理和更换零部件。

⑤ 造型好，使之既适用经济，又美观大方。

3. 风机底盘的设计步骤

① 初步确定底盘的形状和尺寸　底盘的结构形状与尺寸，取决于安装在它内部与外部的零件和部件的形状与尺寸、配置情况、安装与拆卸及在底盘内维护及修理等要求，同时也取决于工艺所承受的载荷等情况。然后综合上述情况利用公式或有关资料提供的数据，同时结合设计人员的经验，并参考现有同类型底盘，初步拟定底盘的结构形状和尺寸。

② 常规计算是利用材料力学、弹性力学等固体力学理论和计算公式，对底盘进行强度、刚度和稳定性等方面的校核，而后修改设计，以满足设计要求。

③ 有限元静动态分析、模型试验和优化设计。

④ 制造工艺性和经济性分析。

由于风力发电机对环境的视觉有较大的影响，其体积大、高度高，最后还要对底盘进行造型设计，以满足与环境的和谐统一。

三、底盘的加工

（1）铸造底盘

铸造成型底盘属于大型铸件，一般由规模比较大的铸造厂生产。铸造底板可以是整体的，也可以分为几个部件装配成型。因为铸造的专业性很强，风力发电行业涉足极少，全部采用外加工生产，所以在此不做过多的介绍。

其生产过程为：模型制作→制作型砂→砂型合模→铁液浇铸→冷却成型→开模清砂→时效处理→机械加工→表面防护处理→检验验收→运往总装厂。

（2）焊接底盘

兆瓦级大型风力发电机的焊接成型底盘，安装偏航轴承的底部使用的钢板厚度在100mm左右；箱壁四周、风轮轴支撑安装平面及传动链设备安装延伸段钢板的厚度，大约为箱底钢板厚度的2/3；其他设备安装部位的钢板厚度大约是箱底钢板厚度的1/3，用于安装液压系统、润滑系统、冷却系统、控制系统等设备和机舱等。

下料应使用数控切割机以保证切口质量，减少机械加工工作量。厚板焊接必须使用刨边机加工出双V形焊接坡口。焊接时应使用自动气体保护焊机，以避免产生热量过多，造成变形太大和应力集中，必要时应使用工装减小热变形。

钢结构的组焊应严格遵循焊接工艺规程，关键部位的焊接应使用装配定位板。为保证焊接质量，焊接构件用的焊条、焊丝与焊剂都应与被焊接的材料相适应，并符合焊条相关标准的规定。当钢结构技术条件中要求进行焊后处理（如消除应力处理）时，应按钢结构的去应力工艺进行。

进行焊件修复时，应根据有关标准、法规，认真制定修复程序及修复工艺，并严格遵照执行。焊件修复的质量控制和其他焊接作业的质量控制一样。同一处的焊接修复不应使用两次以上相同的焊接修复工艺。

（3）底盘的机械加工

不论是焊接底盘还是铸造底盘，在与整机装配有关的关键部位必须进行机械加工，以保证其位置精度和表面粗糙度。由于底盘的尺寸太大，在通用设备上很难加工，一般都是使用专门制造的专用设备进行加工。

首先要加工偏航轴承的安装面，这个平面是整个底盘的加工基准面。加工后的安装面既消除了焊接变形，又保证了偏航轴承安装时的贴合要求。水平轴风力发电机的主轴支座安装平面、齿轮箱安装平面、发电机安装平面都与偏航轴承安装平面平行；仰头主轴风力发电机的主轴支座安装平面、齿轮箱安装平面、发电机安装平面都与偏航轴承安装平面有5°或6°的夹角。保证这几个安装平面与偏航轴承安装平面夹角的一致性及这几个安装面在一个平面内，同时应保证各安装面的平整度，以满足安装时的贴合要求。

四、底盘的检验

1. 对钢结构的检验

（1）目视检查

外观检验及断口宏观检验时，使用放大镜的放大倍数应以5倍为限。焊件与母材之间在25mm范围内应无污渍、油迹、焊皮、焊迹和其他影响检验的杂质。底板的各个非装配表面和检修孔不得有毛刺、飞边、尖锐的棱角，以免对人造成伤害。

（2）对钢结构的焊缝应进行无损检测

无损检测的操作人员应具有相应的资格证书。对底板钢结构焊缝等级要求及采用何种无损检测方法，应按设计施工图样上要求进行，并对所有焊缝进行100%的外观测试。施工图样上没有注明时，无损检测方法的选择按以下要求进行：对接焊缝，钢板厚度小于8mm时，采用射线探伤，执行GB/T 3323—2005标准；对接焊缝，钢板厚度大于8mm时，采用射线探伤或渗透检测；T形对接焊缝，采用渗透检测，执行JB/T 6062—2007标准；角焊接，采用磁粉探伤，执行JB/T 6061—2007标准；超声波探伤，执行GB/T 11345—1989标准。

2. 对装配表面的检测

① 偏航轴承安装表面及圆孔表面、偏航驱动电动机减速器安装表面、偏航制动器安装表面、水平主轴支座安装表面、水平安装齿轮箱或浮动安装齿轮箱托架安装表面、发电机安装表面的相互平行度及各平面的平直度、表面粗糙度，各平面上孔及螺孔的相互位置精度，应符合图样要求。

② 仰头主轴支架安装面、仰头齿轮箱安装面或齿轮箱托架安装面和仰头发电机安装面与水平面的夹角必须一致且在同一平面上，应符合图样要求。

③ 液压系统、润滑系统、冷却系统、控制系统和机舱等的安装孔或安装螺纹孔的位置精度应符合图样要求，保证装配不存在困难。

[操作指导]

一、任务布置

现有一 1.5MW 风电机组机舱底盘为焊接结构，试根据所学知识，叙述该底盘的焊接过程及所需机械加工部位的加工工艺过程。

二、操作过程

具体内容如模块一及本任务中基础知识部分所述，这里不再赘述。

思考题

（1）铸造、焊接底盘对材料的选择分别有什么要求？
（2）叙述铸造底盘的生产过程。

模块六

发电机的制造及工艺

发电机是风力发电设备的重要组成部分，它的作用就是将自然界的风能资源转换成电能，其工作原理是基于电磁感应定律和电磁力定律。因此，其构造的一般原则是：用适当的导磁和导电材料构成互相进行电磁感应的磁路和电路，以产生电磁功率，达到能量转换的目的。

发电机的制造过程基本可以分为两个部分：首先是各种零件的加工，然后是将若干零件装配成部件，并且进一步将若干部件和零件装配成发电机。由于各厂家所用的工艺方法不同，即使采用相同的产品图样，所制造的产品质量也是参差不齐的，所以，工艺是产品质量的关键技术。

本模块重点介绍发电机的结构类型、零部件的机械加工及工艺、铁芯的制造及工艺、绕组的制造及工艺和发电机的装配及检验。

任务一　发电机的结构类型

[学习背景]

通常情况下，发电机的类型可分为直流发电机、交流发电机、同步发电机、异步发电机。交流发电机还可分为单相发电机与三相发电机。交流发电机在制作上比直流发电机方便和简单得多，效率也更高。在风电设备中，主要使用三相交流发电机。本任务主要介绍风电设备中所用发电机的结构类型及工作原理。

[能力目标]

① 了解发电机的应用分类。
② 掌握发电机的基本结构。
③ 了解各类发电机的基本工作原理。

[基础知识]

一、发电机的分类

风力发电机组按照发电机来进行分类，可分为两大类：异步型和同步型，其中异步型还可划分为笼型单速异步发电机、笼型双速变极异步发电机、绕线式双馈异步发电机，同步型还可分为电励磁同步发电机、永磁同步发电机。

构成的风力发电机系统又可分为定速笼型异步风力发电机系统、转子电流受控的异步风力发电机系统、双馈异步风力发电机系统、转子电流混合控制的异步风力发电机系统、变速笼型异步风力发电机系统、电励磁直驱同步风力发电机系统、永磁直驱同步风力发电机系统、混合励磁直驱同步风力发电机系统、横向磁通永磁同步风力发电机系统。

二、发电机的结构及工作原理

发电机通常由定子、转子、端盖、电刷、机座及轴承等部件构成，如图 6-1 所示。定子由机座、定子铁芯、线包绕组以及固定这些部分的其他结构件组成。转子由转子铁芯、转子磁极（有磁轭、磁极绕组）、滑环、（又称铜环、集电环）、风扇及转轴等部件组成。

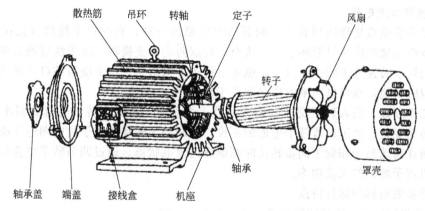

图 6-1 发电机结构图

发电机的基本工作原理：通过轴承、机座及端盖将发电机的定子、转子连接组装起来，使转子能在定子中旋转，通过滑环通入一定励磁电流，使定子成为一个旋转磁场，定子线圈做切割磁力线的运动，从而产生感应电势，通过接线端子引出，接在回路中，便产生了电流。

1. 三相笼型异步发电机

三相笼型异步发电机的结构如图 6-2 所示，分别由定子、转子、端盖、机座、风扇等组成。

三相笼型异步发电机要能够工作就必须产生旋转磁场，向对称的三相绕组中通入对称三相交流电流，可以产生一个行波磁场。如果三相绕组分布在一个圆周上，则行波磁场做旋转运动，就是旋转磁场。旋转磁场在一个圆周内呈现出的磁极（N、S 极）数目称为极数，用 $2p$ 表示。旋转磁场的转向取决于三相电流的相序，同步转速 n_1 取决于电流的频率 f 和极对数 p：

$$n_1 = \frac{60f}{p} \tag{6-1}$$

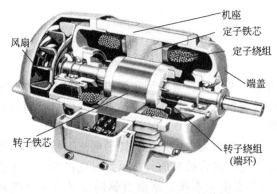

图 6-2 三相笼型异步发电机结构图

三相笼型异步发电机的基本工作原理：发电机的定子三相电流产生旋转磁场，以同步转速 n_1 旋转，在转子导条中产生感应电动势 e，e 在转子绕组中产生感应电流 i，i 在磁场中产生电磁力 f，f 产生电磁转矩 T。若转子以转速 $n > n_1$，向 n_1 的方向旋转，就能够实现机械能向电能的转换。

三相笼型异步发电机的运行特点为：

① 发电机励磁消耗无功功率，皆取自电网，应选用较高功率因数发电机，并在机端并联电容；

② 绝大部分时间处于轻载状态，要求在中低负载区效率较高，希望发电机的效率曲线平坦；

③ 风速不稳，易受冲击机械应力，希望发电机有较软的机械特性曲线；

④ 并网瞬间与电动机启动相似，存在很大的冲击电流，应在接近同步转速时并网，并加装软启动限流装置。

2. 双馈异步发电机

双馈异步发电机是绕线型转子三相异步发电机的一种，它的定子绕组直接接入交流电网，转子绕组端接线由 3 只滑环引出，接至一台双向功率变换器。转子绕组通入变频交流励磁，并且当转子转速低于同步转速时，也可运行于发电状态。定子绕组端口并网后始终发出电功率，但转子绕组端口电功率的流向取决于转差率。

基本工作原理 引入转子交流励磁变流器，控制转子电流，转子电流的频率为转差频率，跟随转速变化。通过调节转子电流的相位，控制转子磁场领先于由电网电压决定的定子磁场，从而在转速高于和低于同步转速时都能保持发电状态。通过调节转子电流的幅值，可控制发电机定子输出的无功功率。

双馈异步发电机的运行特点：

① 连续变速运行，风能转换率高；

② 部分功率变换，变流器成本相对较低；

③ 电能质量好（输出功率平滑，功率因数高）；

④ 并网简单，无冲击电流；

⑤ 降低桨距控制的动态响应要求；

⑥ 改善作用于风轮桨叶上机械应力状况 ；

⑦ 双向变流器结构和控制较复杂；

⑧ 电刷与滑环间存在机械磨损。

3. 同步发电机

同步发电机用作风力发电机时，既可直接向交流负载供电，也可经整流器变换为直流电，向直流负载供电。因此，同步风力发电机已成为中、小容量风力发电机组的首选机型。近年来，在大容量风力发电机组产品中，同步风力发电机也已崭露头角，有望成为未来的主力机型。

由于齿轮箱引起的风电机组故障率高，运行维护工作量大，易漏油污染，并且系统的噪声大、效率低、寿命短，因此，直驱同步发电机在结构上去除齿轮箱，采用直接驱动。但是直驱也带来新的问题：发电机转速低、转矩大，体积和重量明显增大，并且由于全功率整流逆变，变流器成本提高。

同步发电机的定子铁芯、定子绕组和转子结构如图6-3所示。

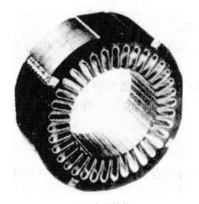 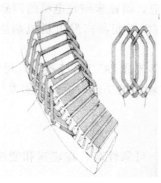 

(a) 定子铁芯　　　　　　　(b) 定子绕组　　　　　　(c) 发电机转子

图 6-3　同步发电机的结构

基本工作原理　风力机拖着发电机的转子以恒定转速 n_1 相对于定子沿逆时针方向旋转，安放于定子铁芯槽内的导体与转子上的主磁极之间发生相对运动，根据电磁感应定律可知，相对于磁极运动（即切割磁力线）的导体中将感应出电动势：

$$e = b_\delta l v \, [\text{V}] \tag{6-2}$$

导体感应电动势的方向可用右手定则判断，如图6-4所示。如果发电机的转速为 n_1，即发电机转子每秒转了 $n_1/60$ 圈，则定子导体中感应电动势的频率为：

$$f = \frac{p n_1}{60} \, [\text{Hz}] \tag{6-3}$$

当发电机的极对数 p 与转速 n_1 一定时，发电机内感应电动势的频率 f 就是固定的数值。

同步发电机在风力发电系统的应用上主要有三种类型：电励磁直驱同步发电机系统、永磁直驱同步发电机系统和混合励磁直驱同步发电机系统。

（1）电励磁直驱同步发电机系统的特点

① 通过调节转子励磁电流，可保持发电机的端电压恒定。

② 定子绕组输出电压的频率随转速变化。

③ 可采用不控整流和 PWM 逆变，成本较低。

④ 转子可采用无刷旋转励磁。

⑤ 转子结构复杂，励磁消耗电功率。

⑥ 体积大、重量重，效率稍低。

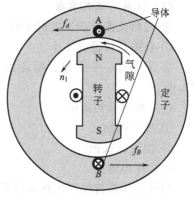

图 6-4　同步发电机的发电原理模型

（2）永磁直驱同步发电机系统的特点

① 永磁发电机具有最高的运行效率。

② 永磁发电机的励磁不可调，导致其感应电动势随转速和负载变化。采用可控 PWM 整流或不控整流后接 DC/DC 变换，可维持直流母线电压基本恒定，同时可控制发电机电磁转矩以调节风轮转速。

③ 在电网侧采用 PWM 逆变器输出恒定频率和电压的三相交流电，对电网波动的适应

性好。

④ 永磁发电机和全容量全控变流器成本高。

⑤ 永磁发电机存在定位转矩，给机组启动造成困难。

(3) 混合励磁直驱同步风力发电机系统的特点

① 利用转子的凸极磁阻效应，增强永磁发电机的调磁能力。

② 采用部分功率容量的 SVG 逆变器向发电机机端注入无功电流，以调节发电机的端电压。

③ 无需全功率容量的脉冲整流或 DC/DC 变换器，可明显节省变流器的容量。

④ SVG 逆变器可兼有有源滤波的功能，能够改善发电机中的电流波形，降低发电机的谐波损耗和温升。

4. 发电机适用场合

① 笼型异步发电机成本低，可靠性高，在定速和变速全功率变换风力发电系统中将继续扮演重要角色。

② 双馈异步发电机系统具有最高的性价比，特别适合于变速恒频风力发电，将在未来数年内继续称为风电市场上的主流产品。

③ 直驱型同步风力发电机及其变流技术发展迅速，利用新技术有望大幅度减小低速发电机的体积和重量。

[操作指导]

一、任务布置

对发电机进行拆卸和清洗，并认知各部分结构及作用。

二、操作指导

(1) 仪器与工具准备

① 三相交流异步发电机 1 台。

② 台钳、拉器各 1 个。

③ 十字起、一字起、梅花扳手、开口扳手、油盆、毛刷、清洗机、润滑脂、抹布等各 1 个。

(2) 外部结构认识

① 型号辨别。

② 接线柱认识。

(3) 外部清洗

用蘸有少许清洗剂的抹布将发电机表面擦拭干净（注意：抹布不能有液体浸出，汽油清洗剂不能接触绝缘件）。

(4) 拆发电机

① 拆下电刷组件。

② 分离前后端盖。

③ 分离定子和后盖。

④ 分离整流器。

⑤ 小心清洗擦拭每一部件，绝缘部分严禁汽油浸泡。

（5）各部分结构认识

注意：轻拿轻放，不要折断导线或损坏部件，转子轴严防磕碰。

思考题

（1）三相异步发电机中，转速 n 是否可以等于 n_1？为什么？

（2）直驱同步发电机在风力发电系统当中有哪些应用类型？各自有什么特点？

任务二　发电机零部件的机械加工及工艺

[学习背景]

在整个发电机的制造过程中，机械加工是第一阶段的任务，地位很重要。发电机的主要零部件，如机座、端盖、转轴和转子的加工质量，直接影响发电机的电气性能和安装尺寸。所以，机械加工工艺的不断提升也是产品质量不断提升的关键。

[能力目标]

① 了解发电机零部件机械加工的一般问题。

② 掌握转轴和转子的加工技术要求。

③ 掌握端盖加工的技术要求。

④ 掌握机座加工的技术要求。

[基础知识]

一、零部件机械加工的一般问题

发电机的零部件都是成批生产的，这些零部件要装配到部件或机器上去时，要求不经挑选和修配就能装上，并完全符合规定的技术要求，零件的这种性质称为互换性。

零部件具有互换性，并不是要求每个零件的尺寸和大小都完全一样，事实上也不可能做到。只要将零部件的尺寸控制在一定的范围内，并且不影响装配，就可以做到零部件的互换性。

在成套的机器设备中，发电机通常也只是作为一个部件来使用，所以也要求要具有互换性。因此，发电机的互换性要求规定统一的安装尺寸及公差，不同的安装结构有不同的安装尺寸。各种安装结构型式的安装尺寸及其公差均在相应的技术条件中规定。

发电机零部件在进行机械加工时，存在以下几个特点。

① 气隙对发电机性能的影响很大，制订发电机零部件的加工方案时，应充分注意零部件的同轴度、径向圆跳动和配合面的可靠性，以保证气隙的尺寸大小和均匀度。

② 机座和端盖大多采用薄壁结构，刚性较差，装夹和加工时容易产生变形或振动，影响加工精度和表面粗糙度。

③ 与金属材料相比，绝缘材料的硬度较低，弹性较大，导热性差，吸湿性大，电气绝缘性能易变坏等，使绝缘零件的机械加工具有特殊性。绝缘零件机械加工时会产生大量粉尘，须装设除尘装置；为减少摩擦热，刀具必须锋利；不能采用切削液，以免绝缘性能变坏。

④ 对带有绝缘材料的部件，如定子、转子、换向器和集电环等，机械加工时使用切削

液，要防止切屑损伤绝缘材料。

⑤ 对于导磁零部件，切削应力不能过大，以免降低导磁性能和增大铁耗。

⑥ 对于叠片铁芯，机械加工时应防止倒齿。根据发电机的电磁性能要求，定子应尽量避免机械加工。

二、发电机的同轴度工艺

发电机定、转子间的间隙称为发电机气隙，它是发电机磁路的重要组成部分。发电机气隙的基本尺寸由发电机的电磁性能决定，要求气隙必须是均匀的，否则会使发电机磁路不对称，引起单边磁拉力，使其运行恶化。所以必须规定发电机气隙的均匀度。由于气隙是在发电机装配以后才形成的，所以气隙的均匀度主要取决于发电机零件的加工质量。

解决气隙不均匀度的问题，主要就是解决定转子不同轴度问题，这主要取决于定子、端盖、轴承、转子 4 大零部件的形位公差及这些零部件的配合间隙。

在考虑机座与定子铁芯外圆的配合时，既要考虑到在电磁拉力作用下保证两者不能相对移动或松动，这就必须过盈配合；又要考虑到机座是一个薄壁件，过大的过盈将使机座圆周面变形，甚至在装配时压裂。因此，通常按较小过盈量的过盈配合来确定机座与定子铁芯外圆的公差。为了能够可靠地传递扭矩，转轴与转子内孔的配合必须采用具有较大过盈的配合。采用这两种过盈配合，不会有间隙产生，从而不会引起定转子偏心。机座与端盖止口圆周面采用过渡配合。轴承内圈与转轴以及端盖轴承室与轴承外圈的配合也采用过渡配合，这样不会引起间隙或间隙非常小，因而对定转子不同轴度造成的气隙不均匀的影响也是非常小的。

为了使发电机的气隙不均匀度不超过规定值，必须将 5 种形位公差控制在一定范围内。这 5 种形位公差分别是：定子铁芯内圆对定子两端止口公共基准线的径向圆跳动、转子铁芯外圆对两端轴承挡公共基准线的径向圆跳动、端盖轴承孔对止口基准轴线的径向圆跳动、滚动轴承内圆对外圆的径向圆跳动、机座两端止口端面对两端面止口公共基准轴线的端面圆跳动（即垂直度）。

对气隙均匀度影响最大的因素是定子同轴度，也就是定子铁芯外圆对定子两端止口公共基准轴线的径向圆跳动。定子铁芯是由冲片一片片叠压而成的，各道工序都会造成形位误差积累。机座是一种薄壁零件，铁芯压入后止口极易造成形位误差。根据发电机的电磁性能要求，定子铁芯内圆通常是不准加工，因此要保证气隙的均匀度，主要是要保证定子的同轴度。

保证定子同轴度的工艺方法主要有三种方案。

① 光外圆方案　以铁芯内圆为基准精车铁芯外圆，压入机座后，不精车机座止口。其特点是铁芯外圆的尺寸精度和内、外圆的同轴度均由叠压后精车外圆达到。

② 光止口方案　定子铁芯内、外圆不进行机械加工，压入机座后，以铁芯内圆定位精车机座止口。其特点是以精车止口消除机座加工、铁芯制造和装配所产生的误差，从而达到所要求的同轴度。

③ 两不光方案　定子铁芯的内、外圆不进行机械加工，压入机座后，机座止口也不再加工。其特点是定子的同轴度完全取决于机座和定子铁芯的制造质量，对冲片、铁芯和机座的制造质量要求都较高，但能简化工艺过程，流水作业线无返回现象，易于合理布置车间作业线，因而获得广泛应用。

三、转轴和转子的加工工艺

转轴是发电机的重要零部件之一，支撑各种转动零部件的重量，并确定转动零部件对定子的相对位置，更重要的是，转轴还是传递转矩、输出功率的主要零部件。

转轴的加工精度和表面粗糙度的要求都较高．转轴与其他零部件的配合也较紧密。因此，对转轴的加工技术要求应包括以下几个方面。

① 尺寸精度　两个轴承挡的直径是与轴承配合的，通过轴承确定转子在定子内腔中的径向位置，轴承挡的直径一般按照 IT6 精度制造。轴伸挡和键槽的尺寸是重要的安装尺寸，铁心挡、集电环挡或换向器挡是与相应部件配合的部位，对发电机的运行性能影响较大。以上各挡的直径精度要求都较高，两轴承挡轴肩间的尺寸也不能忽视，否则，会影响发电机的轴向间隙，导致发电机转动不灵活，甚至装配困难。

② 形状精度　滚动轴承内外圈都是薄壁零件，轴承挡的形状误差会造成内外圈变形而影响轴的回转精度，并产生噪声。轴伸挡和铁芯挡的形状误差会造成与联轴器和转子铁芯的装配困难。对轴的这些部位都应有圆柱度要求，其中尤以轴承挡和轴伸挡的圆柱度要求最高。

③ 位置精度　轴伸挡外圆对两端轴承挡公共轴线的径向跳动过大，将引起振动和噪声。因此，这个径向跳动要求较严。键槽宽度对轴线的对称度超差，将使有关零部件在轴上的固定发生困难。因此，对这种对称度的要求也较高。两端的中心孔是轴加工的定位基准，也应有良好的同轴度。

④ 表面粗糙度　配合面的表面粗糙度值过大，配合面容易磨损，将影响配合的可靠性。非配合面的表面粗糙度值过大，将降低轴的疲劳强度。轴承挡和轴伸挡的圆柱面是轴的关键表面，其表面粗糙度 $Ra = 1.6 \sim 0.8 \mu m$。

发电机转轴的加工过程可分为平端面和钻中心孔、车削、铣键槽和磨削等工序。

（1）平端面和钻中心孔工序

由锯床锯成或锻打的毛坯不能保证端面与轴线相垂直，对转轴全长精度也不容易保证，因此需要留有余量，然后在相关设备上平端面及钻中心孔。

用中心钻（图 6-5）在车床上钻中心孔或在立式钻床上钻中心孔的方法比较简便，但精度不高，不易保证两端中心孔在同一条中心线上，需适当放大车削的加工余量。此外，效率低，只适合单件小批量生产，对大批量生产的

图 6-5　中心钻

工厂或精度要求较高的零件，应采用专门的设备加工，把两端平端面和钻中心孔合在一台设备上完成。

图 6-6 为两工位专用半自动机床工作部分示意图。两端平面及中心孔是同时加工的，机床通过液压传动系统自动送进与退出，先铣端面，再钻中心孔。这种设备适合自动流水线上工作，效率大大提高。

图 6-7 是另一种平端面和钻中心孔专用机床，它也是两端同时加工，但平端面和钻中心孔是在一起完成的。

（2）车削工序

在车削工序中，普遍采用双顶尖定位装夹，如图 6-8 所示。在车床主轴上装有拨盘，通过拨杆 3 带动鸡心夹头，鸡心夹头通过方头螺钉与工件连在一起；也可以不用拨杆，把尾鸡心夹头改成弯尾的，同样能达到目的。

发电机转轴的车削加工一般分为粗车与精车，在两台车床上进行。粗车时，得到和转轴相似的轮廓形状，但在每一轴挡的直径和长度尺寸上都留有精车及磨削工序的加工余量。粗车不要求得到精确的尺寸，只要求在单位时间内加大切削量。常采用功率较大的机床和坚固

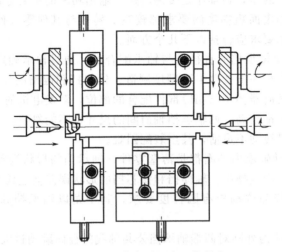

图 6-6　两工位专用机床工作部分

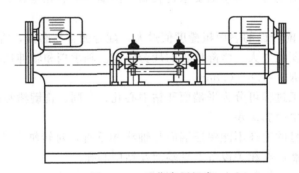

图 6-7　一工位专用机床

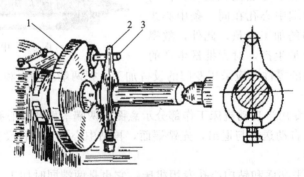

图 6-8　双顶针定位装夹
1—拨盘；2—鸡心夹头；3—拨杆

的刀具。精车时，除需要磨削的台阶留出磨削加工余量外，其余各轴挡的直径和长度全部按图纸规定的要求加工。端面倒角和砂轮越程槽也在精车时加工。

　　为了提高车削工序的生产效率，多刀切削工艺和液压仿形车削工艺得到广泛的应用。

　　（3）铣键槽和磨削工序

　　发电机轴上的轴伸挡和两端轴承挡的精度与形位公差要求都较高，都需进行磨削加工。对于小容量发电机，由于转轴较细，当转轴压入铁芯内时，极易产生变形，因此磨削加工都在转轴压入铁芯后进行。对直径在 60mm 以上转轴，因其刚度和强度较好，压入铁芯时引起弯曲变形的可能性不大，因此普遍采用转轴全部加工后（包括磨削）再压入铁芯的工艺。这种工艺的优点是：减轻劳动强度，缩短生产周期，消除在磨削时冷却液进入转子铁芯的现象。

对于轴伸端键槽铣削与直径磨削的安排，把精加工的磨削工序放在铣键槽工序之后进行是较合理的，这样一方面可以消除由铣削工序可能引起的变形，同时也能有效去除铣槽口的毛刺。但是先铣后磨也有不利的一面——磨削不连续，如切削用量选用不当，容易损坏砂轮，并且键槽的精度相对来说也要求高一些。

（4）转子外圆加工

转子外圆加工是转子加工的最后一道工序，也是保证发电机气隙准确性和发电机性能的关键工序。转子铁芯外圆不允许采用磨削工艺，尽管采用磨削可以同轴承挡磨削在一次装夹中完成，从而使形位误差极小，但转子铁芯是一张张冲片叠压而成，磨削时大量的冷却液必将渗入到冲片间隙中，降低使用寿命。同时，外圆表面上由于槽口铝条的影响，磨削比较困难。所以，转子铁芯外圆加工无例外地都采用车削加工。由于槽口铝条的影响，车削是交替地从硬的钢到软的铝，对刀具来讲，与断续切削相似，因此刀具磨损较快，尤其在自动流水线上，加工效率低，成为薄弱环节，刀具刃磨调整频繁，尺寸精度不易控制。

先进的工艺方法是采用旋转圆盘车刀加工。同普通硬质合金车刀相比，切削速度可提高 1 倍，刀具寿命可提高 10 倍。这种刀具结构如图 6-9 所示。圆盘车刀的刃口比普通车刀长几十倍，刀具磨损相应减小，又由于刃口是在旋转，对切削热量的散发特别有利，故这种刀具寿命长、耐用度高。

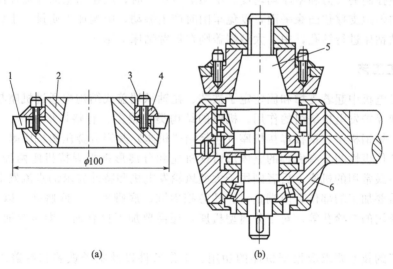

图 6-9　旋转圆盘车刀结构
1—刀片；2—刀体；3—固定螺钉；4—压板；5—心轴；6—刀体座

四、端盖的加工工艺

端盖是连接转子和机座的结构零件。它一方面对发电机内部起保护作用，另一方面通过安放在端盖内的滚动轴承来保证定子和转子的相对位置。发电机端盖的种类很多。

按照轴承室部位结构不同，分为通孔轴承室端盖和阶梯轴承室端盖。使用通孔轴承室端盖时，必须采用外轴承盖，以防止润滑脂外流。这种端盖结构简单，加工容易，检修方便，因此用得最多。阶梯孔轴承室端盖的外侧部分能起外轴承盖的作用，可减少零件数量，简化发电机结构，中心高在160mm以下的小发电机都采用这种端盖。

按照端盖坯件的不同，可分为焊接端盖与铸造端盖。焊接端盖由钢板焊接而成。铸造端盖可用铸铁、铸钢或铝合金铸造。铸铁价格便宜，铸造和加工性能都比较好，且有足够的强度，在中、小型发电机中广泛采用铸铁端盖。当机械强度要求较高时，采用铸钢端盖或高强度铸铁端盖。在大量生产的小功率发电机中，为减少加工工时，常采用铝合金压铸的端盖。为提高轴承室的机械强度，铝合金端盖的轴承室镶有铸铁衬套。由于铝合金的机械强度和耐磨性能较差，价格又较贵，因此，外径在300mm以上的端盖不宜采用铝合金。

端盖加工的技术要求如下：

① 止口的尺寸精度、圆度和表面粗糙度（$Ra=6.3\mu m$）应符合图样规定；

② 轴承室的尺寸精度、圆柱度和表面粗糙度（$Ra=6.3\mu m$）应符合图样规定；

③ 端盖的深度（止口端面至轴承室端面的距离）应符合图纸规定；

④ 止口圆与轴承室内孔的同轴度、止口端面对轴心线的跳动量应符合图纸规定；

⑤ 端盖固定孔和轴承盖固定孔的位置应符合图纸规定。

端盖加工过程并不复杂，只有车削和钻孔两项。但是端盖是一种易变形的薄壁零件，过大的夹紧力或过大的切削量都可能使端盖的尺寸超差和变形。减小夹紧力，又将导致切削用量降低，从而降低生产率。因此，常将车削分为粗车和精车两道工序，采用不同的夹紧力，在精度等级不同的车床上加工。

小型端盖加工时，常用三爪自定心卡盘夹紧端盖上的工艺搭子外圆。工艺搭子外圆应预先加工，以便控制夹紧力和壁厚均匀度。中型端盖加工时，应在凸缘的外圆柱面处将端盖径向夹紧，并均匀地支撑住凸缘平面，以免车削时产生振动，影响加工质量。小型端盖采用立式钻床或多轴钻床进行钻孔，中、大型端盖则在摇臂钻床上钻孔。

五、机座加工工艺

机座在发电机中起着支撑和固定定子铁芯、在轴承端盖式结构中通过机座与端盖的配合起支撑转子和保护发电机绕组的作用。机座的结构类型很多，有整体形机座、分离形机座，有铸铁机座、铸钢机座、钢板焊接机座（包括箱式机座）及铝合金压铸机座等。但从制造工艺上看，具备代表性的是有底脚的整体形铸铁机座和分离形钢板焊接机座两种。前者是中、小型发电机中最常用的机座，后者则用于大型风轮发电机和特殊要求的直流发电机。

机座上需要加工的部位有两端止口、铁芯挡内圆、底脚平面、底脚孔，以及固定端盖、接线盒和吊环用的螺栓孔等。对于分离型机座，还需要加工拼合面（即接合面）、拼合通孔和销钉孔等。

机座加工的技术要求应根据机座的功用、工作条件以及定子铁芯和端盖的相对位置制定。一般机座加工的技术要求尺寸精度、形状精度、位置精度、粗糙度都要符合图样规定，并且机座壁厚要均匀，分离形机座的拼合面要求接合稳定，定位可靠，拆开后重装时仍能达到原定要求。

机座加工时，必须综合考虑各主要加工面的质量要求，以确定零部件的装夹方式。若装夹不当，将影响加工后零部件的壁厚、止口与内圆的同轴度，并将产生变形。根据装夹方式的不同，机座的加工方案有两种。

① 以止口定位的加工方案　以加工过的一端止口为定位基准，轴向夹紧，加工另一端止口和内圆，并以止口或内圆定位，加工底脚平面。其特点是两端止口和内圆的同轴度取决

于止口与止口模的配合精度。止口模磨损或拆卸后应重新加工，以保证其精度。这个方案的夹具简单，工艺容易掌握，因而成为最常用的加工方案。

② 以底脚平面定位的加工方案　以加工过的底脚平面为定位基准，一次装夹，加工两端止口、端面和内圆。其特点为两端止口和内圆是在一次装夹下加工的，可减小装夹误差；止口与内圆的同轴度主要取决于机床的精度；对底脚平面要求平直，且在装夹时夹紧力应均匀，否则会引起不对称变形。

为减小机座变形，在机座的加工过程中必须注意以下几点：

① 铸件应在清砂和喷涂防锈漆后进行时效处理，焊接件应在焊接后进行退火处理，以消除内应力；

② 机座的止口和内圆加工，必须分粗车与精车两道工序进行，这样，可减小切削热作用所引起的变形，在自动线上加工机座时，通常在粗车与精车工序之间设置冷却工序或安排其他工序，使工件得到充分冷却；

③ 精车时不宜采用径向夹紧，以免引起装夹变形；

④ 要正确搬运，要小心轻放，不要野蛮搬运，不可与铁块相接，以免引起意外变形。

[操作指导]

一、任务布置

对带壳定子进行车加工，使其符合规定的要求。

二、操作指导

（1）设备、工具和材料

① 设备　卧车：CA6150。

② 工具　空压机及吹枪、橡皮管、车加工胀胎工装、V 形块、橡胶圈、内六角扳手、毛刷、抹布、宽松紧带圈、圆锉刀。

③ 量具　内径量杆表、数显游标卡尺、自制弓形量杆、深度尺。

④ 刀具　YT15 车刀。

（2）工艺过程

① 工艺准备

a. 检查定子引线，线圈端部是否有损伤，定子内腔是否铲漆、是否清理干净。

b. 将引线缠绕在线圈上，把胀胎擦干净，轻轻插入定子内腔中，保证胀胎不擦伤线圈和引线。

c. 将橡胶板抹干净套在胀胎上与机壳内腔贴紧，调头装另一头的橡胶板，并把松紧带圈套在机壳外圆上，封住方孔，以免加工过程中铁渣混入铁芯线圈中。

d. 将机壳吊上机床并装夹调整好，检查胀胎是否胀紧，并及时补充专用塑料。

② 工艺过程

a. 先平非引线端 0.2～0.3mm，然后测量入壳尺寸实际余量再平至图纸要求尺寸，照顾机壳总长尺寸，分粗、精车止口，将止口尺寸及止口长度尺寸车到图纸要求，转动刀架倒角至要求，用锉刀除孔内毛刺。

b. 松动顶尖让机壳落在 V 形块上，调头重新顶好顶尖并调整，移开 V 形块。

c. 平总长达图纸要求，同样分粗、精车止口尺寸，将止口及止口长度尺寸车至图纸要求，按图纸要求倒角，用锉刀除孔内毛刺。

d. 用压缩空气吹净两头内腔的铁渣，检查尺寸无误后把工件吊下，松开胀胎螺杆，轻轻把胀胎从定子中取出，下次备用。

e. 检查车加工部位是否有毛刺，用橡胶板挡住线圈端部，用锉刀除掉所有的毛刺，再拿走橡胶板，然后用压缩空气仔细吹净所有的铁渣和灰尘，将工件放在指定位置。

（3）注意事项

① 车加工之前对待加工产品进行检查，发现不合格时及时返工。

② 关键特性的检验与控制按表 6-1 所示的要求进行。

③ 装夹和加工时，严禁发生碰撞，以免发生绕组露铜。

④ 不允许有铁渣留在铁芯线圈中，以免烧毁电机。

表 6-1 关键特性的检验与控制

关键特性		过程参数设置	量具		样本	
产品	过程		类型	能力	样本大小	频度
1	入壳尺寸	112.2±0.4	深度尺	0～200	100%	连续
2		79.3±0.4				
3	止口尺寸	$\phi198.8\pm0.05$	内径量杆表	50～160	100%	连续
4		$\phi180\pm0.04$				
5	机壳总长	351.9±0.13	数显游标卡尺	0～500	100%	连续
6		308.3±0.13				
7	吹渣除毛刺	无铁渣无灰尘 无毛刺无锈蚀	目测	—	100%	连续
8						

思考题

（1）发电机零部件的加工具有哪些特点？

（2）对端盖的加工工艺有哪些技术要求？

（3）以止口定位的机座加工方案是什么？

任务三 发电机铁芯的制造工艺

[学习背景]

铁芯是发电机的关键部件，其质量好坏直接影响发电机的运行性能和使用寿命。铁芯制造工艺包括冲片制造和铁芯压装两部分。本任务主要介绍铁芯冲片材料的分类，冲压工艺的一般问题，铁芯冲片制造，铁芯压装，铁芯制造质量的检查。

[能力目标]

① 了解发电机铁芯的制造材料。

② 掌握铁芯冲片的工艺技术。

③ 掌握铁芯压装的工艺技术。

④ 熟悉铁芯制造质量的检查。

[基础知识]

一、铁芯制造材料的分类

铁芯一般采用软磁材料制造，因为软磁材料的磁导率高、磁滞损耗小、便于制造。常用的几种软磁铁芯材料有硅钢片、电工纯铁、铁镍合金、软磁铁氧体等。发电机铁芯冲片最常用的材料是硅钢片。

（1）硅钢片

硅钢片是由铁中加入硅的合金钢轧制而成的，一般含硅量为 0.5%～4.5%，加入硅可提高铁的电阻率和最大磁导率，降低矫顽力、铁芯损耗（铁损）和磁时效。硅钢片的质量要求，主要有以下几点。

① 低损耗　包括磁滞损耗和涡流损耗。

② 高导磁性能　导磁性能越高，在磁通量不变的情况下，可缩小磁路的截面积，节约励磁绕组用铜量，减少体积。

③ 良好的冲片性　硅钢片应具有适宜的硬度，不能过脆或过软。表面要光滑、平整且厚度均匀，以利模具冲制和提高叠压系数。

④ 成本低使用方便。

（2）电工纯铁

电工纯铁有原料纯铁、电子管纯铁和电磁纯铁三种。供料状态有棒料、热轧薄板和冷轧薄板。铁具有高饱和磁通密度、高磁导率和低矫顽力。铁的纯度越高，磁性能越好。由于制备高纯度铁的工艺复杂且成本较高，因此，工程上还是比较多采用电磁纯铁。在冶炼电磁纯铁时，可加入适量的铝或铝和硅以削弱碳、氮、氧等杂质对磁性的有害影响。由于电磁纯铁中杂质含量少，故冷加工性能较好，饱和磁通密度仍较高，但电阻率低，铁耗大，只适用于恒定磁场或脉动成分不大的磁场中。电磁纯铁加工后，由于存在应力，使磁性能降低，故加工后必须进行退火处理。

（3）铁镍合金

铁镍合金的含镍量在 50%～80% 左右，经高温退火后磁性很好，磁导率比硅钢片要高出 10～20 倍。铁镍合金中杂质对磁性能影响很大。杂质含量越多，初始磁导率和最大磁导率就越低，矫顽力就越大。如果增加硅的含量，并加入钼、铬、铜等元素，就可以提高磁导率和电阻率，但是会使饱和磁通密度下降，并使矫顽力降低。

铁镍合金的优点是，在低磁场强度下有极高的磁导率和很低的矫顽力，加工性能好。其缺点是，含有大量的贵金属镍，成本高，并且工艺因素变动对磁性能的影响较大，使产品之间磁性能的差别也较大。此外，它的电阻率不高，铁耗较大。

（4）铁铝合金

铁铝合金是以铁、铝（6%～16%）为主要成分，不含贵重元素的另一类高电磁性能的软磁合金。常用的铁铝合金可以有冷轧或热轧带材，片厚 0.1～0.5mm。其主要特点是有高的电阻率和硬度，密度较小（6.5～7.2g/mm³），抗振动和抗冲击性能良好，其磁性能对应力不像铁镍合金那样敏感。

用铁铝合金片制造的铁芯，涡流损耗小，重量较轻，有良好的耐中子辐射性能。当含铝量超过 16% 时，铁铝合金变脆，塑性减弱，机械加工困难。含铝量增加还使饱和磁感应强度降低。铁铝合金制成的铁芯与铁镍合金一样，需要最终高温退火处理，消除应力，提高磁性能。随着铁铝合金含铝量的增加，材料的磁导率和电阻率变高，而饱和磁感应强度降低。

二、铁芯冲片工艺

在发电机的制造过程中，铁芯冲片制造的工作量最大，技术要求最严，所以必须重视铁芯冲片的制造工艺。

（1）冷冲压工艺

在发电机的制造过程中，很多环节都要用板料或条料进行冷冲压制作。冷冲压工艺具有以下几个特点：

① 操作简单　操作者只需做简单的送料，主要依靠冲床和模具进行工作；

② 精度可靠　工件的尺寸精度取决于模具，与操作者关系不大，因此，工件的尺寸稳定，互换性好；

③ 生产率高　冲床速度快，冲压过程可实现机械化和自动化，生产率高；

④ 材料利用率高　工件可套裁，冲压件只需经过少量切削，甚至无需切削加工便可直接使用；

⑤ 模具制造周期长，制造费用高；

⑥ 工作噪声大　冷冲压属于冲击性工作，冲压的过程中会产生噪声；

⑦ 冲剪速度快，压力大，容易发生人身事故。

为了防止冷冲压时发生安全事故，应当事先进行安全技术教育，还应在技术装备上采取相应的措施，所采取的安全技术措施有以下几种：

① 在安装、调整和检查模具时，应切断电源，防止误操作，并警示他人严禁开动冲床或剪床；

② 操作者不得直接使用双手在刃口区工作，必须使用夹钳或钩杆操作工件；

③ 采用自动上料和出料机构，这样既能使操作者离开刃口区，还能提高生产率；

④ 增设光电安全装置，当操作者的手离开刃口区时，光电安全装置不影响冲裁，当操作者的手未离开刃口区时，光电源的光线被手遮断，光电管断流，这种装置所控制的联锁机构改变动作，使冲床滑块不能冲下。

（2）铁芯冲片的类型和技术要求

铁芯冲片按照形状不同，可分为圆形冲片、扇形冲片和磁极（铲形）冲片。对铁芯冲片的技术要求如下。

① 尺寸精度要符合图样规定　铁芯冲片上有多种尺寸，但可归结为内部尺寸和配合尺寸两种。内部尺寸如槽形尺寸通风孔标记槽和磁极冲片上的各种孔径等，一般采用 H10 精度等级，更高的精度是不必要的，因为压装后，槽壁和孔壁不整齐所造成的误差远大于冲片本身的误差。配合尺寸，如铁芯外圆、铁芯内圆以及轴孔等要与其他零件配合的尺寸，其精度等级与所采用的加工工艺有关。中小型发电机冲片内径采用 H8 或 h7，其外径采用 h6 或 h7。大型发电机扇形冲片内径采用 H8 或 H9，其外径采用 h8 或 h9。

② 形位偏差要符合图样规定　定子冲片内圆与外圆的同轴度不应超差。当定子冲片内外圆为一次同时冲制时，其同轴度取 $\phi0.04 \sim 0.06mm$，当其内外圆分两次冲制时，其同轴度可适当放宽。

③ 齿槽分布要均匀　槽分度要准确，最大与最小齿宽之差应符合图样规定。否则，将导致磁路不平衡。

④ 冲片厚薄均匀，表面平整，冲裁断面上的毛刺小　中小型发电机定子冲片上的毛刺应不大 0.05mm。铸铝转子冲片的毛刺应不大于 0.1mm。

---

⑤ 冲片表面上的绝缘层应薄而均匀，有良好的介电强度、耐油和防潮性能。

（3）铁芯冲片的剪裁

铁芯冲片制造的第一道工序是剪裁，将整张的电工钢板剪成一定宽度的条料，或将整卷的电工钢带剪成一定宽度的带料。条料或带料的宽度应略大于铁芯冲片的外径，以便冲制。在剪料前，要进行排料，以确定下料的宽度；在图 6-10 中，只有直径为 D 的各圆形坯件可以利用，其余部分为"外部余料"（又称工艺余料）。由电磁及结构设计所产生的余料，例如从槽、轴孔及通风孔处所落下的余料，称为"内部余料"（又称设计余料）。

电工钢板的下料利用率 K，是指冲片坯件总面积与原料面积之比，即

$$K = \frac{A}{ab} \times 100\% \tag{6-4}$$

式中　A——坯件总面积，mm^2；

　　　a——电工钢板的宽度，mm；

　　　b——电工钢板的长度，mm。

为了提高硅钢片的利用率，可以采用错位排列来合理安排冲片的位置，通过减少外部余料，来提高硅钢片的利用率，如图 6-10 所示。

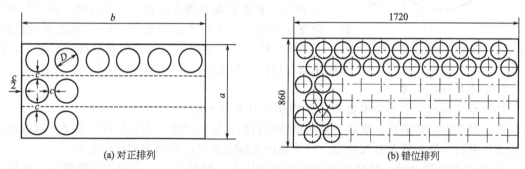

(a) 对正排列　　　　　　　　　　　　　　(b) 错位排列

图 6-10　铁芯冲片坯件的排列

（4）铁芯冲片的冲制方法

① 单冲　每次冲出一个连续的轮廓线，例如轴孔及键槽，主要用于单件生产或小批量生产。

优点：冲模结构简单，容易制造，通用性好，生产准备工作简单，要求冲床的吨位小。

缺点：冲制过程中是多次进行的，会引起定子冲片内外因同轴度的误差，以及定子槽和转子槽的分度误差，因此冲片质量较差，劳动生产率不高。

② 复冲　每次冲出几个连续的轮廓线，例如能一次将轴孔、轴孔上的键槽和平衡槽以及全部转子槽冲出，主要用于大批量生产中。

优点：劳动生产率高，冲片质量好。

缺点：冲模制造工艺比较复杂，工时多，成本高，需要吨位大的冲床。

③ 级进冲　将几个单式冲模或复式冲模组合起来，按照同一距离排列成直线，上模安装在同一个上模座上，下模安装在同一个下模座上，就构成一副级进式冲模，主要用于小型及微型发电机的大量生产。

优点：劳动生产率较高。

缺点：冲模制造比较困难，冲床必须有较大的吨位和较大的工作台。

以上几种冲制方法各有其优缺点，应根据工厂生产批量的大小、模具制造能力及冲床设备条件等，在努力提高劳动生产率和冲片质量的前提下，将它们适当地组合起来，发挥各自

的优点，满足生产需要。

（5）冲片的质量

在冲制过程中，冲片要按技术要求进行检查，检查内容包括冲片的内圆、外圆、槽底直径和槽型尺寸，均采用带千分表的游标卡尺进行测量。除此以外，还需要检查毛刺、同轴度、大小齿和槽形。

① 毛刺　一般用千分尺测量或用样品比较法检查。按技术条件规定，定子冲片毛刺不大于 0.05mm，转子冲片毛刺不大于 0.08mm。

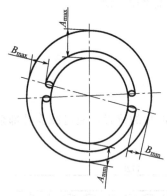

图 6-11　定子冲片同轴度的检查

② 同轴度　定子冲片内外圆的同轴度及定子冲片外圆与槽底圆周的同轴度可按图 6-11 所示的方法检查。将冲片在压板下压平，用带千分表的游标卡尺测量互成 90°的 4 个位量的内外圆间的尺寸差。

③ 大小齿　在定转子冲片相对中心 4 个部位，每个部位用卡尺连续测量 4 个齿的齿宽。按技术条件规定，齿宽差允许值为 0.12mm，个别齿允许差为 0.20mm（不超过 4 个齿）。

④ 槽形　槽形检查有两个内容：一个是检查槽形是否歪斜，检查方法采用两片冲片反向相叠，即可量出歪斜程度；另一个是检查槽形是否整齐，一般是将冲片叠在假轴上，用槽样棒塞在槽内，如通不过，则槽形不整齐。

（6）冲片绝缘处理

冲片绝缘处理，主要技术要求是绝缘层应具有良好的介电性能、耐油性、防潮性、附着力强和足够的机械强度和硬度，而且绝缘层要薄，以提高铁芯的叠压系数，增加铁芯有效长度。冲片绝缘处理主要是涂漆处理和氧化处理。

① 冲片的涂漆处理　对冲片的涂漆要求是快干、附着力强、漆膜绝缘性能好。涂漆工艺主要由涂漆和烘干两部分组成，在涂漆机上同时完成。

涂漆机由涂漆机构、传送装置、烘炉和温度控制以及通风装置等几部分组成。应用最广泛的三段式涂漆机如图 6-12 所示。

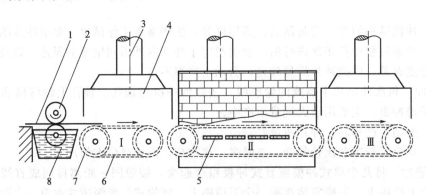

图 6-12　三段式涂漆机示意图

1—硅钢片；2—滚筒；3—烟筒；4—风罩；5—加热元件；6—链条；7—链轮；8—漆槽

涂漆机由两个滚筒、漆梢和滴漆装置等组成。上下滚筒采用齿轮传动，转速相同而转向相反，通过调整间隙而得到不同厚度的漆膜。在上滚筒的上面装有滴漆装置，漆流入滴漆管，管上开有许多小孔，使漆流到上滚筒上。在下滚筒下面放一漆槽以储存滴下来的余漆和使下滚筒能沾上漆,进行冲片两面涂漆。

涂漆机的传送装置要求轻便,一般分为三段。第一段长约2~3m,不进入炉中,使漆槽和炉隔开,同时避免刚涂好漆的冲片落到很热的传送带上,它的上面装有抽风斗,将挥发的一部分溶剂抽掉。第二段完全在炉内,长8m左右。第三段长约5m,上面也装有抽风装置,抽去挥发的溶剂和冷却已烘干的硅钢片。传送带的传送速度,应与涂漆筒的周速相同,使冲片和传送带不产生位移,以保证漆膜光滑而无痕迹。

炉内温度的分布分为3个区域:炉前区温度400~500℃,不宜过高,以免溶剂挥发过快,在漆膜上形成许多小孔;炉中区温度450~500℃,是漆膜氧化的主要阶段;炉后区温度约300~350℃,是漆膜的固化阶段。在上述炉温分布下,冲片在炉内的时间需要1.5min左右。

② 冲片的氧化处理 冲片氧化处理是人工地使冲片表面形成一层很薄而又均匀牢固的氧化膜,替代表面涂漆处理,使冲片之间绝缘,以减少涡流损耗。

冲片氧化处理的主要设备是用炉车作底的电阻炉,将冲片叠成一定高度(约250mm左右),放在炉车上,然后盖上封闭用的防护罩,使炉车内形成一个氧化腔。炉车推进炉内关闭炉门后,开始供电加热,炉温升至350~400℃时,通入水蒸气作为氧化剂。然后,控制炉温为500~550℃,恒温3h,停止供给水蒸气,并让大量的新鲜空气进入氧化腔约20~30min。然后,断电停止加热,待氧化腔温度降至400℃后打开防护罩,卸车,即完成了氧化处理。

由于氧化膜的附着力和绝缘电阻值不及漆膜,而且质量不容易控制,尤其是在作用于大型铁芯冲片时、因此,目前只适用于小型发电机铁芯冲片的绝缘处理。

三、铁芯压装

发电机铁芯是由很多冲制好的冲片叠压而成的,要求叠好后的铁芯结合紧密,不能松动,铁芯还要具有良好的电磁性能,片间绝缘好,铁损耗小等。在工艺上,要保证定子铁芯压装具有一定的紧密度、准确度和牢固性。

1. 保证紧密度的工艺

铁芯压装有3个工艺参数:压力、铁芯长度和铁芯重量,在压装时要能够正确处理三者关系。在保证铁芯长度的情况下,压力越大,压装的冲片数就越多;铁芯压得越紧,重量就越大。因而电机工作时铁芯中磁通密度低,励磁电流小,铁芯损耗小,电动机的功率因数和效率高,温升低。但压力过大会破坏冲片的绝缘,使铁芯损耗反而增加,所以压力不宜过大。压力过小,铁芯压不紧,使励磁电流和铁芯损耗增加,甚至在运行中会发生冲片松动。

压装通常有两种方法:一种是定量压装,先称好每台铁芯冲片的重量,然后加压,将铁芯压到规定尺寸;另一种是定压压装,压装时保持压力不变,调整冲片数量使铁芯压到规定尺寸。一般实际生产中是将这两种方法结合进行的,以重量为主控制指标,压力在一定范围内变动,当压力超过允许范围,可适当增减冲片数。

一般铁芯长度在500mm以下时,可一次加压,当铁芯长度超过500mm时,考虑到压装时摩擦力增大,采用两次加压,即铁芯叠装一半便加压一次,松压后叠装完另一部分冲片,再加压压紧。

2. 保证准确性的工艺

(1) 槽形尺寸的准确度

槽形尺寸的准确度主要靠槽样棒来保证。压装时在铁芯的槽中插2~4根槽样棒来定位,以保证尺寸精度和槽壁整齐。叠压后的冲片不可避免地会有参差不齐的现象，叠压后的槽形尺寸比冲片的尺寸要小，允许叠压后的槽形尺寸比冲片的尺寸小0.20mm。槽样棒根据槽形按一定的公差制造，一般比槽形尺寸小0.10mm。铁芯压装后，用通槽棒（检查棒）来检查，通槽棒尺寸一般比槽形尺寸小0.20mm。

（2）铁芯内外圆的准确度

铁芯内外圆的准确度，一方面取决于冲片的尺寸精度和同轴度，另一方面取决于铁芯压装的工艺和工装。首先要采用合理的压装基准，即压装时的基准必须与冲片的基准一致。当冲片以外圆定位冲制时，压装的定位基准也应是冲片的外圆；当冲片以内圆定位冲制时，压装的定位基准应是冲片的内圆。严格控制和提高冲片、机座等的加工精度，提高冲片及机座加工尺寸的公差等级。

（3）铁芯长度及两端面的平行度

消除铁芯两端不平行、端面与轴线不垂直的措施：压装时压力要在铁芯的中心，压床工作台面与压头平面要平行；铁芯两端要有强有力的压板；整张硅钢片一般中间厚、两边薄，所以下料时，同一张硅钢片所下条料，应该顺次叠放在一起，如不注意则容易产生两端面不平行。

3. 保证牢固性的工艺

为保证铁芯的牢固性，可以采取两种型式：一种是如图6-13(a)所示，在冲片上有燕尾槽，铁芯两端采用碗形压板，将弓形扣片放在燕尾槽里，将它压平，撑紧燕尾槽，然后将扣片两端扣紧在铁芯两端的碗形压板上。另一种是如图6-13(b)所示，还是采用弓形扣片和燕尾槽，所不同的是采用环形的平压板，这种结构用料少，可实行套裁，生产率高，但结构不如第一种牢固。对不加工外圆的两不光和光止口方案可以采用第二种，但对光外圆方案应采用碗形压板。

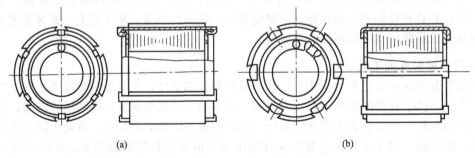

(a)　　　　　　　　　　　　(b)

图6-13　外压装定子铁芯结构

4. 铁芯的叠压系数

叠压系数 K_{ti} 是指在规定压力下，净铁芯长度和铁芯长度的比值，或者等于铁芯净重和相当于铁芯长度的同体积的硅钢片重量的比值。

对于0.5mm厚不涂漆的发电机冲片，$K_{ti}=0.95$，涂漆的电机冲片 $K_{ti}=0.92\sim0.93$。

如果冲片厚度不匀，冲裁质量差，毛刺大，或压得不紧，片间压力不够，则压装系数降低，其结果是使铁芯重量比所设计的轻，铁芯净长减小，引起电机磁通密度增加，铁芯损耗大，性能达不到设计要求。

5. 铁芯压装质量检查

铁芯压装后尺寸精度和公差的检查用一般量具进行检测；槽形尺寸用通槽棒检查；铁芯

重量用磅秤检查；槽与端面的垂直度用直角尺检查；片间压力的大小，通常用特制的检查刀片测定。测定时，用力将刀片插进铁轭，当弹簧力为 $100\sim200N$ 时，刀片伸入铁轭不超过 3mm，否则说明片间压力不够。较大型发电机铁芯压装以后要进行铁耗试验。

6. 铁芯的质量分析

① 定子铁芯长度偏差允许值。定子铁芯长度大于转子铁芯长度太多，相当于气隙有效长度增大，使空气气隙磁势增大（励磁电流增大），同时使定子电流增大（定子铜耗增大）。此外，铁芯的有效长度增大，使漏抗系数增大，电机的漏抗增大。

② 定子铁芯齿部弹开大于允许值。这主要是因为定子冲片毛刺过大所致，其影响同上。

③ 定子铁芯重量不够，使定子铁芯净长减小，定子齿和定子轭的截面减小，磁通密度增大 。铁芯重量不够的原因是：定子冲片毛刺过大；硅钢片薄厚不匀；冲片有锈或沾有污物；压装时由于油压漏油或其他原因压力不够。

④ 缺边的定子冲片掺入太多，它使定子轭部的磁通密度增大。缺边的定子冲片可以适当掺入，但不宜超过 1%。

⑤ 定子铁芯不齐

a. 外圆不齐　对于封闭式电机，定子铁芯外圆与机座的内圆接触不好，影响热的传导，电机温升高。因为空气导热能力很差，仅为铁芯的 0.04%，所以即使有很小的间隙存在，也使导热受到很大影响。

b. 内圆不齐　如果不磨内圆，有可能产生定转子铁芯相擦；如果磨内圆，既增加工时又会使铁耗增大。

c. 槽壁不齐　如果不锉槽，下线困难，而且容易破坏槽绝缘；如果锉槽，铁损耗增大。

d. 槽口不齐　如果不锉槽口，则下线困难；如果锉槽口，则定子卡式系数增大，空气气隙有效长度增加，使励磁电流增大，旋转铁耗（即转子表面损耗和脉动损耗）增大。

定子铁芯不齐的原因大致是冲片没有按顺序顺向压装；冲片大小齿过多，毛刺过大；槽样棒因制造不良或磨损而小于公差，叠压工具外圆因磨损而不能将定子铁芯内圆胀紧；定子冲片槽不整齐等。

定子铁芯不齐而需要锉槽或磨内圆是不得已的，因为它使发电机质量下降，成本增高。为使铁芯不磨不挫，需采取以下措施：提高冲模制造精度；单冲时严格控制大小齿的产生；实现单机自动化，使冲片顺序顺向叠放，顺序顺向压装；保证定子铁芯压装时所用的胎具、槽样棒等工艺装备应有的精度；加强在冲剪与压装过程中各道工序的质量检查。

［操作指导］

一、任务布置

对定子铁芯进行内压装加工，使其符合规定的要求。

二、操作指导

（1）零件、设备和工具

① 零件　铁芯骨架、定子压圈、定子扇形片、定子通风槽板、定子铁芯端板、通风槽板装配、螺杆、六角螺母、衬口环、固定片、槽形棒、紫铜片等。

② 设备　桥式起重机、CO_2 气体保护焊机。

③ 工具　扭矩扳手（3000N·m）、加力杆套筒、钢皮尺、内径千分尺 、放置垫块、预

压模圈、吊装专用工具、水平仪等。

（2）工艺准备

① 在铁芯骨架下床前，在铁芯装配平台上，按照 $\phi3250$ 的圆周，均布放置 6 个放置垫块。放置垫块放置后必须校水平，不平处用铁片垫片，保证 6 个放置垫块上平面水平。

② 用专用吊装工具将铁芯骨架吊到校好的放置垫块上，放置平稳。

③ 检查铁芯骨架有无毛刺，如有则在平台上打磨，清理干净。不得将铁芯骨架吊到其他地方进行打磨工作。

④ 检查各零件是否有合格标记，否则不能压装。

⑤ 将待压的定子冲片按毛刺方向理好，须保证冲片毛刺方向一致。

（3）工艺过程

① 在机座铁芯挡下机壁板孔内放入螺杆，底部旋入螺母，并在其下用垫板垫齐螺杆高度。

② 以螺杆定位，放入一层定子铁芯端板，齿压片须贴平下机壁板。

③ 同上放入一层定子冲片，须与铁芯端板接缝交错叠放。端板齿部必须与定子冲片齿部对齐，不得突出。

④ 插入定位槽形棒，以此方式重复叠片。

⑤ 叠第一段铁芯冲片，在每张冲片的中间槽中分别插入槽形棒。叠片时如有槽形不齐的冲片必须拿出，再补上同数量同台冲片。

⑥ 每一段铁芯长度叠放完后，先放入定子通风槽板装配一圈，再叠放定子通风槽板一圈，通风槽板及装配齿部必须与冲片齿对齐，不得突出，同时在每件螺杆处须穿入衬口环后再叠放定子通风槽板。铁芯长度中间通风槽处每件螺杆处穿入固定片。

⑦ 重复工序③～⑥，继续叠装完整台铁芯的冲片。

⑧ 当铁芯叠到总高一半左右时，需吊上预压模圈，旋入螺母进行中间预压，在压力下测量铁芯长度，按图纸要求增减冲片，保证各段长度。

⑨ 装完全部铁芯冲片后，放入定子铁芯端板，对齐槽形，再装入定子压圈，旋入螺母，按冲片对角线方式紧固螺母。

⑩ 旋紧全部螺母后检查铁芯长度，若有出入，则松开螺母，调整铁芯长后再按工序⑨压紧。

⑪ 取出槽形棒。

⑫ 将机座铁芯挡上机壁板与定子压圈焊接，要求焊缝位于两螺杆之间，焊接长度50mm，两头相对冲片须对称。焊接时，槽部必须用护板遮盖。焊后去除焊渣，焊缝要求光整。

⑬ 将固定片与机座筋板焊接牢固，焊后去除焊渣，焊处要求光整。

⑭ 经检查，如槽形平整度出现超出规定要求情况时，须锉槽处理。

（4）质量检查

① 铁芯实际总长允许不小于名义尺寸，且不大于名义尺寸的 1%，最大不超过 10mm。

② 铁芯轭部不得有明显的波浪形。

③ 铁芯在做工艺准备时，须对分段重量称重记录，并按比例计算各分段重量及铁芯总重量。

④ 径向通风道的铁芯各段长，允许相差 ±1.5mm，且应正负交错。

⑤ 齿部弹开度要求见表 6-2，此弹开度系指压装后的情况，因内圆加工所引起的弹开度不在此列。

⑥ 槽形必须光洁平整，允许比单张冲片槽形尺寸小 0.40mm，经局部修锉后槽型棒通过。

⑦ 衬口环松紧程度要求　不允许能用手扳动现象。

⑧ 铁芯叠压（螺纹）压力值　可通过扭力扳手力矩检测，也可用专用测压力值设备进行检测。

⑨ 铁芯内圆直径，允许修磨内圆、符合图纸要求。

表 6-2　齿部弹开度要求

齿高/齿宽	弹　开　度	齿高/齿宽	弹　开　度
≤3	≤5mm	≥4	≤7mm
3～4	≤6mm		

思考题

（1）常用的铁芯材料有哪些？

（2）铁芯压装有哪两种方法？

任务四　发电机绕组的制造工艺

[学习背景]

绕组是发电机的重要组成部分，绕组的制造质量和运行中的电磁作用、机械振动等因素对发电机的使用寿命和运行可靠性起着非常关键的作用。而绝缘材料与结构的选择、绕组制造过程中的绝缘处理是影响绕组制造质量的关键因素。因此，为了保证绕组的制造质量，必须正确地选择绕组的材料，掌握绕组的绕制及绕组的嵌装方法和工艺。

[能力目标]

① 了解绕组的分类及材料。

② 掌握绕组的绕制方法及工艺。

③ 掌握绕组的嵌线方法及工艺。

[基础知识]

一、绕组的分类及材料

1. 绕组的分类及技术要求

发电机的绕组的分类方法有多种。按电压等级可分为高压绕组和低压绕组；按绕组位置可分为定子绕组和转子绕组；按工艺角度可分为单圈绕组和多圈绕组；按结构和制造方法可分为软绕组和硬绕组；按嵌装方法可分为嵌入式绕组、绕入式绕组和穿入式绕组。

绕组是发电机重要的部件，同时又是容易损坏的薄弱环节，所以对绕组必须要有比较高的技术要求。根据绕组制造和运行维护的需要，绕组应当满足以下要求。

（1）尺寸和形状的准确性

如果绕组的尺寸和形状不符合规范，绕组将无法嵌入槽内，或者很难排列整齐，甚至发生事故。如果绕组的截面积过小，运行中将会发生松动，严重时还会造成绝缘磨损。并且，绕组与槽壁间的空隙使得散热困难，导致温升增加。

（2）绝缘可靠性

发电机在出厂试验时应承受 $2U+1000V$ 的耐压试验（U 为额定电压）。破坏性试验中，对 6000V 级的绕组击穿电压不低于 $7U$，对 10000V 的绕组应不低于 $5U$。为保证发电机能够在长期可靠运行，需要正确选择绝缘材料，绝缘层要紧密均匀，绝缘漆要坚实无空隙。

（3）绕组的牢固性

绕组在嵌线后必须牢固地加以紧固，防止在发电机突然短路等恶劣条件下电磁力及其他外力作用而产生变形或磨损。

（4）焊接质量的可靠性

焊接后的接触电阻要小，以免造成局部发热、脱焊或断线等事故。

（5）其他要求

要求材料经济、方便，避免和减少毒性和刺激性物质，特殊要求时还需满足耐酸、耐碱及耐油等要求。

2. 绕组材料

综合从电阻率小、机械强度高、加工性能好、资源丰富、价格经济等方面考虑，绕组常用的材料是铜和铝。铜的特点是电阻率小，常温下有足够的机械强度与良好的延展性，便于加工，化学性能稳定，不易氧化和腐蚀，容易焊接。绕组用的铜材料是含铜量在 99.9%～99.95% 的纯铜。铝和铜相比，资源更丰富，价格比铜低，导电性能略次于铜，保证电阻不变时，用铝的重量不到铜的一半。但是铝容易氧化，增加了铜铝或铝铝焊接困难。

发电机绕组常用的电磁线一般为铜导线，铝导线用得不多。截面较小时用圆线，截面较大时可用几根并绕或几路并联，或者使用扁导线。发电机绕组所用导线基本都是绝缘导线，要求绝缘导线具有足够的机械强度和电气强度，具有较好的耐溶剂型、耐热性。

3. 绝缘材料

通常将电阻率大于 $10^7\Omega\cdot m$ 的材料称为绝缘材料，其电阻率很高，可以将流过的电流忽略不计。在发电机中通过绝缘材料把导电与不导电部分或者把不同电位的导电体隔开。常用的绝缘材料有以下几种。

① 纤维制品　如黄漆布、黄漆绸、黑漆布、黑漆绸、青壳纸、聚酯纤维纸等。主要用于包扎线圈或作衬垫绝缘。

② 玻璃纤维制品　如玻璃漆布和玻璃漆管。前者主要用于槽绝缘和相间绝缘，后者主要用于导线连接的保护绝缘。

③ 薄膜与复合薄膜制品　如聚酯薄膜和聚酰亚胺薄膜。主要用于槽绝缘。

④ 云母制品　如硬质云母板、耐热硬质云母板、塑形云母板、柔软云母板和粉云母制品。主要用于换向器片间绝缘、槽绝缘、成型线圈、磁极线圈的绝缘。

⑤ 塑料制品　如酚醛树脂玻璃纤维压塑料和聚酰亚胺玻璃纤维压塑料。主要用于换向器绝缘。

⑥ 绝缘漆　种类较多，发电机绝缘常用浸渍漆。

二、绕组的绕制

发电机的绕组是在专用绕线机上利用绕线模绕制的，从绕制方式上分有手工绕制、半自动或自动绕线机绕制。

1. 绕组绕制要求

① 绕组必须排列整齐，不能交叉，否则会增大导线在槽中的面积，嵌线困难，还可能造成短路。

② 绕组的匝数必须符合要求，如果匝数多，会导致嵌线困难，并使漏抗增大，最大转矩和启动转矩降低；匝数少了，会降低功率因数，若是三相绕组匝数不相等，则会引起三相电不平衡。

③ 导线直径必须符合要求，若导线粗了，则浪费成本，嵌线困难；若导线细了，则绕组电阻增大，影响发电机性能。

④ 绕线时必须保护导线的绝缘。

2. 绕组绕制方法

现以最普通的手工绕线为例，其绕线过程如下。

① 核对导线的型号、线径和并绕根数。检查核实后，将漆包线盘置于放线架上，如图6-14所示。

② 根据线圈的尺寸，调整绕线模的大小，将其装入绕线机后并固定，在开始绕线前将计数器置零。

③ 从放线架抽出导线，平行排列（并绕时）穿过浸蜡毛毡夹线板，并且根据一次连绕线圈的个数、组数及并绕根数，剪制绝缘套管若干段，依次套入导线。

④ 将线头挂在绕线模左侧的绕线机主轴上，线头预留长度为线圈周长的一半，嵌入绕线模槽中。导线在槽中自左向右排列整齐、紧密，不得有交叉现象，待绕至规定的匝数为止，如图6-15所示。绕完一个线圈后，留出连接线再向右移到另一个模芯上绕第二个线圈。绕制 $\phi 0.6mm$ 以上导线的线圈均不用摇把操作，必须用一只手盘转线模，另一只手除辅助盘车外，还负责把导线排列整齐，不交叉重叠。

⑤ 绕到规定匝数后，用预先备好的棉扎线将线圈扎紧，线圈的头尾分别留出1/2匝的长度再剪断，以备连接线用。

⑥ 绕制结束后将线模从绕线机上卸下，退出线圈再进行下次绕线。

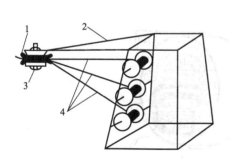

图 6-14 放线架

1—毛毡；2—拉线；3—层压板；4—铜线

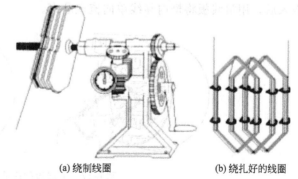

(a) 绕制线圈　　　　　(b) 绕扎好的线圈

图 6-15 线圈绕制

三、绕组的嵌线

1. 嵌线前的操作

① 放置槽绝缘，槽绝缘纸按设计尺寸将两边反折，然后将绝缘纸纵向折成 U 形插入

槽中。

② 定子放置应横向稍偏斜一点放置，偏斜度大小，要便于两手分别从两端进入铁芯内腔操作为便。

③ 定子出线盒端应在操作者的右手一侧，1号槽的位置应在嵌线后的引出线位于出口两侧分布，并使之最短。

④ 线圈组的放置。工作台要清扫干净，待嵌的线圈组放在发电机的左手侧（单人操作），线圈组的放置方向是引线端向着发电机铁芯，并使第1个挂线的全匝数线圈叠放在最上面，其余线圈依缠绕的先后顺序叠放，嵌线时要将每个线圈向发电机方向翻转。

2. 嵌线操作方法

（1）线圈的捏扁

① 缩宽　用两手的拇指和食指分别抓压线圈直线转角部位，使线圈宽度压缩到进入子内腔时不致碰铁芯。对于节距大的线圈，则将线圈横着并垂直于台面，用双手向下压缩线圈。

② 扭转　把欲嵌线圈的下层边扎线解开，左手大拇指和食指捏住直线边靠转角部分，同样用右手指捏住上层边相应部位，将两边同向扭转。

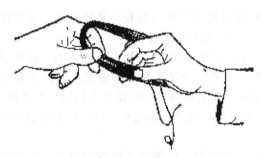

图 6-16　线圈的捏扁梳理示意

③ 捏扁　将右手移到下层边与左手配合，尽量将下层直线边靠转角处捏扁，然后左手不动，右手指边捏边向下滑动，使下边层梳理成扁平的一排形状。如扁度不够，可多梳理几次，如图 6-16 所示。

（2）沉边（或下层边）的嵌入

右手将捏扁后的有效边后端倾斜靠向铁芯端面槽口，左手从定子另一端伸入接住线圈，如图 6-17 所示，双手把有效边靠左段尽量压入槽口内，然后左手慢慢向左拉动，右手一面防止槽口导线滑出，一面梳理后边的导线，边移边压，来回扯动，使全部导线嵌入槽内。导线嵌入后，用滑线板将槽内导线单向梳理顺直。

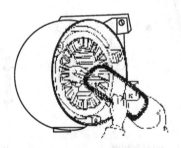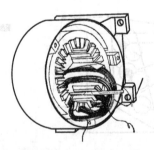

图 6-17　下层边的嵌线方法

（3）浮边（或上层边）的嵌入

在浮边嵌入前要把此边略提起，双手拉直、捏扁理顺，并放置槽口。再用左手在槽左端将导线定于槽口，右手用划线片反复顺槽口边自左向右划动，逐一将导线划入槽内。在槽内导线将满时，可能影响嵌线的继续进行，此时，只要用双拇指在两侧按压已入槽的线圈端部，接着划线片通划几下理顺槽内导线，把余下的导线又可划入槽内。也可将压线条从一侧插入并从另一侧导出，再用双拇指在两侧按压压线条两端，按压后抽出压线条，接着余下的导线又可顺利地划入槽内。

上层边的嵌入与浮边类似，只是在嵌线前先用压线块在层间绝缘上撬压一遍，将松散的导线压实，并检查绝缘纸的位置，然后再开始嵌入上层边。

（4）封槽口

导线嵌入槽后，先用压线块或压线条将槽内的导线压实，然后进行封口操作。其操作过程如下。

① 压线 用压线块从槽口一侧边进边撬压到另一侧，使整个槽内的导线被挤压，形成密实排列；也可用压线条从槽口一端捅穿到另一端，让压线条嵌压在整个槽口上，再用双掌按压压线条的两头，从而压实槽内导线。保证导线不弹出槽口。注意压线块或压线条只能压线，不能压折绝缘纸，如图6-18（a）所示。

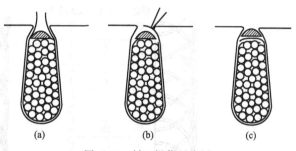

图6-18 封口操作示意图

② 裁纸 保留嵌压在整个槽口内的压线条不动，用裁纸刀把凸出槽口的绝缘纸平槽口从一端推裁到另一端，即裁去凸出部分，然后再退出压线条。

③ 包折绝缘纸 退出压线条后，用划线片把槽口左边的绝缘纸折入槽内右边，压线条同时跟进，划线片在前折，压线条在后压，压到另一端为止。对槽口右边的绝缘纸也用此法操作，如图6-18（b）所示。

④ 封口 在退出压线条的同时，槽楔有倒角的一端从其退出侧顺势推入，完成封口操作，如图6-18（c）所示。

3. 嵌线规律

（1）三相单层绕组

三相单层绕组常见型式有等宽度式、交叉式、同心式等，不同的型式有不同的嵌线规律，但基本的嵌线规律是相同的。

① 嵌线的基本规律 线圈嵌线后的分布为"一边倒"，呈多米诺骨牌推倒状；每次连续嵌线槽数 $x \leqslant q$（q 为每极相槽数）；吊边数 $y = q$；"嵌槽—空槽"为一个操作周期，而每个操作周期所占槽数 $t = q$。

② 单层等宽度式绕组 以3相4极24槽60°相带绕组为例，经计算 $q = 2$，即一组为两个线圈。由嵌线规律可知，每次连续嵌线槽数 $x \leqslant 2$，吊边数 $y = 2$，每个操作周期 $t = 2$。

当 $x = 1$ 时，其嵌线规律为：

嵌1槽，吊1边，空1槽；

嵌1槽，吊1边，空1槽；

嵌1槽，收1边，空1槽；

重复最后这个程序，直到嵌线结束。

当 $x = 2$ 时，其嵌线规律为：

嵌2槽，吊2边，空2槽；

嵌2槽，收2边，空2槽；

重复最后程序，直到嵌线结束。

3相4极24槽单层等宽式绕组嵌线顺序图如图6-19所示，可直观地看出单层等宽度式绕组线圈，嵌线后的分布完全满足上述规律。当 $x \leqslant q$、$y = q$、$t = q$ 时，归纳单层等宽度式绕组嵌线规律为：

嵌 x 槽，吊 x 边，空 x 槽；

嵌 x 槽，吊 y 边，空 q 槽；

嵌 x 槽，收 x 边，空 q 槽；

重复最后一个程序，直到嵌线结束。

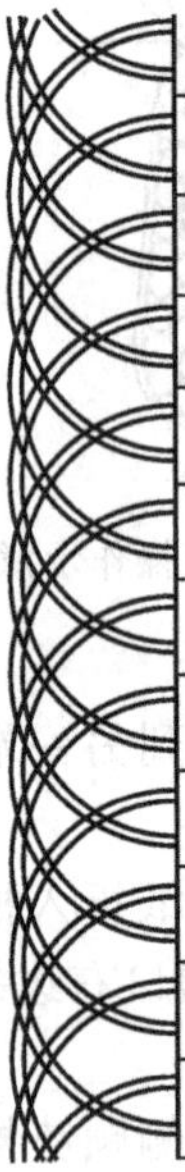

相带	槽号	嵌线顺序
U_1	1 2	5 1
W_2	3 4	7 2
V_1	5 6	9 3
U_2	7 8	11 4
W_1	9 10	13 6
V_2	11 12	15 8
U_1	13 14	17 10
W_2	15 16	19 12
V_1	17 18	21 14
U_2	19 20	22 16
W_1	21 22	23 18
V_2	23 24	24 20

(a) $x=1$

相带	槽号	嵌线顺序
U_1	1 2	5 6
W_2	3 4	1 2
V_1	5 6	9 10
U_2	7 8	3 4
W_1	9 10	13 14
V_2	11 12	7 8
U_1	13 14	17 18
W_2	15 16	11 12
V_1	17 18	21 22
U_2	19 20	15 16
W_1	21 22	23 24
V_2	23 24	19 20

(b) $x=2$

图 6-19 3 相 4 极 24 槽单层等宽式绕组嵌线顺序图

③ 单层交叉式绕组 以 3 相 4 极 36 槽 60° 相带绕组为例，得知 $q=3$，由嵌线规律可知，$x \leqslant 3$，$y=3$，$t=3$，其具体嵌线规律为：

嵌 2 槽，吊 2 边，空 1 槽；

嵌 1 槽，吊 1 边，空 2 槽；

嵌 2 槽，收 2 边，空 1 槽；

嵌 1 槽，收 1 边，空 2 槽。

重复后两个程序，直到嵌线结束，嵌线顺序如图 6-20 所示。

归纳任意 q 值的交叉式绕组，当 $x \leqslant 3$ 的整数时，其一般嵌线规律是：

嵌 x 槽，吊 x 边，空 $(q-x)$ 槽；

嵌 $(q-x)$ 槽，吊 $(q-x)$ 边，空 x 槽；

嵌 x 槽，收 x 边，空 $(q-x)$ 槽；

嵌 $(q-x)$ 槽，收 $(q-x)$ 边，空 x 槽；

重复后两个程序直到收完所有边，嵌线结束。

④ 单层同心式绕组 同心式绕组同样可采用前述的空槽吊边法嵌线，但在实际操作中为了方便，通常采用整嵌法，即分层嵌线。当极对数 p 为偶数时，绕组线圈端部分成两层，构成"双平面"。其中每层有每一相的一个线圈组；当极对数 p 为奇数时，绕组线圈端部形成了"三平面"，三相绕组各占一层。虽然这种整嵌法工艺简单，但为了整形需要，各层端

部长度不可能相等，因而三相参数不均衡，影响了电气性能。

　　在对电气性能要求较高的场合，只能采用空槽吊边法，用交叉式绕组的嵌线规律，使三相端部长度相等，保证了三相绕组参数均衡。其实也就成交叉式绕组了。

　　（2）三相双层绕组

　　三相大、中型电机通常采用双层绕组嵌线，线圈交叠。按 $y = \dfrac{5}{6}\tau$ 算出双层线圈短节距 y，它的嵌线规律为：

　　　连嵌 y 个下层边；

　　　连吊 y 个上层边；

　　　从（$y+1$）槽起；

　　　嵌 1 下层边；

　　　收 1 上层边；

　　　重复后两个程序直到最后连收（$y+1$）边结束。

　　以 3 相 4 极 36 槽双层叠式绕组为例，用嵌线顺序规律表 6-3 说明其嵌线规律。

　　（3）三相单、双层绕组

　　三相单、双层绕组是由叠式短距绕组演变而来的一种性能较好的绕组型式。它是将双层叠绕组的上下层同相有效边合并成一只单层大线圈边，所以线圈总匝数比双层绕组少，嵌线方便省时。而且线圈可采用短节距，保留了双层短距绕组能消除高次谐波、改善电磁性能等优点，是一种比较先进的绕组型式。其嵌线规律为：

　　　嵌入小圈向后退；

　　　嵌、封大圈空 1 槽；

　　　又嵌、封小圈向后退；

　　　再嵌、封大圈空 1 槽；

　　　大圈单层小圈双；

　　　循此规律，直到结束。

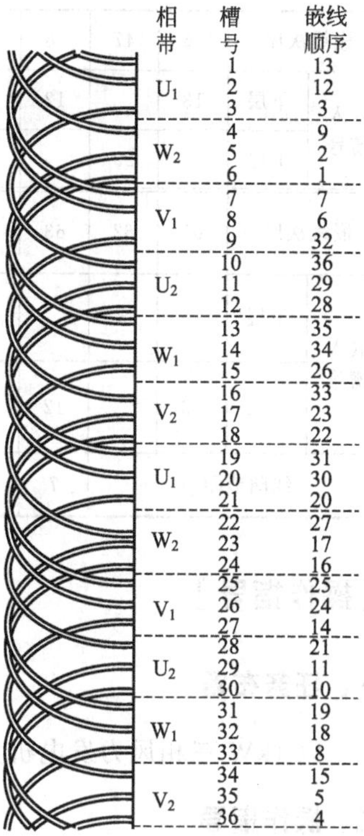

相带	槽号	嵌线顺序
U₁	1	13
	2	12
	3	3
W₂	4	9
	5	2
	6	1
V₁	7	7
	8	6
	9	32
U₂	10	36
	11	29
	12	28
W₁	13	35
	14	34
	15	26
V₂	16	33
	17	23
	18	22
U₁	19	31
	20	30
	21	20
W₂	22	27
	23	17
	24	16
V₁	25	25
	26	24
	27	14
U₂	28	21
	29	11
	30	10
W₁	31	19
	32	18
	33	8
V₂	34	15
	35	5
	36	4

图 6-20　3 相 4 极 36 槽单层交叉式绕组嵌线顺序图

表 6-3　双层叠式绕组嵌线顺序表

嵌线次序		1	2	3	4	5	6	7	8	9	10	11	12	13	14	15
嵌入槽号	下层	3	2	1	36	35	34	33	32		31		30		29	
	上层									3		2		1		36
嵌线次序		16	17	18	19	20	21	22	23	24	25	26	27	28	29	30
嵌入槽号	下层	28		27		26		25		24		23		22		21
	上层		35		34		33		32		31		30		29	
嵌线次序		31	32	33	34	35	36	37	38	39	40	41	42	43	44	45
嵌入槽号	下层		20		19		18		17		16		15		14	
	上层	28		27		26		25		24		23		22		21

续表

嵌线次序		46	47	48	49	50	51	52	53	54	55	56	57	58	59	60
嵌入槽号	下层	13		12		11		10		9		8		7		6
	上层		20		19		18		17		16		15		14	

嵌线次序		61	62	63	64	65	66	67	68	69	70	71	72	总线圈 W	36
嵌入槽号	下层		5		4									极相槽数 q	3
	上层		13		12		11	10	9	8	7	6	5	4	极相组数 u	12

线圈节距 y	7	并联支路数 a	1	3 相 4 极 36 槽双层叠式

[操作指导]

一、任务布置

以 1kW 三相风力发电机为例，对发电机进行定子绕组线圈的绕制。

二、操作指导

（1）材料、设备及工具

材料　漆包铜圆线，棉线绳。

设备　绕线机、搁线架、夹线板、绕线模、拉紧装置、工位器具等。

工具　克丝钳、剪刀、扳手、卡尺、千分尺、匝数仪等。

（2）工艺准备

① 检查导线线径，并将导线线盘装置在搁线架上。

② 检查线模尺寸，并将其装置在绕线机的主轴上。

③ 试车运转　调整绕线机转速，校对计数器并调至零位。

④ 将漆包铜圆线端头缠绕固定在绕线机主轴上，然后拉紧漆包铜圆线到合适紧度，使得漆包线拉直，但不能将漆包线拉细和破坏绝缘。

（3）工艺过程

① 将导线的始端按规定留出适当长度，固定在绕线模特制的柱销上。

② 开动绕线机，绕制第一只线圈，导线在槽中自左向右排列整齐、紧密，不得有交叉。待计数器到规定的匝数时，停机。

③ 留出连接线，按同样的方法绕制其余线圈。

④ 按规定的长度留出末端引线，并剪断导线。

⑤ 拆下绕线模，逐个取出线圈，并在线圈上下两端进行绑扎。

⑥ 按①～⑤的操作步骤，将整台电机绕组绕制完成，并经过匝数仪检验后绑扎好，整齐的放在存放线圈的工位器具内。

（4）质量检查

① 用匝数试验仪检查每只线圈的匝数是否符合图样要求。

② 导线的接头数在每只线圈中不得超过 1 处，每相线圈中不得超过 2 处，每台电机不

得超过 4 处，接头必须在端部斜边处。

③ 工位器具内的线圈应排列整齐不得损伤绝缘。

（5）注意事项

① 绕线中发现导线长度不够或断线现象时，允许焊接，但必须遵守下列规定：接头位置只允许在线圈的端部斜边；焊接应保证接触良好，有足够的机械强度、表面光洁；接头处绝缘套管长度较导线绝缘重叠部分应大于 15mm。

② 绕线时应仔细观察导线，如有绝缘损伤处，按①规定进行焊接，但每只线圈不得超过 1 处，每相线圈不得超过 2 处。

③ 绕好的线圈应整齐地放置在清洁的工位器具内，其堆放高度不得超过 0.5m，不允许有压弯变形现象。

④ 每换一盘导线时需检查线规，合格后才可使用。

⑤ 绕线机应有可靠的接地保护装置。

思考题 ？

（1）简述不同类型绕组的嵌线规律。

（2）依照绕组展开图，将 3 相单层叠式 24 槽 2 极绕组、3 相双层叠式 24 槽 4 极绕组、3 相单双层混合式 36 槽 4 极绕组的嵌线顺序表填写出来。

任务五　发电机的装配及检验

[学习背景]

发电机的质量一方面取决于各零部件的加工质量，另一方面取决于装配质量。发电机如果装配不良或不当，不但影响其运行效果，还有可能导致故障，缩短发电机使用寿命。因此，在发电机的装配过程中，必须严格按照装配的技术要求和装配工艺规程进行。

[能力目标]

① 了解发电机装配的技术要求。

② 掌握发电机装配的方法及工艺。

③ 了解发电机的检验项目及方法。

[基础知识]

一、发电机装配的技术要求

发电机装配的主要技术要求包括：

① 发电机的径向和轴向装配精度都要符合要求；

② 绕组接线正确，绝缘良好，无损伤；

③ 机座与端盖的止口接触面无损伤；

④ 轴承润滑良好，运转灵活，温升合格，噪声和振动小；

⑤ 转子运行平稳，振动不超过规定值，平衡块应安装牢固；

⑥ 风扇及挡风板位置符合规范，通风道无障碍；

⑦ 电刷压力和位置应符合图纸要求；

⑧ 集电环、电刷工作表面无污渍，接触可靠；

⑨ 发电机内部无杂物，所有固定连接应符合要求。

二、装配工艺规程

装配工艺规程是制定装配计划、指导装配工作、处理装配问题的重要依据。它对保证装配质量，提高装配生产效率，降低成本和减轻工人劳动强度等都有积极的作用。

（1）装配工艺规程制定的原则

① 保证产品装配质量。

② 选择合理的装配方法，综合考虑整体效益。

③ 合理安排装配顺序和工序，缩短装配周期，提高装配效率。

④ 尽量提高单位面积生产率，改善劳动条件。

⑤ 促进发展新工艺、新技术。

（2）制定装配工艺规程的步骤

① 研究产品装配图和验收条件。

② 确定装配方法和装配组织形式。

③ 划分装配单元。

④ 确定装配顺序。

⑤ 划分装配工序。

⑥ 编制装配工艺文件。

⑦ 制定装配检验与试验规范。

三、发电机的装配工艺

发电机的装配过程就是将发电机的各零部件按照装配技术要求组装成整机的过程。发电机装配包括定子、转子、端盖、电刷、轴承等零部件的组装以及发电机的总装配。

1. 定子装配

定子的装配过程主要包括定子入壳、钻定子止定孔和装配 3 个步骤。

（1）定子入壳

① 将待装配的定子、机座进行检验，合格的部件才能进行下一步装配。

② 将定子入壳模放置于油压机工作台中心，按定子入壳尺寸划入壳深度线。

③ 将定子立式放置于干净的橡皮垫上，引线端朝上。将引线向定子内部弯一下，以不超出定子外圆为宜。注意保护好定子下端热保护器线，防止压断。

④ 在定子铁芯外圆的中下部位加上抱箍，并拧紧螺母，以抱紧定子外圆。

⑤ 用吊钩将定子吊入壳模，注意扣片对准入壳模槽口，且入壳模外圆不得超出定子外圆。

⑥ 将机座立式放置于干净的橡皮垫上，出线端朝上。用吊钩将机座吊起并套入定子铁芯，在机座上端盖上一块干净的抹布。注意让引接线对准出线盒。

⑦ 启动油压机，将油压机上压块升至机座可进入的高度后，将工作台移至工作位置。

⑧ 启动油压机点动按钮，将定子压入机壳。

⑨ 将定子压入机座，检测入壳尺寸，要求至少测量两个对称方向的尺寸。

⑩ 用压缩空气清理定子内腔，送检。

（2）钻定子止定孔

① 已入壳定子卧式放置于钻床工作台上，校正机座接线平面水平，用拉杆、压板压紧

机座内腔毛坯面。

② 用 φ11 钻花钻两个止定孔，孔深 10.5mm。

③ 用干净的抹布将机座上孔盖好后，用压缩空气吹净止定孔内铁屑，防止铁屑吹入机座内腔、带绕组定子及机座其他孔内。

④ 拿掉抹布后，用压缩空气吹净其他各孔及定子内腔，送检。

（3）装配

① 准备好装配材料。接线柱、O 形环、碟形垫片 φ23、热保接线盒、密封端子、塞子、止定螺钉、内六角螺钉、一字槽半元头。

② 将 O 形环按规格装到接线柱、止定螺钉、密封端子及塞子上，并均匀涂上一层冷冻机油后待用。

③ 将旧接线柱轻轻旋入机座出线螺孔，将定子引线按标号对应装在接线柱上，用垫打板调整到引接线与机座内腔距离不得小于 5mm；将引接线位置调整固定后，松开压紧接线头的螺母，退出旧接线柱，将新接线柱旋入该出线螺孔并拧紧，再按如前所述装配顺序装上定子引接线并拧紧螺母，最后装上接线柱另一头并轻轻拧紧。注意：用旧接线柱先调整好定子引接线位置，不得用新接线柱调整引接线；只能用垫打板等木制工具，不得用其他铁制工具，以免损坏引接线；在装配引接线时，必须使用两只扳手，均匀用力拧紧螺母，且螺母应完全旋入接线柱；碟形垫圈的凸面朝外，以使用螺母压紧时，垫圈凹面压平后紧贴接线头。

④ 将速连端子插接在密封端子上，拧紧密封端子及热保接线盒螺钉。

⑤ 拧紧止定螺钉。

⑥ 清理机壳内腔，送检。

⑦ 待检验好热保电阻值后装上并拧紧热保接线盒盖。

2. 转子装配

发电机的转子装配包括转子铁芯与轴的装配、轴承的装配及风扇的装配。

（1）转子铁芯与轴的安装

发电机在运行时，转子铁芯与轴结合的可靠性是十分重要的。当转子外径较小时，一般是将转子铁芯直接压装在转轴上；当转子外径较大时，先将转子支架压入铁芯，然后再将转轴压入转子支架。转子铁芯与轴的装配有三种方式：滚花冷压配合、热套配合和键连接配合。

① 滚花冷压配合 这种工艺的加工过程：精车铁芯挡、滚花、磨削，然后压入转子铁芯，再精磨轴伸、轴承挡，精车铁芯外圆。采用滚花工艺不允许有过大的过盈，否则可能压不进去或者发生变形。

② 热套配合 一般利用余热或者重新加热转子进行热套，这种工艺主要是利用物体热胀冷缩的特性，将包容件加热膨胀后冷却，包容件孔收缩就抱住被包容件，能够保证有足够的过盈值，可靠性较高。采用这种工艺还可以节省冷压设备，同时转子铁芯和轴的结合比较可靠。

③ 键连接配合 键连接的优点是结构简单，对中性好，装拆、维护方便。缺点是不能承受轴向力，对连接件产生切口效应，影响工件的承载能力和使用寿命。

（2）轴承的安装

发电机的装配中，轴承的安装质量将影响到轴承的精度、寿命和性能。在安装前，先清洗轴承及相关零件，对已经脂润滑的轴承及双侧应有油封或防尘盖，有密封圈的轴承安装前无需清洗。检查相关零件的尺寸及精加工情况，如果没有问题就可以开始安装轴承了。

　　轴承的安装应根据轴承结构、尺寸大小和轴承部件的配合性质而定，压力应直接加在紧配合的套圈端面上，不得通过滚动体传递压力，常用的轴承安装方法如下。

　　① 压入配合　轴承内圈与轴是紧配合，外圈与轴承座孔是较松配合时，可用压力机将轴承先压将在轴上，然后将轴连同轴承一起装入轴承座孔内。压装时在轴承内圈端面上，垫一软金属材料做的装配套管（铜或软钢）。轴承外圈与轴承座孔为紧配合，内圈与轴为较松配合时，可将轴承先压入轴承座孔内，这时装配套管的外径应略小于座孔的直径。如果轴承套圈与轴及座孔都是紧配合时，安装时内圈和外圈要同时压入轴和座孔，装配套管的结构应能同时压紧轴承内圈和外圈的端面。

　　② 加热配合　通过加热轴承或轴承座，利用热膨胀将紧配合转变为松配合的安装方法，是一种常用和省力的安装方法。此法适合于过盈量较大的轴承的安装。热装前把轴承或可分离型轴承的套圈放入油箱中均匀加热到 $80\sim100℃$，然后从油中取出，尽快装到轴上，为防止冷却后内圈端面和轴肩贴合不紧，轴承冷却后可以再进行轴向紧固。轴承外圈与轻金属制的轴承座紧配合时，采用加热轴承座的热装方法，可以避免配合面受到擦伤。

　　用油箱加热轴承时，在距箱底一定距离处应加一网栅，或者用钩子吊着轴承，轴承不能放到箱底上，以防沉淀杂质进入轴承内或不均匀的加热。油箱中必须有温度计，严格控制油温不得超过 $100℃$，以防止发生回火效应，使套圈的硬度降低。

　　③ 敲击法　实际生产中比较常用的安装方法为敲击法。首先在配合过盈量较小、又无专用套筒时，可以用锤子和圆钢棒逐步将轴承敲入。但要注意的是不能用铜棒等软金属，因为容易将软金属屑落入轴承内。不可用锤子直接敲击轴承。敲击时应在四周对称地交替轻敲，用力要均匀，避免因用力过大或集中于一点敲击，而使轴承发生倾侧。

3. 总装配

发电机的总装配包括转子套入定子及其他部件如端盖、接线盒、风扇、电刷等的安装。

（1）转子套入定子

发电机的总装配中，转子套入定子是很关键的一道工序。由于转子材料有磁性，如果操作不当，很容易造成部件的损伤。小型转子可以手动将转子穿入定子，大型转子则需要用吊装工具，在吊装转子穿入定子的过程中，转子要一直保持水平状态，不能倾斜。

（2）端盖安装

安装端盖时，先安装非轴伸端，并且在装配止口面上涂薄层机油，防止生锈。端盖装入止口后，轻敲端盖四周，使端盖与机座面紧贴，然后对角轮流拧紧螺栓。端盖的安装压制还可以在压力机上进行。端盖的放置一定要平整，如果端面不平，转子转动就会呆滞，需用锤轻敲端盖四周。最后装外轴承盖，拧紧轴承盖螺钉。

（3）电刷安装

电刷装入刷握内要保证能够上下自由移动，电刷侧面与刷握内壁的间隙应在 $0.1\sim0.3mm$ 之间，以免电刷卡在刷握中因间隙过大而产生摆动。刷握下端边缘距换向器表面的距离应保证在 $2\sim3mm$ 范围内，其距离过小，刷握易触伤换向刷；过大，电刷易跳动、扭转而导致损坏。施于电刷上的弹簧压力应尽可能一致，一般要求误差小于 10%，尤其是并联使用的电刷，不然将导致各电刷负荷的不均。电刷磨去原高度 2/3 或 1/2，就需要更换新的电刷。

四、发电机的检验

发电机在制造完成后，必须要经过外观检测和性能测试，各项技术要求都合格后才能投入使用。需要检查的项目如下。

（1）机械检查

检查发电机的装配是否完整正确，发电机表面有无污损、裂痕，油漆有无碰擦等现象。发电机运行时，转动是否平稳，有无机械障碍，振动和噪声是否过大。

（2）绝缘电阻的测定

发电机定子绕组绝缘电阻在热状态时和按 GB/T 12665 所规定的 40℃ 交变湿热试验方法进行 6 周试验后，应不低于 1350MΩ。

（3）定子绕组在实际冷状态下直流电阻的测定

异步发电机按 GB/T1032—2005 的规定进行，同步发电机按 GB/T12975—2008 的规定进行。

（4）耐电压试验

发电机定子绕组应能承受历时 1min 的耐电压试验而不发生击穿。试验电压的有效值对功率小于 1kW 且额定电压低于 100V 的发电机为 500V 加 2 倍额定电压，其余为 1000V 加 2 倍额定电压。发电机定子绕组应能承受匝间冲击耐电压试验而不击穿，其试验冲击电压峰值按 JB/T 9615.2 的规定。

（5）发电机输出功率和额定转速、额定电压的测定

发电机额定功率与额定转速额定电压的对应关系如表 6-4 所示。发电机额定电压值是发电机在额定工况下运行，其端子电压为整流后并扣除连接线压降的直流输出电压，建议优先采用表中不带括号的数据。连接线应符合 GB 19068.1 中的规定。

表 6-4　发电机额定功率与额定转速、额定电压的对应关系

额定功率/kW	额定转速/(r/min)	额定电压/V	额定功率/kW	额定转速/(r/min)	额定电压/V
0.1	400　620	28(14)	3.0	1500	115　230
0.2	400　540	28　42	5.0	1500	230　(345)
0.3	400　500	28　42	7.5	1500	230　(345)
0.5	360　450	42　(28)	10	1500	230　345
1.0	280　450	56　115	15	1500	345　460
2.0	240　360	115　230	20	1500	345　460

（6）发电机转速范围的测定

发电机的工作转速范围为 1kW 及以下为 65%～150% 额定转速，2kW 及以上为 65%～125% 额定转速。在 65% 额定转速下，发电机的空载电压应不低于额定电压。当发电机在额定电压下并输出额定功率时，其转速应不大于 105% 额定转速。

（7）发电机额定功率和效率的测定

发电机在连接线符合 GB/T 19068.1 的规定，直流输出端输出额定功率时，其效率的保证值应符合表 6-5 的规定。容差为 $-0.15(1-\eta)$。

表 6-5　发电机额定功率、效率保证值表

功率/kW	0.1	0.2	0.3	0.5	1.0	2.0	3.0	5.0	7.5	10	15	20
效率 η/%	65	68	70	72	74	75	76	78	80	82	84	86

（8）空载超速试验

在最大工作转速下，发电机应能承受输出功率增大至 1.5 倍额定值的过载运行，历时 5min。发电机在空载情况下应能承受 2 倍的额定转速，历时 2min，转子结构不发生损坏及有害变形。

（9）启动阻力矩的测定

在空载条件下，发电机的启动阻力矩应符合表 6-6 的规定。

表 6-6　发电机空载启动阻力矩

功率/kW	0.1	0.2	0.3	0.5	1.0	2.0	3.0	5.0	7.5	10	15	20
最大启动阻力矩/(N·m)	0.30	0.35	0.5	1.0	1.5	2.5	3.0	4.5	6.0	7.5	10	13

（10）短路试验

发电机应能承受短路机械强度试验而不发生损坏及有害变形。试验应在当发电机空载转速为额定转速时进行，在交流侧三相短路，历时 3s。

（11）耐低温试验

发电机应能承受 -25℃ 的耐低温试验。在试验温度下，轴承润滑脂不得凝固，发电机应能正常启动，发电机的全部零部件及引出线不应有开裂现象。此时，发电机的启动阻力矩不大于常温下 2 倍的启动阻力矩。

（12）外壳防护试验

发电机的外壳防护应符合 GB/T 4942.1 的规定，要求能满足：经防尘试验后，轴承无沙尘进入；经防水试验后，接线盒、轴承及端盖止口部位不应有水进入。

［操作指导］

一、任务布置

① 发电机短路试验。
② 发电机受潮时的干燥处理。
③ 发电机的空载特性曲线试验。
④ 发电机绝缘电阻的测量。

二、操作指导

（1）发电机短路试验

① 在发电机出口油断路器外侧或出线端，将定子绕组三相短路，然后把电流表分别接入定子回路和转子回路。

② 投入过电流保护装置，并作用于信号。

③ 启动发电机并逐渐增至额定转速后保持不变，然后合上励磁开关。若三相短路在出口油断路器外侧时，则要同时合上油断路器。

④ 通过调节励磁电流，使发电机定子电流分 5～7 次逐渐增加到额定值，并记录数次各点的读数。然后逐步把励磁电流由额定值减少到零值，重复记录上述各点读数。

⑤ 根据在各点同时测量的三相电流平均值、励磁电流和转速，可绘制发电机短路特性曲线。

（2）发电机受潮时的干燥处理

发电机受潮后，在进行干燥处理时，要做好现场保温和安全措施，具体如下：

① 现场温度较低时，用帆布将发电机罩起来，必要时还可用热风或无明火的电气装置将周围空气温度提高；

② 干燥时所用的导线绝缘应良好，并应避免高温损坏导线绝缘；

③ 现场应备有必要的灭火器具，并应清除所有易燃物；

④ 干燥时，应严格监视和控制干燥温度，不应超过限额。

干燥时，发电机各处的温度必须限定在规定范围内，具体如下：

① 用温度计测量定子绕组表面温度为 85℃；

② 在最热点用温度计测量定子铁芯温度为 90℃；

③ 用电阻法测量转子绕组平均温度应低于 120～130℃。

干燥时间的长短由发电机的容量、受潮程度和现场条件所决定，一般预热到 65～70℃的时间不得少于 12～30h，全部干燥时间不低于 70h。

在干燥过程中，要定时记录绝缘电阻、绕组温度、排出空气温度、铁芯温度的数值，并绘制出定子温度和绝缘电阻的变化曲线。受潮绕组在干燥初期，由于潮气蒸发的影响，绝缘电阻明显下降，随着干燥时间的增加，绝缘电阻便逐渐升高，最后在一定温度下，稳定在一定数值不变。若温度不变，且再经 3～5h 后绝缘电阻及吸收比也不变，用兆欧表测量转子的绝缘电阻大于 1MΩ 时，则可认为干燥工作结束。

（3）发电机的空载特性曲线试验

发电机的空载特性曲线试验具体步骤如下。

① 断开发电机出口油断路器。

② 启动发电机并使其达到额定转速后保持不变。

③ 合上励磁开关，然后逐渐调节电阻 R_n，增大励磁电流，此时，端电压 U_o 也随着增高，直至端电压升高到额定电压的 1.25 倍左右。在调节 R_n 的过程中，要在其间选取 9～10 点，同时记录 U_o、I_1 以及所对应的转速，并要注意，在额定值附近要多取几点。

④ 调节电阻 R_n，使励磁电流下降，直至到零为止。当励磁电流 I_1 降到零时，应读取剩磁电压值。

⑤ 根据记录的 U_o 和 I_1 数值，可绘制出一条上升的曲线和下降的曲线，然后取平均值，即可得出发电机的空载特性曲线。

做发电机空载特性试验应注意以下事项：

① 发电机的继电保护装置应全部投入运行状态，并应作用于能够跳开灭磁开关；

② 强励装置和自动电压调节装置不应处于投入状态；

③ 试验所用的分流器和表计的准确度不应低于 0.5 级；

④ 在试验中，当调节励磁电流时，只能向一个方向调节，在调节过程中不得向反方向操作，否则，将影响试验的准确性。

（4）发电机绝缘电阻的测量

发电机的绝缘电阻随温度变化而差别很大，一般温度上升 10℃，绝缘电阻下降一半；反之，温度下降 10℃，绝缘电阻就上升一倍。为正确衡量和对比发电机绝缘电阻值，在测试记录上必须记载测量时绕组的温度，并统一换算成 75℃ 时的绝缘电阻值。绝缘电阻值按下列经验公式进行换算：

$$R_{75} = R_t \times 2^{\frac{75-t}{10}} \tag{6-5}$$

式中，R_{75} 为温度在 75℃时的绝缘电阻；R_t 为绕组温度在 t（℃）时所测得的绝缘电阻；t 为测定时绕组的实际温度，℃。

思考题

（1）发电机装配的技术要求有哪些？

（2）如何用兆欧表测量发电机各相绕组的绝缘性？

模块七

控制系统的制造及工艺

控制系统在风力发电机系统中的地位举足轻重，它需要让风力发电机能够进行自动启动、实时状态调整以及在正常和非正常情况下停机等。除了控制功能，系统也能用于检测及显示风电机组实时运行状态、风速、风向等参数信息。风力发电机组的控制系统的作用是保证风力发电机组安全可靠运行，提供良好的电力质量，这就需要控制系统具有极高的可靠性。如果某一个结构出现问题，就会造成严重的故障，而可靠性需要优良的制造工艺来实现。

本模块重点介绍风力发电机控制系统的结构及功能、控制系统的制造工艺、电子控制部分的生产工艺和电气元件的安装与接线、控制系统的检查和验收。

任务一　控制系统的结构及功能

[学习背景]

风力发电机由多个部分组成，而控制系统贯穿到每个部分，相当于风电系统的神经。风力发电控制系统的组成主要包括各种传感器、变桨距系统、运行主控制器、功率输出单元、无功补偿单元、并网控制单元、安全保护单元、通信接口电路、监控单元等。具体的控制内容有风机启停控制、信号的数据采集与处理、变桨控制、转速控制、自动最大功率点跟踪控制、功率因数控制、偏航控制、自动解缆、并网控制、紧急停机控制、安全保护系统、监控系统等。当然对于不同类型的风力发电机控制系统具体内容会有所不同。

[能力目标]

① 掌握风力发电机控制系统的结构及功能。
② 熟悉风力发电机控制系统的分类。

[基础知识]

一、控制系统的结构及功能

风力发电机的控制系统由各种传感器、控制器以及各种执行机构等组成，结构原理框图如图 7-1 所示。

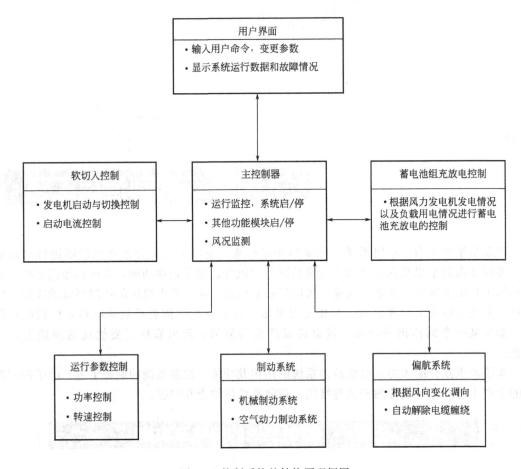

图 7-1 控制系统的结构原理框图

各种传感器包括风速传感器、风向传感器、转速传感器、温度传感器、振动传感器、位置传感器、压力传感器、限位开关、各种电量变送器以及各种操作开关和按钮等。这些传感器信号将传送至控制器进行运算处理控制。

主控制器一般以 PLC 或单片机为核心，包括其硬件系统和软件系统。传感器信号表征了风力发电机组目前的运行状态。当机组的运行状态与设定状态不一致时，经过控制器核心部分进行运算和处理后，由控制器发出控制指令，将系统调整到设定运行状态，从而完成各种控制功能。

控制器的执行机构可以采用电动执行机构，也可采用液压执行机构等。

控制系统还应具有各种保护功能，是风力发电机组发生危险或故障时，能够快速报警并迅速转换为安全状态。严重的危险和故障往往导致风电机组紧急停机。

风力发电机的控制系统概括起来主要包括 3 个方面的功能：数据采集功能、机组控制功能和远程监控系统功能。

1. 数据采集功能

包括从各种传感器采集过来的电网、气象、机组参数。其中电网参数包括电网三相电压、电流、频率、功率因数等；气象参数包括风速、风向、环境温度等；机组参数包括风轮转速、发电机转速、发电机线圈温度、发电机前后轴承温度、齿轮箱油温度、齿轮箱前后轴承温度、液压系统油温、油压、油位、机舱振动、机舱温度、电缆扭转等。

2. 机组控制功能

包括启动机组、并网控制、转速控制、功率控制、无功补偿控制、自动对风控制、解缆控制、自动脱网、安全停机控制等。

主控系统监测电网参数、气象参数、机组运行参数，当条件满足时，启动偏航系统执行自动解缆、对风控制，释放机组刹车盘，调节桨距角度，风机开始自由转动，进入待机状态。

当外部气象系统监测的风速大于某一定值时，主控系统启动变流器系统开始进行转子励磁，待发电机定子输出电能与电网同频、同相、同幅时，合闸出口断路器实现并网发电。

当风机并网后，转速小于极限转速、功率低于额定功率时，根据当前实际风速，调节风轮的转速，使机组工作在捕获最大风能的状态。

当风速继续增加，使转速、功率都达到上限后，进入恒功率运行区运行，此状态下主控制器通过变流器维持机组的功率恒定，主控制器一方面通过桨距系统的调节减少风力攻角，减少叶片对风能的捕获，另一方面通过变流器降低发电机转速，维持发电机的输出功率稳定。

偏航控制系统，根据当前的机舱角度和测量的平均风向信号值，以及机组当前的运行状态，调节顺时/逆时电机，实现自动对风、电缆解缆控制。当机组处于运行状态或待机状态时，根据机舱角度和测量风向的偏差值调节顺时/逆时电机，以设定的偏航转速进行偏航，同时需要对偏航电机的运行状态进行检测，实现自动对风。当机组处于暂停状态时，如机舱向某个方向扭转大于 720°时，启动自动解缆程序，或者机组在运行状态时，如果扭转大于1024°时，实现解缆程序。

除此以外，风电控制系统的辅助设备也应当符合一定的逻辑控制。当发电机温度升高至某设定值后，启动冷却风扇；当温度降低到某设定值时，停止风扇运行；当温度过高或过低并超限后，发出报警信号，并执行安全停机程序。

机组正常运行时，液压系统需维持在额定压力区间运行；当压力下降至设定值后，启动油泵运行；当压力升高至某设定值后，停泵。

气象测量系统需根据环境温度控制加热器工作，防止结冰。

机舱风扇控制机舱内环境温度，功能同发电机风扇。

齿轮箱系统用于将风轮转速增速至发电机正常转速运行范围内，需监视和控制齿轮油泵、齿轮油冷却器、加热器、润滑油泵等。当齿轮油压力低于设定值时，启动齿轮油泵；当压力高于设定值时，停止齿轮油泵；当压力越限后，发出警报，并执行停机程序。

齿轮油冷却器/加热器控制齿轮油温度，当温度低于设定值时，启动加热器；当温度高于设定值时，启动齿轮油冷却器；当温度降低到设定值时停止齿轮油冷却器。

润滑油泵控制，当润滑油压低于设定值时，启动润滑油泵；当油压高于设定值时，停止润滑油泵。

3. 远程监控系统功能

包括机组参数、相关设备状态的监控、历史和实时曲线显示、机组运行状态的累计监测等。

二、控制系统的分类

根据不同风力发电机组控制系统的特性，可以有很多种不同类型的分类方式。

1. 按功能分类

① 正常运行控制　主要包括风机的自动启动、正常运行、自动偏航、停机控制、状态监测等。

② 最佳运行控制　也就是最佳叶尖速比控制。

③ 功率控制　主要包括有功功率和无功功率控制。

④ 变桨距控制　在变桨风力发电机中采取的控制方式，包括统一变桨距控制和独立变桨距控制。

⑤ 安全保护控制　主要是针对一些故障检测处理。

2. 按结构分类

① 电网级控制部分　主要包括有功和无功控制，实际可采取远程监控。

② 整机控制部分　主要包括最大功率跟踪控制、速率控制等。

③ 变流器控制部分　主要是指双馈发电机的并网控制，有功、无功解耦控制，亚同步、超同步控制。

3. 按电流输入类型分类

① 直流输入型控制　是指使用直流发电机组或把整流装置安装在发电机上的控制系统。

② 交流输入型控制　是指输入是交流电，整流装置直接安装在控制器内的控制系统。

4. 按蓄电池充电原理分类

① 串联控制系统　在对蓄电池进行充电的过程中，一般使用继电器或功率管作为开关元件。

② 多阶控制系统　在充电过程中，由多阶充电信号发生器根据充电电压的不同，产生多阶梯充电电压信号，控制开关元件顺序接通，实现对蓄电池组充电电压和电流的调节。

③ 脉冲控制系统　用脉冲电流对蓄电池进行充电，充电的不连续性可以使蓄电池有较充分的反应时间，减少了析气量，提高了蓄电池对充电电流的接受率。一般采用 PWM 脉冲方式对发电系统的输入进行控制，当蓄电池趋向充满时，脉冲的宽度变窄，充电电流减小，而当蓄电池的电压回落，脉冲宽度变宽。

［操作指导］

一、任务布置

熟悉 10kW 风力发电机组控制柜的结构及各部分功能，通过模拟风场测试平台的按钮控制，监测实时风速、风向数据以及手动调节风机的偏航控制。10kW 风力发电机组控制柜实物如图 7-2 所示。

二、操作指导

1. 风速实时检测

① 检查实验平台各部件是否运行完好。

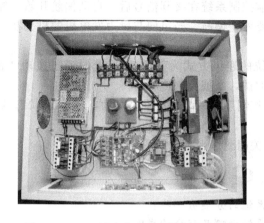

图 7-2　10kW 风力发电机组控制柜实物图

② 将测试平台的电源总开关打开，进行测试平台系统自检。

③ 打开测量仪表的电源开关，观察显示环节是否正常工作。

④ 设置变频器的工作频率，用来调节鼓风机的转速大小，首先按"SET"键进行具体参数设置，然后按"MODE"键进行电压、电流、频率挡的切换设置，再按"FWD"、"REV"设置正反转，再旋转调节旋钮至所需的数值，然后再"SET"键运行鼓风机进行风场模拟。

⑤ 观察并记录风速仪的显示值，不断调节风速大小，绘制出不同风速下的风速测量值的曲线图。

⑥ 控制系统复位，关闭测试平台电源。

2. 风向实时检测

① 检查实验平台各部件是否运行完好。

② 将测试平台的电源总开关打开，进行测试平台系统自检。

③ 打开测量仪表的电源开关，观察显示环节是否正常工作。

④ 打开可移动式风扇电源开关，手动调节风源方向，观察风向仪的运行情况，风力发电机会自动跟踪风向，也可以设定迎风方式为"手动"，此时通过按动"正偏"或"逆偏"使风机对准风向，多次测量，记录每次风向改变时显示系统的输出变化情况。

⑤ 观察并记录风向仪的显示值，不断调节模拟风源的方向，绘制出不同风向下的控制系统输出参数表格。

⑥ 控制系统复位，关闭测试平台电源。

3. 风机偏航控制

① 检查实验平台各部件是否运行完好。

② 将测试平台的电源总开关打开，进行测试平台系统自检。

③ 打开测量仪表的电源开关，观察显示环节是否正常工作。

④ 打开可移动式风扇电源开关，手动调节风源方向，观察风向仪的运行情况，风力发电机会自动跟踪风向，将机头朝正对风的方向调整，记录当前调整的角度，调整完毕电机停转并启动偏航制动。观察机舱尾部伺服电机的工作模式，当风向与风力发电机的机头轴线有一定角度的时候，通过偏航检测装置可以检测到风力发电机需要偏航，这时，按下控制面板

上的"自动"按钮,偏航控制系统在接到信号后,自动偏航开始,控制器通过检测装置传出的信号可以判断出是否要停止偏航。当风向与风力发电机的机头在一条直线上或误差很小的时候,自动偏航结束。

也可以设定控制系统的迎风方式为"手动",此时通过按动"正偏"或"逆偏"按键,使风机对准风向,多次调试,掌握控制流程。

⑤ 观察风向改变时控制系统的参数变化,根据风机运行状态的变化绘制偏航系统的控制流程。

⑥ 控制系统复位,关闭测试平台电源。

思考题 ❓

(1) 风电机组控制系统的分类有哪些?

(2) 风电机组控制系统由哪几部分构成?

任务二　控制系统的制造工艺

[学习背景]

风力发电机组控制系统的制造过程,主要包括控制柜柜体的制造、控制器的焊接装配以及控制器外围硬件电路的连接。控制系统的制造工艺包括各种控制器电路所用到的电气元器件、电子元器件、装配工艺流程、装配图等。整个风力发电机组的控制系统就是按一定的精度标准、技术要求、装配顺序将各元器件安装在指定的位置上,再用导线把电路的各部分相互连接起来,组成具有独立性能的整体。

[能力目标]

① 了解控制柜的制造工艺。

② 熟悉控制系统中用到的各种元器件。

③ 了解控制系统的生产工艺流程及装配图。

④ 了解控制系统装配的注意事项。

[基础知识]

风力发电机组控制柜是风力发电机组控制系统的安装载体,同时也能够对控制系统起到保护作用。所以,控制柜要求运行安全可靠,外观整齐美观,便于操作。风力发电机组的控制柜由柜体、控制器电路板、各种低压电器等构成。

一、控制柜柜体的制造工艺

1. 控制柜柜体的材料及结构要求

控制柜柜体的材料一般选用普通结构钢的薄钢板。薄钢板具有重量轻、强度高、成本低的优点,但是其抗腐蚀性较差,在使用前还需进行良好的防腐处理。在一些环境恶劣的地区,比如海上风电,由于水汽的腐蚀性很强,所以在选材的时候会采用价格较高的不锈钢薄板制作控制柜柜体,一些企业还用镀锌或者镀锌铝镁薄钢板进行防腐防锈处理。薄钢板有热轧和冷轧之分。热轧板表面有一层氧化膜,在表面处理时成本较高,并且结构强度较低,但其加工性能较好。冷轧板硬化结构强度高,加工性能稍差,但表面光滑平整,所以一般采用冷轧板制造柜体。

由于各种风电机组控制柜内安装的各种元器件及使用范围不一样，所以在结构形式上会有所不同。无论哪种结构形式，控制柜都要保证所安装的元器件能够正常工作，保持稳定的环境温度，并使得操作人员能够安全可靠的进行操作、监控和维护。

对控制柜的制作要求除了能够提供一个可靠的保护箱体，让柜内元器件免受自然环境的侵蚀，还要有良好的接地，保证安全。海上风电机组控制柜接地螺栓规定必须用铜螺钉，陆上风电机组控制柜没有硬性规定。控制柜的柜门也应当全部焊上接地桩。必要的场合可以预留脚轮安装孔，便于控制柜的运输、移动。

控制柜在结构设计上必须符合以下要求。

① 控制柜外观必须美观，油漆必须饱满均匀，标识清晰。柜体必须有足够的强度，开、关门没有振晃感，门锁开关灵活、经久耐用。

② 钢板厚度要求 门板≥2mm，侧板≥1.5mm，立柱≥2.5mm，必要时需进行加强处理。钢板弯曲后不应有裂纹，面板不平整度每平方米应≤3mm。

③ 柜体应焊接牢固，焊缝光洁均匀，无焊穿、夹渣、气孔等现象。

④ 表面涂漆应有良好的附着力，在控制柜的正面和侧面的漆膜不得有皱纹、流痕、针孔、气泡、透底漆等缺陷。漆膜的外观要求均匀平整光滑，无明显刷痕、伤痕、修整痕迹和明显的机械杂质等。

⑤ 应考虑多方位进出线方式，柜体顶部、底座、两侧及后部均设进线孔。如果控制柜活动门和面板处有元件安装，必须在面板元件开孔之间安排足够的线槽安装肋，以方便面板线槽的可靠固定和标准化的接线。

⑥ 散热通风扇必须满足所有电气散热需求。

⑦ 柜内布线应整洁，电线区分颜色并保持一致，标示清晰。电源线用不同于其他的颜色区分，信号线用黑色或蓝色。

⑧ 强弱电走线应分开线槽布置，接线端子排、线槽采用优质塑料线槽，并保证足够所有的线缆布置。

⑨ 控制柜应预留相应接口，以便扩展使用。

⑩ 箱体上应设有专用的接地螺栓，并有接地标记。控制柜内的接地螺栓采用铜质。若为钢质，必须在电气箱外壳上漆前用包带可靠地将其紧密包扎，防止油漆覆层影响接地效果，必须保证完工时接地螺钉无锈迹。接地螺柱直径与接地铜导体截面积及电源设备电源线截面的关系如表 7-1。

表 7-1 接地铜导体、接地螺栓及电源线导体截面积的关系表

电源线导体截面积 S/mm^2	接地铜导体最小面积 Q/mm^2	接地螺栓直径 D/mm
$S<4$	$Q=S$,但不小于 1.5	M6
$4<S<120$	$Q=0.5S$,但不小于 4	M8
$S>120$	$Q=70$	M10

2. 控制柜柜体的加工方式

控制柜体的加工方法通常有三种：焊接方式、装配方式、焊接与装配混合方式。

（1）焊接方式

这种方式的优点是加工方便、坚固可靠；缺点是误差大、易变形、难调整、欠美观，并

且工件一般不能预镀。为了减少焊接变形通常采用的焊接夹具应满足一定的要求：刚度好、不受工件变形影响；尺寸略大于工件标注尺寸，以抵消焊接后收缩影响；简单易操作，尽量减少可转动机构，避免卡损；为了防止焊蚀和易于检修，选择好工件支撑，支撑要加装防焊蚀垫件。

为了克服焊接后冷却造成的变形影响，控制柜在焊接好后还要进行整形，主要方法有通过试验预测工件变形范围，在焊接前强迫工件向反方向变形；焊后用过正方法矫正；击压焊接后相对收缩部分，得到应力平衡；加热焊接后相对松凸部分，达到与焊接处同样收缩的目的；必要时对工件进行整体热处理。

（2）装配方式

这种方式是使用紧固件进行连接，优点是适于工件预镀，易于调节和美化处理，零部件可标准化设计，并可预测生产库存，构架外形尺寸误差小。缺点是没有焊接方式坚固，零部件精度要求高，加工成本较高。

这种方式的工艺特点：以夹具定型，工装定位，必要时配压力垫圈；铆接一般要配钻，并防止镀层被破坏；对用精密的加工设备或专用设备加工的工件，若各连接孔径与紧固件直径能保持微量间隙时，则可以不用夹具进行装合，一次成型；对导向及定位件的紧固，应用专用量具先定位，再以标准工装检测。

（3）焊接与装配混合方式

这种方式集合了焊接和装配两种方法的优势，一般在柜体连接处采用焊接，可变或可调节部分采用紧固件连接。较大柜体因焊接后镀覆有困难，表面多以涂漆或喷塑处理。户外柜体若以预镀材料为构件而又必须焊接时，则焊接部分可用热喷镀金属来处理。

3. 控制柜柜体的加工过程

通常控制柜柜体的加工设备是由生产规模所决定的。生产规模较小时通常使用通用钻床、剪板机、冲床和折弯机；中等生产规模通常采用分散安装的数控钻床、数控剪板机、数控冲床和数控折弯机；生产规模较大时通常采用由机械手、传送带、开卷机、钢板矫平机、数控剪板机、数控联动冲床、多工位数控冲床、剪切校正机、数控折弯机、自动焊机、箱体成形机、箱体自动焊接机组成的流水生产线，采用人工装卡运送半成品；超大规模生产时则采用由机械手、传送带连接开卷机、钢板矫平机、数控剪板机、数控联动冲床、多工位数控冲床、剪切校正机、数控折弯机、自动焊机、箱体成形机、箱体自动焊接机组成的自动化生产线，工人只需进行监控。根据实际产量选择合适的控制柜柜体生产工艺，使其生产工艺装备与生产规模相适应，才能取得最佳经济效益。

控制柜面板和控制柜框架是控制柜柜体的主要构件。控制柜面板的生产流程如图7-3所示，控制柜框架的生产流程如图7-4所示。

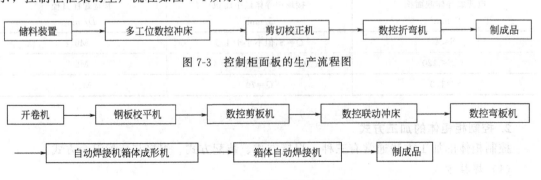

图 7-3　控制柜面板的生产流程图

图 7-4　控制柜框架的生产流程图

4. 控制柜柜体的表面涂装

控制柜柜体的表面涂装是生产制造工艺中的一个重要环节，它主要起到防锈、防腐蚀的作用，同时也是反映产品外观质量和产品价值的重要因素。柜体表面涂装工艺过程为：涂装前的表面处理→底漆涂装→烘干→刮腻子→喷面漆→烘干。

（1）涂装前的表面处理

涂装前的表面处理是为了除去金属表面附着的铁锈、焊渣、氧化皮、油脂、污垢等，消除焊接应力，增加防锈涂膜与金属基体的结合力。目前比较普遍的是将"脱脂、酸洗、磷化、钝化"四道工序合起来进行的磷化工艺。

（2）底漆涂装

涂底漆常用的方法有三种：电泳涂装、浸涂法和喷涂法。

电泳涂装是把工件和对应的电极放入水溶性涂料中，接上电源后，依靠电场所产生的物理化学作用，使涂料中的树脂、颜填料在以被涂物为电极的表面上均匀析出沉积形成不溶于水的漆膜的一种涂装方法。电泳涂装是一个极为复杂的电化学反应过程，其中至少包括电泳、电沉积、电渗、电解 4 个过程。电泳漆膜具有涂层丰满、均匀、平整、光滑的优点，电泳漆膜的硬度、附着力、耐腐、冲击性能、渗透性能明显优于其他涂装工艺。

浸涂法是将被涂物体全部浸没在盛有涂料的槽中，经过很短的时间，再从槽中取出，并将多余的涂液重新流回槽内。浸涂法的特点是生产效率高，操作简单，涂料损失少，适用于小型的五金零件、钢质管架、薄片以及结构比较复杂的器材或电气绝缘体材料等。

喷涂法是以特殊的喷涂机，将散纤维和无机结合剂制成的原料与水混合一起直接喷涂在被涂物表面上。它的优点是，由于喷涂是无接缝的整体施工法，其热损失小，对于形状复杂部位容易施工，喷涂的厚度可以自由选定。

（3）喷面漆

喷面漆常用的方法有空气喷涂、高压无气喷涂和静电喷涂。

空气喷涂是利用压缩空气的气流，流过喷枪喷嘴孔形成负压，负压使漆料从吸管吸入，经喷嘴喷出，形成漆雾，漆雾喷射到被涂饰零部件表面上形成均匀的漆膜。空气喷涂可以产生均匀的漆，涂层细腻光滑，对于零部件的较隐蔽部件（如缝隙、凹凸），也可均匀地喷涂。此种方法的涂料利用率较低，大约在 $25\% \sim 35\%$。

高压无气喷涂，也称无气喷涂，它使用高压柱塞泵，直接将漆料加压，形成高压力的漆，喷出枪口形成雾化气流作用于物体表面。相对于有气喷涂而言，漆面均匀，无颗粒感。由于与空气隔绝，漆料干燥、干净。无气喷涂可用于高黏度漆料的施工，而且边缘清晰，可用于一些有边界要求的喷涂项目。

静电喷涂是利用高压静电电场，使带负电的涂料微粒沿着电场相反的方向定向运动，将涂料微粒吸附在工件表面的一种喷涂方法。它的工艺特点是，一次涂装可以得到较厚的涂层，涂层的耐腐性能很好，效率高，适用于自动流水线涂装，粉末利用率高，可回收使用。

二、控制器电路板的制造工艺

风电机组控制系统中最核心的部件是控制器电路板，所有的信号采集、传送、处理都在这块板子上，整个电路板采用电子技术控制，整个控制过程属于弱电控制范围。

1. 电子元器件的检测

在进行焊接装配前，必须对控制器电路板上的电子元器件进行检测，确保元器件质量良好才能进行焊接，否则一旦焊接印制电路板发现不能正常工作，就会浪费时间去检查，元器件的拆卸和重焊不仅会损坏元器件本身，还会损坏印制电路板，造成经济效益降低。下面是对常用的基本元器件的进行简单的检测说明。

（1）电阻器

电阻器是最常用的一种电子元件。它的种类繁多，形状各异，功率也不同，在电路中用来控制电流、分配电压。按结构形式可分为固定电阻器和可变电阻器两大类，按制作材料的不同可分为线绕电阻器、膜式电阻器、碳质电阻器等。

电阻器的标志方法通常采用文字、符号直标法和色环法。常用的小功率电阻，一般采用色环法，材料可由整体颜色识别，功率可由体积识别。对于功率较大的电阻采用直标法。

色环标志法主要有五色环和四色环等形式，每个颜色所对应的含义如表7-2所示。如果是四色环电阻，读法如图7-5所示，前两位为有效数字，第三位为10的倍幂，第四位为误差色环。如果是五色环电阻，读法如图7-6所示，前三位为有效数字，第四位为10的倍幂，第五位为误差色环。一般先确定误差色环，它靠最左边，离前面几个色环稍远些。此外金、银不可能是第一色环，若还无法判断，只能借助万用表来帮助判断。

表 7-2　色环法电阻颜色标注含义

颜色	第一位有效值	第二位有效值	第三位有效值	倍　率	允许偏差
黑	0	0	0	10^0	
棕	1	1	1	10^1	±1%
红	2	2	2	10^2	±2%
橙	3	3	3	10^3	
黄	4	4	4	10^4	
绿	5	5	5	10^5	±0.5%
蓝	6	6	6	10^6	±0.25
紫	7	7	7	10^7	±0.1%
灰	8	8	8	10^8	
白	9	9	9	10^9	−20%～+50%
金				10^{-1}	±5%
银				10^{-2}	±10%

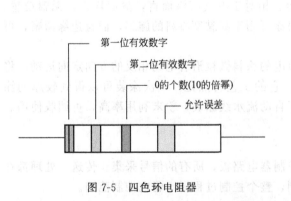

图 7-5　四色环电阻器

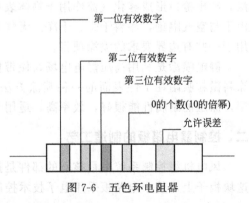

图 7-6　五色环电阻器

文字符号法将标称阻值及允许偏差用文字和数字有规律地组合来表示。例如，2R2K 表示（2.2±0.22）Ω，R33J 表示（0.33±0.0165）Ω，1K5M 表示（1.5±0.3）kΩ，末尾字母表示误差，如表7-3所示。

表 7-3　字母表示误差的含义

符号	E	X	Y	H	U	W	B
％	±.001％	±0.002％	±0.005％	±0.01％	±0.02％	±0.05％	±0.1％
符号	C	D	F	G	J	K	M
％	±0.2％	±0.5％	±1％	±2％	±5％	±10％	±20％

　　数码标示法主要用于贴片等小体积的电路，在三位数码中，从左至右第一、二位数表示有效数字，第三位表示 10 的倍幂或者用 R 表示（R 表示 0.）如：472 表示 $47×10^2\,Ω$（即 $4.7kΩ$）；104 表示 $100kΩ$；R22 表示 $0.22Ω$。

　　判断电阻器质量的好坏，一要观察其外观及引线，要求无缺陷、断裂、氧化、霉变；二是用万用表的欧姆挡去检测，若读数与标称值相差太大或不稳定，则不能使用。测试时，特别是在测几十千欧以上阻值的电阻时，手不要触及表笔和电阻的导电部分，色环电阻的阻值虽然能以色环标志来确定，但在使用时最好还是用万用表测试一下其实际阻值。

　　电阻器的种类选用一般按用途进行选择，在一般档次的电子产品中，选用碳膜电阻就可满足要求。对于环境较恶劣的地方或精密仪器中，应选用金属膜电阻。对于一般电路，选用误差为 ±5％ 的电阻即可，对于精密仪器应选用高精度的电阻器。为保证电阻器可靠耐用，其额定功率应是实际功率的 2～3 倍。电阻器安装前，应将引线处理一下，保证焊接可靠。各种电阻器类型见图 7-7。

图 7-7　各种电阻器类型

　　（2）电位器

　　电位器是一种阻值可以连续调节的电阻器。常见的电位器类型有合成碳膜电位器、绕线电位器、金属膜电位器、直滑式电位器、单圈电位器与多圈电位器、实心电位器、串联电位器与双联电位器等。

　　电位器的阻值即电位器的标称值，是指其两固定端间的阻值。其电路符号如图 7-8 所示。其中 1、3 为电位器的固定端，2 为电位器的滑动端。调节 2 的位置可以改变 1、2 或 2、3 间的阻值。

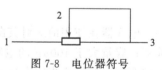

图 7-8　电位器符号

　　电位器的简易测试　电位器在使用过程中，由于旋转频繁而容易发生故障，可用万用表来检查电位器的质量。测量电位器 1、3 端的总阻值是否符合标称值，检测电位器的活动臂与电阻片的接触是否良好。用万用表的欧姆挡测 1、2 或 2、3 两端，慢慢转动电位器，阻值应连续变大或变小，若有跳动，则说明活动触点有接触不良的故障。检查外壳与引脚的绝缘性，将万用表拨至 R×10k 挡，一表笔接电位器外壳，另一表笔逐个接触每一个引脚，阻值均应为无穷大。否则，说明外壳与引脚间绝缘不良。

　　设计安装电位器时应注意以下几点：

　　① 如需要对电位器经常进行调节，电位器轴应装在不需要拆开设备就能方便地调节的位置；

　　② 电位器在使用前，应用万用表测量其是否良好；

③ 安装电位器时，应把零件拧紧，使电位器安装可靠，若电位器松动变位，与电路中其他元件相碰，会使电路发生故障或损坏其他元件；

④ 电位器在装配时如果在其接线柱或外壳上加热过度，则易损坏；

⑤ 使用中必须注意不能超负荷使用，尤其是终点电刷；

⑥ 修整电位器，特别是截去较长的调节轴时，应夹紧转轴，再截短，避免电位器主体部位会受力损坏；

⑦ 避免在高湿度环境下使用，因为传动机构不能进行有效的密封，潮气会进入电位器内。

（3）电容器

电容器是一种储能元件，储存电荷的能力用电容量表示，国际单位是 F。由于法拉的单位太大，电容量的常用单位是 μF 和 pF。

电容器的标识方法主要有直标法、数码法和色标法三种。

① 直标法　将电容器的容量、耐压及误差直接标注在电容器的外壳上，其中误差一般用字母来表示（如 J 表示 $\pm 5\%$，K 表示 $\pm 10\%$ 等）。例如：47nJ100 表示容量为 47nF 或 $0.047\mu F$，误差为 $\pm 5\%$，耐压为 100V。

② 数码法　用 3 位数字来表示容量的大小，单位为 pF。前两位为有效数字，第 3 位表示倍率，即乘以 10^n，n 的范围是 $1\sim 9$，其中 9 表示 10^{-1}。例如：333 表示 33000pF 或 $0.033\mu F$；229 表示 2.2pF。

③ 色标法　这种表示方法与电阻器的色环表示方法类似，其颜色所代表的数字与电阻色环完全一致，单位为 pF。

常用的电容器类型有铝电解电容器（CD）、钽电解电容器（CA）、瓷片电容（CC）、云母电容（CY）、聚丙烯（CBB）、聚四氟乙烯（CF）、聚苯乙烯（CB）、独石电容器、涤纶电容器（CL）等，参阅图 7-9。

图 7-9　各种类型的电容

电容器在使用前应对其漏电情况进行检测。容量在 $1\sim 100\mu F$ 内的电容用电阻 $R\times 1k$ 挡检测；容量大于 $100\mu F$ 的电容用 $R\times 10$ 检测。具体方法如下：将万用表两表笔分别接在电容的两端，指针应先向右摆动，然后回到 ∞ 位置附近。表笔对调重复上述过程，若指针距 ∞ 处很近或指在 ∞ 位置上，说明漏电电阻大，电容性能好；若指针距 ∞ 处较远，说明漏电电阻小，电容性能差；若指针在 0 处始终不动，说明电容内部短路。对于 5000pF 以下的小容量电容器，由于容量小、充电时间快、充电电流小，用万用表的高阻值挡也看不出指针摆动，可借助电容表直接测量其容量。

电容器的种类繁多，性能指标各异，合理选用电容器对产品设计十分重要。在电容器选用时应注意以下几点。

① 不同的电路应选用不同种类的电容器。在电源滤波电路中要选用电解电容器；在高频、高压电路中应选用瓷介电容、云母电容；在谐振电路中，可选用云母、陶瓷、有机薄膜等电容器；用作隔直流时可选用纸介、涤纶、云母、电解等电容器；用在调谐回路时，可选用空气介质或小型密封可变电容器。

② 电容器的额定电压应高于实际工作电压的 $10\%\sim20\%$，对工作稳定性较差的电路，可留有更大的余量，以确保电容器不被损坏和击穿。

③ 在选用时还应注意电容器的引线形式。可根据实际需要选择焊片引出、接线引出等，以适应线路的插孔要求。

④ 使用电容器时应测量其绝缘电阻，其值应该符合使用要求。

⑤ 电容器外形应该完整，引线不应松动。

⑥ 电解电容器极性不能接反。

⑦ 电容器耐压应符合要求，如果耐压不够可采用串联的方法。

（4）电感器

电感器是利用漆包线在绝缘骨架上绕制而成的一种能够存储磁场能的电子元件，在电路中电感有阻流、变压、传送信号等作用。电感一般有直标法和色标法。色标法与电阻类似，如棕、黑、金，金表示 $1\mu H$（误差 5%）的电感。

电感器通常分为两大类，一类是应用于自感作用的电感线圈，另一类是应用于互感作用的变压器。常用的电感有卧式、立式两种，通常是将漆包线直接绕在棒形、工字形、王字形等磁芯上而成。也有用漆包线绕成的空芯电感，参阅图 7-10。

图 7-10　各种类型的电感

电感的质量检测包括外观和阻值测量。首先检测电感的外表有无完好，磁性有无缺损、裂缝，金属部分有无腐蚀氧化，标志是否完整清晰，接线有无断裂和拆伤等。用万用表对电感做初步检测，测线圈的直流电阻，并与原已知的正常电阻值进行比较。如果检测值比正常值显著增大，或指针不动，可能是电感器本体断路；若比正常值小许多，可判断电感器本体严重短路，线圈的局部短路需用专用仪器进行检测。

在电感器选用时应注意以下几点：

① 额定电流降额使用，电感器的额定电流值应超过电路上实际电压的 $30\%\sim50\%$。

② 在高频电路中要选用高 Q 值、低损耗角的电感器。

（5）二极管

二极管是一种具有单向传导电流的电子器件。按材质可分为硅二极管和锗二极管。按用途可分为整流二极管、检波二极管、稳压二极管、发光二极管、光电二极管和变容二极管。各种不同二极管的符号如图 7-11 所示。

稳压二极管　　　　发光二极管　　　　光电二极管　　　　变容二极管

图 7-11　各种不同类型的二极管符号

通常硅二极管的导通电压为 $0.6V$，导通后电压保持在 $0.6\sim0.8V$ 之间；锗二极管的导通电压为 $0.2V$ 时，导通后电压保持在 $0.2\sim0.3V$ 之间。

二极管的检测需使用万用表。使用指针式万用表时，将挡位拨至 $R\times1k$ 挡，将红表笔接二极管的负极，黑表笔接二极管的正极，此时测的是正向电阻；将两表笔对调，测的是反向电阻，正向电阻比反向电阻要大得多。使用数字万用表时，将挡位拨至二极管挡，将红表笔接二极管的正极，黑表笔接二极管的负极，此时读数为二极管的正向压降，一般硅管为0.5～0.7V左右，锗管为0.2～0.4V左右；反向压降测量不到，说明二极管性能不良或损坏。总之，正向电阻越小越好，反向电阻越大越好。若正向电阻无穷大，说明二极管内部断路；若反向电阻为零，表明二极管被击穿。内部断开或击穿的二极管均不能使用。

（6）三极管

半导体三极管（晶体管）内部含有两个 PN 结，具有三种工作状态：放大、饱和、截止，在模拟电路中一般使用放大作用，在数字电路中一般使用饱和和截止状态。按材料可分为硅管和锗管，按结构可分为 NPN 型和 PNP 型。我国目前生产的硅管多为 NPN 型，锗管多为 PNP 型。常见的各种封装类型的三极管如图 7-12 所示。

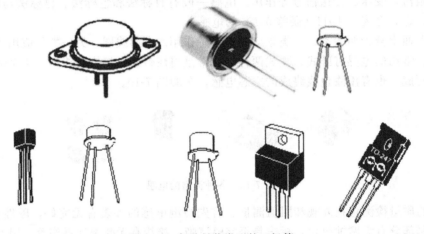

图 7-12　各种封装类型的三极管

三极管的检测需使用万用表。以硅管为例，如果使用指针式万用表，首先将挡位打在R×100 或 R×1k 挡，用万用表黑表笔固定三极管的某一个电极，红表笔分别接另外两个电极，观察指针偏转，若两次的测量阻值都大或都小，则该脚所接就是基极（两次阻值都小的为 NPN型管，两次阻值都大的为 PNP 型管），若两次测量阻值一大一小，则用黑笔重新固定一个管脚继续测量，直到找到基极。确定基极后，对于 NPN 管，用万用表两表笔接三极管另外两极，交替测量两次，若两次测量的结果不相等，则其中测得阻值较小一次黑表笔接的是集电极，红笔接的是发射极（若是 PNP 型管，则黑表笔接的是发射极，红笔接的是集电极）。

如果使用数字万用表，首先将数字万用表的挡位旋转到二极管挡，用数字万用表的红表笔和黑表笔分别接 3 个极中的两个，当红表笔不动，黑表笔分别接两个电极，此时读数若都为 0.5V 左右，说明与红表笔相连的电极为基极，且该管是 NPN 型管；当黑表笔不动，红表笔分别接两个电极，此时读数若都为 0.5V 左右，说明与黑表笔相连的电极为基极，且该管是 PNP 型管。明确了管型和基极之后，将数字万用表的挡位旋转到 h_{fe} 挡，并将三极管插入相应的插孔内（指 NPN 或 PNP 的 B 位置确定，其余两个电极插入 C 或 E），若此时数字万用表读数正常，说明三极管的电极刚好插入到正确的孔，并此时的读数为三极管的 h_{fe} 值；若读数过大或无显示数字，将未知的两个电极换个位置即可。

三极管的质量好坏检测，先将指针式万用表量程打在 R×100 或 R×1k 挡位。若是PNP 型，则红表笔接基极，黑表笔接发射极，所测得阻值为发射极正向电阻值，若将黑表笔接集电极，所测得阻值便是集电极的正向电阻值，正向电阻值愈小愈好；若是 NPN 型，则黑表笔接基极，红表笔接另外两个极，测得的两个正向电阻值也是愈小愈好。

（7）场效应管（MOS管）

场效应管属于电压控制型元件，又利用多子导电，故称单极型元件，且具有输入电阻高、噪声小、功耗低、无二次击穿现象等优点。场效应管可分为结型场效应管和绝缘栅型场效应管。

场效应管的极性判别，将万用表的量程选择在R×1k挡，分别测量场效应管3个管脚之间的电阻阻值，若某脚与其他两脚之间的电阻值均为无穷大时，并且再交换表笔后仍为无穷大时，则此脚为G极，其他两脚为S极和D极。然后再用万用表测量S极和D极之间的电阻值一次，交换表笔后再测量一次，其中阻值较小的一次，黑表笔接的是S极，红表笔接的是D极。

场效应管的质量好坏检测，将万用表的量程选择在R×1k挡，用黑表笔接D极，红表笔接S极，用手同时触及一下G、D极，场效应管应呈瞬时导通状态，即表针摆向阻值较小的位置，再用手触及一下G、S极，场效应管应无反应，即表针在零位置不动，此时应可判断出场效应管为好管。

（8）集成电路（IC）

集成电路是在一块单晶硅上，用光刻法制作出很多三极管、二极管、电阻、电容等，并按照特定的要求把它们连接起来，构成一个完整的电路。集成电路具有体积小、重量轻、可靠性高和性能稳定等优点，特别是大规模和超大规模的集成电路的出现，使电子设备在微型化、可靠性和灵活性方面向前推进了一大步。集成电路常见的封装形式如图7-13所示。

图7-13 集成电路常见封装形式

集成电路的引脚判别。对于BGA封装（用坐标表示）：在打点或是有颜色标示处逆时针开始用英文字母表示——A，B，C，D，E……（其中I、O基本不用），顺时针用数字表示——1，2，3，4，5，6……，其中字母为横坐标，数字为纵坐标，如A1、A2。对于其他的封装：在打点、有凹槽或是有颜色标示处逆时针开始数为第1脚、第2脚、第3脚……

集成电路常用的检测方法有在线测量法、非在线测量法和代换法。在线测量法是利用电压测量法、电阻测量法及电流测量法等，通过在电路上测量集成电路的各引脚电压值、电阻值和电流值是否正常，来判断该集成电路是否损坏。非在线测量是在集成电路未焊入电路时，通过测量其各引脚之间的直流电阻值与已知正常同型号集成电路各引脚之间的直流电阻值进行对比，以确定其是否正常。代换法是用已知完好的同型号、同规格集成电路来代换被测集成电路，可以判断出该集成电路是否损坏。

2. 电子元器件的安装

正确掌握电子元器件的安装方法，对提高控制器的可靠性十分重要，下面主要介绍安装电子元器件时应注意的事项。

① 电子元器件在安装前应将引脚擦除干净，最好用细砂布擦光，去除表面的氧化层，以便焊接时容易上锡。但引脚已有镀层的，视情况可以不擦。

手工弯引脚可以借助镊子或小螺丝刀对引脚整形。所有元器件引脚均不得从根部弯曲，一般应留1.5mm以上；电阻，二极管及其类似元件要将引脚弯成与元件成垂直状再进行装插。

② 电子元器件插装要求做到整齐、美观、稳固，元器件应插装到位，无明显倾斜、变形现象。同时应方便焊接和有利于元器件焊接时的散热。

③ 根据元器件本身的安装方式，可采用立式或卧式安装，如图 7-14 所示。对于两种安装方式都可以采用的元器件，当工作频率不太高时，两种安装方式都可以采用；工作频率较高时，元器件最好采用卧式安装，并且引线尽可能短一些，以防产生高频寄生电容影响电路。

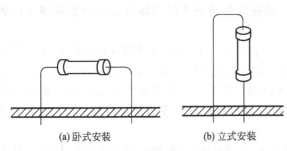

(a) 卧式安装　　　(b) 立式安装

图 7-14　元器件安装方式

④ 电阻、二极管及其类似元件与线路板平行，要尽量将有字符的元器件面置于容易观察的位置。

⑤ 电容、三极管、电感、晶闸管及类似元件要求引脚垂直安装，元件与线路板垂直。

⑥ 集成电路及其插座装插件时注意引脚顺序不能插反且安装应到位，元件与线路板平行。

⑦ 有极性的元件在装插时要注意极性，不能将极性装反。

需要保留较长的元器件引线时，必须套上绝缘导管，以防元器件引脚相碰短路。

⑧ 相同元件安装时要求高度统一，手工插焊遵循先低后高、先小后大的原则。

⑨ 安装过程中，手只能拿电路板边缘无电子元器件处，不能接触电子元器件引脚，防止静电释放造成元件损坏。

3. 电子元器件的焊接

焊接是控制系统组装过程汇总的重要工艺，焊接质量的好坏直接影响控制器的工作性能。优良的焊接质量可以为控制器提供良好的稳定性、可靠性，不良焊接方法会导致元器件损坏，给测试带来很大困难。

(1) 焊锡的选用

选用焊锡丝的原则是：焊接时间短、焊接温度低、助焊剂不能有腐蚀性、无异味、烟少、助焊剂残留物少、免清洗、安全经济。通常用的焊锡丝是锡铅合金，合金比为 63：37 或 40：60 等，常用 63：37，其熔融温度为 183℃。直径为 1.0mm 的焊锡丝，用于铜插孔焊接、焊片和 PCB 板的注锡、一些较大元器件的焊接。直径为 0.8mm 的焊锡丝，用于普通类电子元器件焊接。直径为 0.6mm 的焊锡丝，用于贴片及较小型电子元器件焊接。

(2) 助焊剂的选用

助焊剂主要是起到表面清洁、防止再氧化以及降低焊锡表面张力的作用。助焊剂的熔解温度为 75～160℃，而焊锡的熔解温度为 183.3～215℃，因此在焊锡熔化之前，助焊剂就开始作用。如果烙铁头温度太高（400℃以上），助焊剂就蒸发变成烟，起不了原有的作用。

(3) 焊锡丝的握法

手工焊接前须锡丝将整卷套在架子上，放置于身体左边，用左手拉锡丝，须和施力方向平行，锡丝不可拉出太长，以免焊锡丝碰到地面致使其他污染物附着在焊锡丝上加附于焊点上；也不可太短，以免烫伤手。拿焊锡的方法如图 7-15 所示。

图 7-15　焊锡丝的握法

（4）烙铁的焊接

烙铁的选择要根据实际情况而定。焊接常规电子元器件及其他受热易损件的元件时，考虑选用 35W 内热式电烙铁。焊接导线、铜插孔、焊片以及给 PCB 板镀锡时，要选用 60W 的内热式电烙铁。拆卸一些电子元器件及热缩管热缩时，考虑选用热风枪。如果被焊接物是不固定的，则必须使用固定式烙铁才可以焊接出品质良好的焊点。

烙铁在焊接使用前应注意以下几点。

① 新烙铁在使用之前必须先给它蘸上一层锡；使用久了的烙铁要将烙铁头部锉亮，然后通电加热升温，并将烙铁头蘸上一点松香，待松香冒烟时再上锡，使在烙铁头表面先镀上一层锡。

② 电烙铁通电后，不用时应放在烙铁架上，但较长时间不用时应切断电源，防止高温"烧死"烙铁头。要防止电烙铁烫坏其他元器件，尤其是电源线，若其绝缘层被烙铁烧坏，如不注意，便容易引发安全事故。

③ 不要对电烙铁猛力敲打，以免震断电烙铁内部电热丝或引线而产生故障。

④ 电烙铁使用一段时间后，可能在烙铁头部留有锡垢，在烙铁加热的条件下，可以用湿布轻擦。如有出现凹坑或氧化块，应用细纹锉刀修复或者直接更换烙铁头。

通常手工焊接需分五步进行：擦拭烙铁头→加热源置于焊接点上→加焊锡丝→移去焊锡丝→移去加热源。焊接示意图如图 7-16 所示。

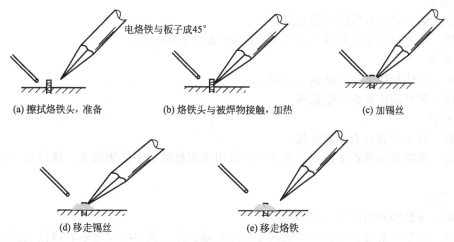

图 7-16 焊接顺序示意图

烙铁在焊接使用时应注意以下几点。

① 电烙铁通电前先检查是否漏电，确保完好再通电预热。电烙铁达到规定的温度再进行焊接。若焊接对静电释放敏感型器件，电烙铁应良好接地。

② 依据设计图纸检验 PCB 面板是否符合设计要求，要求 PCB 面板表面光滑，无划伤断裂等现象存在；要求 PCB 面板平整无变形现象存在。

③ 装插件前检查电子元件表面有无氧化，保证装插到线路板上的电子元件无氧化现象存在；严格检验领取的电子元件型号、参数，保证符合设计要求。

④ 焊接掌握好焊接时间，一般元件在 2～3s 焊完，较大的焊点在 3～4s 焊完。当一次焊接不完时，要等一段时间元件冷却后，再进行二次焊接。

⑤ 焊点要求圆滑光亮，大小均匀，呈圆锥形。不能出现虚焊、假焊、漏焊、错焊、连焊、包焊、堆焊、拉尖现象。

⑥ 表面氧化的元器件或电路板焊接前要将表面清理干净，上锡处理后再进行焊接。导线焊接时表面要上锡处理。

⑦ 助焊剂不能使用过多，焊接表面应清洁，不能有残渣存在。

⑧ PCB板焊接不允许有铜箔翘起、断裂现象，短接线焊接时要做好绝缘处理。防止出现短路现象。插针插头与导线焊接时应套好热缩管。

⑨ 焊接集成电路时应戴好防静电手环，以免损坏器件。

⑩ 焊接完必须认证检查，确保焊接正确。

⑪ 桌面工具、元器件、电路板摆放有序，禁止杂乱无章。

⑫ 注意人身安全和器件安全。小心被烙铁烫伤或划伤，小心电线被烙铁烫坏造成短路，或线路外漏当心触电。

（5）不良焊点处理

① 冷焊

现象：焊锡熔化，未与焊点熔合或完全熔合之前冷固，表面光泽不佳，表面粗糙。

处理：焊锡冷却前勿移动零件。

② 包焊

现象：漆包线熔入锡点，锡点表面呈现络峰状。

处理：引线预焊长度控制在 0.8～1.2mm 之内，勿将漆包部位熔入锡点。

③ 锡尖

现象：锡点表面有尖状凸起之锡。

处理：烙铁移开锡点时以与水平方向成 45°方向平移烙铁。

④ 假焊

现象：引线预焊部位浮贴锡点表面。

处理：预焊部位要熔入锡点内。

⑤ 短路

现象：两个分立点有焊锡连接。

处理：将烙铁头靠近短路点，待 2～3s 后用吸锡枪将多余焊锡除去，然后以 45°角移开烙铁。

⑥ 锡珠

现象：球状颗粒附着于 PCB 表面。

处理：将烙铁头接近不良点，大约 1～2s 后使锡珠、锡渣自动附着在烙铁上后，将烙铁以 45°角迅速提起以离开 PCB。

三、控制系统外围硬件电路的制造工艺

1. 常用电气元件介绍

风力发电机组控制系统中常用的电气元件有交流接触器、控制继电器、各种主令开关、电磁铁等。

（1）交流接触器

交流接触器广泛用作电力的开断和控制电路。它利用主接点来开闭电路，用辅助接点来执行控制指令。主接点一般只有常开接点，而辅助接点常有两对具有常开和常闭功能的接点，小型的接触器也经常作为中间继电器配合主电路使用。交流接触器的接点由银钨合金制成，具有良好的导电性和耐高温烧蚀性。交流接触器的结构和符号如图 7-17 所示。

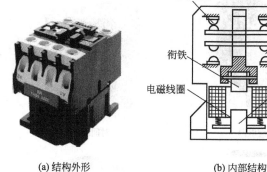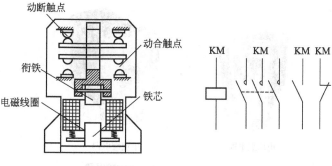

(a) 结构外形　　　　　　(b) 内部结构　　　　　　(c) 电气符号

图 7-17　交流接触器结构及符号图

交流接触器工作原理　当线圈通电时，静铁芯产生电磁吸力，将动铁芯吸合，由于触头系统是与动铁芯联动的，因此动铁芯带动三条动触片同时运行，触点闭合，从而接通电源。当线圈断电时，吸力消失，动铁芯联动部分依靠弹簧的反作用力而分离，使主触头断开，切断电源。

交流接触器的选用　持续运行的设备，接触器按 67%～75% 算，即 100A 的交流接触器，只能控制最大额定电流是 67～75A 以下的设备；间断运行的设备，接触器按 80% 算，即 100A 的交流接触器，只能控制最大额定电流是 80A 以下的设备；反复短时工作的设备，接触器按 116%～120% 算，即 100A 的交流接触器，只能控制最大额定电流是 116～120A 以下的设备。

交流接触器的接法　一般三相接触器一共有八个点：三路输入，三路输出，还有两个是控制点。输出和输入是对应的，很容易能看出来。如果要加自锁，则还需要从输出点的一个端子将线接到控制点上面。

（2）控制继电器

控制继电器是一种自动电器，它适用于远距离接通和分断交、直流小容量控制电路，并在电力驱动系统中供控制、保护及信号转换用。继电器的输入量通常是电流、电压等电量，也可以是温度、压力、速度等非电量，输出量则是触点动作时发出的电信号或输出电路的参数变化。继电器的特点是当其输入量的变化达到一定程序时，输出量才会发生阶跃性的变化。

控制继电器用途广泛，种类繁多，习惯上按其输入量不同分为电压继电器、电流继电器、时间继电器、热继电器、温度继电器、速度继电器等。各种控制继电器如图 7-18 所示。

通用继电器是可用作电压继电器、欠电流继电器、中间继电器和时间继电器的直流电磁式继电器。它以结构简单、维修方便、成本低而被广泛用于低压控制系统。常用的通用继电器有 K18 型、K3 型、具有双线圈的 K3-S 型、高返回系数的 K9、K10 型、交流的 K4 型以及小型的 KX 型等产品。

电流继电器一般可兼作过电流和欠电流继电器，用于电动机的启动控制和过载保护。常用的过电流继电器产品有 KA12、KA14 及 KA18 等系列。

中间继电器主要起扩大触头数量及触头容量用。它属于电磁式电压继电器，线圈通电时，动铁芯被吸向锥形挡铁，并带动横梁，使两侧的动触头支架向上运动，令触点进行转换。线圈断电后，在反力弹簧作用下，动铁芯和动触点支架均恢复原位。

时间继电器按构成原理可分为电磁式时间继电器、钟表式时间继电器、气囊式时间继电器、电子式时间继电器和数字式时间继电器。按延时方式不同，时间继电器又分为通电延时型和断电延时型两种。选用时间继电器时可从以下几个方面来考虑：根据控制线路组成的需

电压继电器　　　　　　　　电流继电器　　　　　　　　时间继电器

热继电器　　　　　　　　温度继电器　　　　　　　　速度继电器

图 7-18　各种控制继电器结构图

要，确定使用通电延时型或断电延时型。凡对延时要求不高处，宜采用价格较低的电磁阻尼式或气囊式时间继电器，反之则采用电动机式或晶体管式时间继电器；电源电压波动大处，宜采用气囊式或电动机式时间继电器，电源频率变动大处，忌用电动机式的产品；应注意环境温度的变化，凡变化大处，不宜采用气囊式时间继电器。

　　热继电器是利用电流通过发热元件时产生的热量，使双金属片受热弯曲而推动机构动作的一种电器。它主要用于电动机的过载、断相及电流不平衡的保护，以及其他电气设备发热状态的控制。热继电器的形式有许多种，其中常用的有双金属片式、热敏电阻式、易熔合金式三种，最常用的是双金属片式热继电器，产品主要有 JR16 及 JR20 两个系列。选择热继电器时应从以下几个方面来考虑：热继电器的热元件额定电流按电动机额定电流选择，但对过载能力较差的电动机，热元件的额定电流就宜适当小些，为电动机额定电流的 60%～80%；根据电动机定子绕组联结方式，确定热继电器是否带断相运行保护，保证热继电器在电动机启动过程中不致误动作；在断续周期工作制时，应特别注意热继电器的允许操作频率。

　　（3）主令电器

　　主令电器是用来接通和分断控制电路以发布命令、或对生产过程作程序控制的开关电器。它包括按钮开关、转换开关、限位开关、接近开关、急停开关等。各种不同类型的主令电器如图 7-19 所示。

按钮开关　　　　　转换开关　　　　　限位开关　　　　　接近开关　　　　　急停开关

图 7-19　各种不同类型的主令电器

按钮开关，是一种结构简单、应用十分广泛的主令电器，用于手动发出控制信号以控制接触器、继电器、电磁启动器等。按钮开关的结构种类很多，可分为普通揿钮式、蘑菇头式、自锁式、自复位式、旋柄式、带指示灯式、带灯符号式及钥匙式等，有单钮、双钮、三钮及不同组合形式，一般是采用积木式结构，由按钮帽、复位弹簧、桥式触头和外壳等组成，通常做成复合式，有一对常闭触头和常开触头。通常红色表示停止按钮，绿色表示启动按钮等。常用的按钮型号有 LAY3、LAY6、LA20、LA25、LA38、LA101、LA115 等系列。

　　转换开关，是一种多挡位、多段式、控制多回路的主令电器，当操作手柄转动时，带动开关内部的凸轮转动，从而使触点按规定顺序闭合或断开。万能转换开关主要用于各种控制线路的转换，电压表、电流表的换相测量控制，配电装置线路的转换和遥控等。

　　限位开关，是一种将机器信号转换为电气信号，以控制运动部件位置或行程的自动控制电器。通常，这类开关被用来限制机械运动的位置或行程，使运动机械按一定位置或行程自动停止、反向运动、变速运动或自动往返运动等。

　　接近开关，在控制电路中可以进行位置检测、行程控制、计数控制及检测金属物体是否存在。目前，国内的接近开关产品主要为采用集成元件的 LJ5 系列。

　　急停开关，当机器处于危险状态时，通过急停开关切断电源，停止设备运转，达到保护人身和设备的安全。急停开关一般形式是按下锁住，旋转释放红色蘑菇头按钮开关或圆形按钮开关。

2. 电气元件的装配工艺

(1) 电气元件安装

　　所有电气元件必须按照规定的安装条件进行安装。安装前首先要看明图纸及技术要求，检查产品型号、元器件型号、规格、数量等与图纸是否相符，检查元件有无损坏。安装的时候必须按照安装图进行规范安装，元件安装顺序应遵从由左至右、由上至下的顺序。同一型号产品应保证组装一致性，面板、门板上的元件中心线的高度应符合规定。

　　安装好的产品应符合以下条件：

① 操作方便　元器件在操作时，不应受到空间的妨碍，不应有触及带电体的可能；

② 维修容易　能够较方便地更换元器件及维修连线；

③ 各种电气元件和装置的电气间隙、爬电距离应符合相关规定；

④ 保证一、二次线的安装距离。

　　电气安装所用紧固件及金属零部件均应有防护层，对螺钉过孔、边缘及表面的毛刺、尖锋应打磨平整后再涂敷导电膏。对于螺栓的紧固，应选择适当的工具，不得破坏紧固件的防护层，并注意相应的扭矩。将母线、元件上预留给顾客接线用的螺栓拧紧。主回路上面的元器件、一般电抗器、变压器需要接地，断路器不需要接地，图 7-20 为电抗器接地。保护接地的连续性利用有效接线来保证。柜内任意两个金属部件通过螺钉连接时，如有绝缘层均应采用相应规格的接地垫圈，并注意将垫圈齿面接触零部件表面，或者破坏绝缘层。门上的接地处要加"抓垫"，防止因为油漆问题而接触不好，而且连接线尽量短。安装因振动易损坏的元件时，应在元件和安装板之间加装橡胶垫减振。对于有操作手柄的元件，应将其调整到位，不得有卡阻现象。

　　对于发热元件的安装，应考虑其散热情况，安装距离应符合元件规定。额定功率为75W 及以上的管形电阻器应横装，不得垂直地面竖向安装。所有电气元件及附件，均应固定安装在支架或底板上，不得悬吊在电器及连线上。端子的标识如图 7-21 所示，标号应完整、清晰、牢固。标号粘贴位置应明确、醒目。安装于面板、门板上的元件，其标号应粘贴于面板及门板背面元件下方,如下方无位置时可贴于左方,但粘贴位置尽可能一致。

图 7-20 电抗器接地示意图

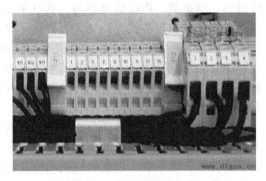

图 7-21 端子的标示示意图

(2)二次回路布线

二次线的连接应牢固可靠,线束应横平竖直,配置坚牢,层次分明,整齐美观,相同元件走线方式应一致。

二次线截面积要求:单股导线不小于 1.5mm²,多股导线不小于 1.0mm²,弱电回路不小于 0.5mm²,电流回路不小于 2.5mm²,保护接地线不小于 2.5mm²。

所有连接导线中间不应有接头。每个电气元件的接点最多允许接两根线。每个端子的接线点一般不宜接两根导线,特殊情况时如果必须接两根导线,则连接必须可靠。二次线应远离飞弧元件,并不得妨碍电器的操作。电流表与分流器的连线之间不得经过端子,其线长不得超过 3m。电流表与电流互感器之间的连线必须经过试验端子。二次线不得从母线相间穿过。导线的剥线长度为 10mm,导线插入端子口中,直到感觉到导线已插到底部。屏蔽电缆连接时,先拧紧屏蔽线至约 15mm 长,用线鼻子把导线与屏蔽线压在一起,压过的线回折在绝缘导线外层上,用热缩管固定导线连接的部分,如图 7-22 所示。

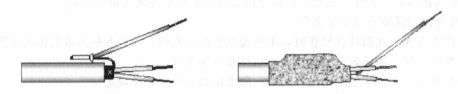

图 7-22 屏蔽电缆的连接示意图

(3)一次回路布线

一次配线应尽量选用矩形铜母线,当用矩形母线难以加工时或电流小于等于 100A 可选用绝缘导线。接地铜母排的截面面积为电柜进线母排单相截面面积的一半。

汇流母线应按设计要求选取,主进线柜和联络柜母线按汇流选取。分支母线的选择应以自动空气开关的脱扣器额定工作电流为准,如自动空气开关不带脱扣器,则以其开关的额定电流值为准。对自动空气开关以下有数个分支回路的,如分支回路也装有自动空气开关,仍按上述原则选择分支母线截面。如没有自动空气开关,比如只有刀开关、熔断器、低压电流互感器等,则以低压电流互感器的一侧额定电流值选取分支母线截面。如果这些都没有,还可按接触器额定电流选取,如接触器也没有,最后才是按熔断器熔芯额定电流值选取。主回路走线如图 7-23 所示。

铜母线载流量选择需查阅有关文档,聚氯乙烯绝缘导线在线槽中,或导线成束状走行时,或防护等级较高时,应适当考虑裕量。母线应避开飞弧区域。当交流主电路穿越形成闭合磁路的金属框架时，三相母线应在同一框孔中穿过。

　　电缆与柜体金属有摩擦时，需加橡胶垫圈以保护电缆，如图 7-24 所示。电缆连接在面板和门板上时，需要加塑料管和安装线槽。柜体出线部分为防止锋利的边缘割伤绝缘层，必须加塑料护套。柜体内任意两个金属零部件通过螺钉连接时，如有绝缘层均应采用相应规格的接地垫圈，并注意将垫圈齿面接触零件表面，以保证保护电路的连续性。当需要外部接线时，其接线端子及元件接点距结构底部距离不得小于 200mm，且应为连接电缆提供必要的空间。

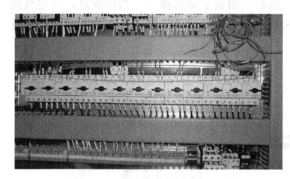

图 7-23　主回路走线示意图

图 7-24　电缆通过柜体示意图

　　生产中紧固的螺栓应标识蓝色，检测后的紧固螺栓应标识红色。

　　（4）其他注意点

　　① 号码管必须正面向外，方便查看。最好选用有光泽的号码管。

　　② 号码管必须与被接器件垂直，不得歪斜，方向一般为逆时针 90°。在线与线鼻子间套号码管必须保持套管位置的统一性，同一排号码管近于水平。

　　③ 号码管两个重叠时，从正面看只能看见一个号码。此时线鼻子一正一反拼接，两者接触面为平整面。

　　④ 号码管的选择必须与线径一致，这样下端子接线号码管就不会脱落。

　　⑤ 压线端子的孔径与接线用的螺钉必须一致。

　　⑥ 压线端子必须使用规定的型号，必须与导线一致。压线时必须压紧，不可虚压。

　　⑦ 针管线鼻子的型号必须与导线线径一致，长短必须与被接物接线端相匹配。压线时也必须压紧，不能依靠螺钉固定时带紧。

　　⑧ 剥落的铜丝、绝缘皮、电线、扎带等不得落在柜内。

　　⑨ 所有接线端子螺钉、器件螺钉、安装螺钉、短接片螺钉必须拧紧。

　　⑩ 准确使用线径，导线的安全载流量必须大于器件的额定电流。

　　⑪ 元器件接地线必须与接地母线相连，并选择相应的线径。接地线不准串接。

　　⑫ 电流互感器的二次侧必须接地。

　　⑬ 柜门、侧板、底板等必须接地。

　　⑭ 柜内所有的接地必须与接地母排连成一体。

　　⑮ 铜排 A、B、C、PE（保护接地）、FE（屏蔽接地）必须贴上标记。

　　⑯ 粘块、扎带固定座在同一直线上的高度必须一致。

　　⑰ 断线槽、导轨要平整其切割面，并不得有缺口。

　　⑱ 完工后仔细检查端子排是否有漏接的线，标记条是否正确，并盖好盖板。

3. 传感器的装配工艺

　　风力发电机组控制系统所用传感器主要包括风速仪、风向标、温度传感器、物位传感器、接近开关等。

（1）风速仪、风向标

风速仪主要用来检测实时的风速大小，主要原理是基于把风杯的转动转换成电信号，先经过一个临近感应开关，对转轮的转动进行"计数"并产生一个脉冲系列，再经检测仪转换处理，即可得到转速值。其内部采用了先进的微处理器作为控制核心，外围采用了先进的数字通讯技术。

风向标基本上是一个不对称形状的物体，重心点固定于垂直轴上。当风吹过，对空气流动产生较大阻力的一端便会顺风转动，显示风向。其内部采用微处理器作为控制核心，通过光电码盘采集风向信号。

风速仪、风向标的结构如图 7-25 所示。

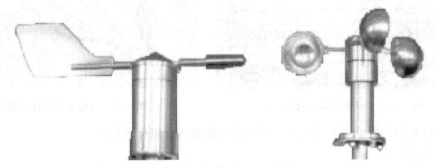

图 7-25　风速仪、风向标的结构

风向标、风速仪通过护座用螺栓固定在钢管上，将传递风速风向信号的电缆穿过钢管进入机头护座，在连接电路上并联一个高精度金属模电阻。风向标外壳上有一道竖线，竖线下写着 N，这道线是风向标的 0°位置，安装时注意该竖线要垂直指向机尾。为方便安装，安装前用记号笔在 0°位置的正对面标好 180°位置，将此位置对正发电机中心点。

安装风速仪、风向标时要求紧固，防止由于机组运行振动造成传感器松动。

（2）温度传感器

温度传感器主要采用金属热电阻测温原理，即电阻的阻值随被测温度变化而变化，制作采用 3 线制 Pt100，其结构如图 7-26 所示。

该温度传感器其中有两根线是连通的，用万用表测量为 0Ω，一般这两根线是红色的。接到控制系统时需要将两根红色电缆并在一起套入同一个 $0.5mm^2$ 管形预绝缘端子并接线。连接前需要测量温度传感器的电阻，如阻值偏差超过 1Ω 则需更换传感器。温度传感器的温度与阻值关系见表 7-4。

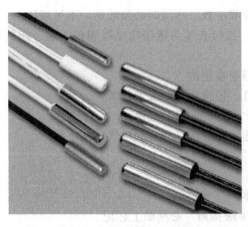

图 7-26　温度传感器的结构

由于有的发电机温度传感器电缆的长度不够连接到机舱柜，需要把电缆延长，延长的长度根据现场具体情况而定。延长电缆接头处采用焊接或压接。焊接时注意焊点要均匀、光滑；压接采用 $0.75mm^2$ 管形预绝缘端头，把绝缘部分去掉只用金属管压接。单根线芯连接处以及屏蔽层连接处套热缩管；最后在整个电缆外面用绝缘胶布包扎。

表 7-4　温度传感器温度与阻值的关系

温度/℃	传感器阻值/Ω	温度/℃	传感器阻值/Ω	温度/℃	传感器阻值/Ω
−10	96.03	10	103.96	30	111.85
−5	98.01	15	105.94	35	113.82
0	100.00	20	107.91	40	115.78
5	101.98	25	109.88	45	117.74

温度传感器在安装走线时尽量远离动力电缆。温度传感器屏蔽层必须可靠接地，各温度传感器屏蔽层接到控制系统下方的接地排上。温度传感器在控制系统中的安装位置如图 7-27 所示。

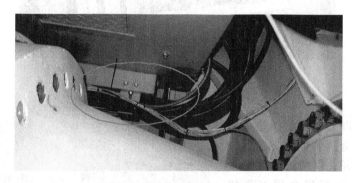

图 7-27　温度传感器的安装位置

（3）机头位置检测传感器的安装

机头位置的检测主要利用一个多圈电位器来进行测量，该传感器的结构如图 7-28 所示。

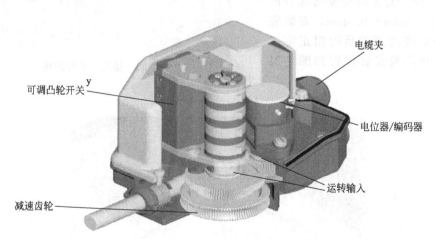

图 7-28　机头位置检测传感器结构

机头位置检测传感器固定在机舱的底座上，靠近偏航轴承的外齿圈。在机头位置传感器的内部有一个电位器，电位器内的滑线触头随凸轮的位置进行相应的移动，电阻值也随之发生变化。电阻值的变化引起电压的变化。电压信号被输送到模拟量采集模块中进行变换，就得到了机头位置。该传感器在机头中的安装位置如图 7-29 所示。

（4）接近开关的安装

接近开关主要用来检测风力发电机转速的传感器，其结构如图 7-30 所示。

图 7-29　机头位置传感器的安装位置

接近开关可以无损不接触地检测金属物体，例如金属物体的转速、位移等参数。接近开关电缆走线时尽量远离动力电缆，屏蔽层必须可靠接地。接近开关电缆颜色标示为棕（电源正极）、黑（信号）、蓝（电源负极）。接近开关安装时与金属部分的距离 L 为 2.5mm±0.5mm，安装完毕后应测试接近开关是否能正常工作。接近开关的安装位置如图 7-31 所示。

图 7-30　接近开关的结构

图 7-31　接近开关的安装位置

四、工艺文件的编制

工艺文件是指将组织生产实施工艺过程的方法、手段、标准、程序等用文字及图表的形式来表示，用来指导产品制造生产过程的一切活动，使之纳入规范有序的轨道。企业是否具备先进齐全、科学合理的工艺文件，是企业能否安全、优质、高效的制造产品的决定条件。工艺文件是带强制性的纪律性文件，不允许用口头的形式来表达，必须采用规范的书面形式，而且任何人不得随意修改，违反工艺文件属违纪行为。

1. 编制工艺文件的原则

编制工艺文件应在保证产品质量和有利于稳定生产的条件下，以最经济、最合理的工艺手段进行加工为原则，具体体现在以下几点。

① 编制工艺文件，要根据产品批量的大小、技术指标的高低和复杂程度区别对待。对于一次性生产的产品，可根据具体情况编写临时工艺文件或参照借用同类产品的工艺文件。

② 编制工艺文件要考虑到车间的组织形式、工艺装备以及工人的技术水平等情况，必须保证编制的工艺文件切实可行。

③ 对于未定型的产品，可以编写临时工艺文件或编写部分必要的工艺文件。

④ 工艺文件以图为主，力求做到容易认读、便于操作，必要时加注简要说明。

⑤ 凡属装调工应知应会的基本工艺规程内容，可以不再编入工艺文件。

2. 编制工艺文件的要求

① 工艺文件要有统一的格式、统一的幅面，图幅大小应符合有关标准，并装订成册，配齐成套。

② 工艺文件的字体要正规、书写要清楚、图形要正确。工艺图上尽量少用文字说明。

③ 工艺文件所用的产品名称、编号、图号、符号、材料和元器件代号等，应与设计文件一致。

④ 编写工艺文件要执行审核、会签、批准手续。

⑤ 线扎图尽量采用1:1的图样，并准确地绘制，以便于直接借图纸做排线板排线。

⑥ 工序安装图可不必完全按实样绘制，但基本轮廓应相似，安装层次应表示清楚。

⑦ 装配接线图中的接线部位要清楚，连接线的接点要明确。内部接线可假想移出展开。

3. 工艺文件的编制

控制系统的生产加工过程中工艺文件的编制，包括工艺规程的封面目录、汇总图表、作业指导书和工艺更改单等。

（1）封面目录

工艺文件封面在工艺文件装订成册时使用。按"共 X 册"填写工艺文件的总册数；"第X 册"填写该册在全套工艺文件中的序号；"共 X 页"填写该册的总页数；"型号"、"名称"、"图号"分别填写产品型号、名称、图号；"本册内容"填写该册工艺内容的名称；最后执行批准手续，并填写批准日期。

工艺文件目录中"产品名称或型号"，"产品图号"与封面的型号、名称、图号保持一致；"拟制"、"审核"栏内由有关职能人员签署姓名和日期；"更改标记"栏内填写更改事项；"底图总号"栏内，填写被本底图所代替的旧底图总号；"文件代号"栏填写文件的简号，不必填写文件的名称；其余各样按标题填写，填写零部件、整件的图号、名称及其页数。

（2）汇总图表

各种汇总图表包括工装明细表、消耗定额表、配套明细表、工艺流程图、工艺过程表等，它们是作为材料供应、工装配置、成本核算、劳动力安排、组织生产的依据。

（3）作业指导书

作业指导书是作业指导者对作业者进行标准作业的正确指导的基准。它是随着作业的顺序，对符合每个生产线的生产数量的每个人的作业内容及安全、品质的要点进行明示。

（4）工艺更改单

工艺更改单供永久性修改工艺文件用。应填写更改原因、生效日期及处理意见。"更改标记"栏应按图样管理制度中规定的字母填写。

（5）工艺说明及简图卡

工艺说明及简图卡用于编制重要、复杂的或在其他格式上难以表述清楚的工艺，它用简图、流程图、表格及文字形式进行说明。也可用作编写调试说明、检验要求及各种典型工艺文件等。

（6）电路图

电路图是详细说明产品各元器件、各单元之间的工作原理及其相互间连接关系的略图，是设计、编制接线图和研究产品时的原始资料。电路图应按如下规定绘制：

① 在电路图上，组成产品的所有元器件均以图形符号表示；

② 在电路图中各元件的图形符号的左方或上方应标出该元器件的项目代号；

③ 电路图上的元件目录表（在示例图中未画出），应标出各元件的项目代号、名称、型号及数量。在进行整机装配时，应严格按目录表的规定安装。

（7）印制电路板装配图

印制电路板装配图是用来表示元器件及零部件、整件与印制电路板连接关系的图样。对装配图的要求如下。

① 装配图上的元器件一般以图形符号表示，有时也可用简化的外形轮廓表示。

② 仅在一面装有元器件的装配图，只需画一个视图。如两面均装有元器件，一般应画两个视图，并以较多元器件的一面为主视图，另一面为后视图。如两面中有一面的元器件很少，也可只画一个视图。

③ 装配图中一般可不画印制导线，如果要求表示出元器件的位置与印制导线的连接关系时，应画出印制导线。反面上的印制导线应按实际形状用虚线画出。

④ 对于变压器等元器件，除在装配图上表示位置外，还应标明引线的编号或引线套管的颜色，需焊接的穿孔用实心圆点画出，不需焊接的孔用空心圆画出。

（8）安装图

安装图是指导产品及其组成部分在使用地点进行安装的完整图样。安装图包括：产品及安装用件（包括材料的轮廓图形）；安装尺寸以及和其他产品连接的位置与尺寸；安装说明。

（9）接线图

接线图是指示产品部件、整件内部接线情况的略图，是按照产品中元器件的相对位置关系和接线点的实际位置绘制的，主要用于产品的接线、线路检查和线路维修等。在实际应用中，接线图通常与电路图和装配图一起使用。有关接线图的具体规定如下。

① 与接线无关的元件或固定件在接线图中不予画出。

② 应按接线的顺序对每根导线进行编号，必要时可按单元编号，此时在编号前应加该单元序号。

③ 对于复杂产品的接线图，导线或多芯电缆的走线位置和连接关系不一定要全部在图中绘出，可采用接线表或芯线表的方式来说明导线的来处和去向。

④ 对于复杂产品，若一个接线面不能清楚地表达全部接线关系时，可以将几个接线面

分别绘出。绘制时，应以主接线面为基础，其他接线面按一定方向展开，在展开面旁边要标出展开方向。

⑤ 在一个接线面上，如有个别元件的接线关系不能表达清楚时，可采用辅助视图（如剖视图、局部视图、向视图等）来说明，并在视图旁边注明是何种辅助视图。

⑥ 在接线面上，当某些导线、元件或元件的连接处彼此遮盖时，可移动或适当地延长被遮盖导线、元件或元件接线处，使其在图中能明显表示，但与实际情况不应出入太大。

⑦ 在接线面背面的元件或导线，绘制时应虚线表示。

[操作指导1]

一、任务布置

熟悉1kW风力发电机组控制箱的结构、电气连接特性及其相关参数，焊接安装1kW风力发电机组的控制器，该控制系统实物如图7-32所示。

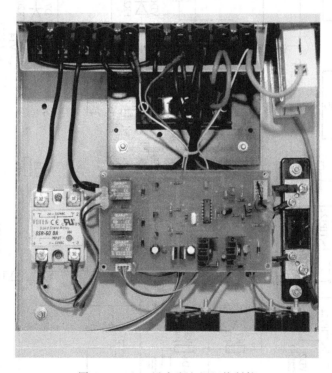

图7-32　1kW风力发电机组控制箱

二、操作指导

① 1kW控制器的原理图如图7-33所示，其工作原理如下。

最上面一部分是由VD1、VT1、U2、U3等组成的电源稳压电路。J1接额定电压为24V的蓄电池，经二极管VD1、限流电阻R1后，经过VT1、R2和D2组成的一级稳压电路，再经过VT2、R3和VD3组成的二级稳压电路，然后经过C1、U3（L7818）将电源电压稳定在18V，再经过U2（L7812）、C3、C2，最终将电压稳定在12V，构成了整个充放电控制器主板电路的供电系统，12V的电压供主板电路芯片正常工作。

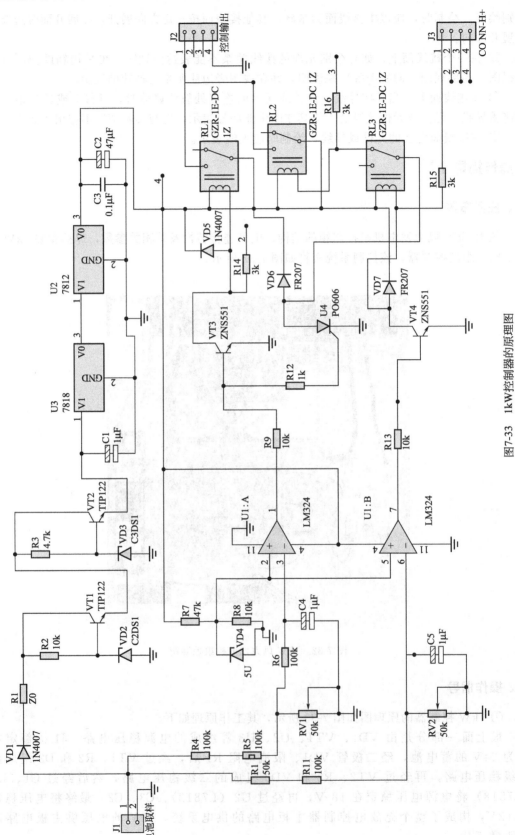

图7-33　1kW控制器的原理图

中间一部分是防止蓄电池过充电路。由 R7、R8 和 VD4 组成的稳压电路，将 12V 电压转化为 5V 电压，接到 LM324 的 2 脚和 5 脚，作为电压比较器的参考电压。在蓄电池电压为 28V 时，通过调节微调电阻 RV1，让 LM324 的 3 脚电压也为 5V。这样，当蓄电池电压超过 28V 时，LM324 的 3 脚电压超过 5V，LM324 的 1 号脚输出高电平，VT3 导通，U4 导通，继电器 RL1、RL2 均吸合，J2 输出 12V 电压，这个高电平电压再去控制外围电路停止对蓄电池充电。这样就避免了对蓄电池过充电。当蓄电池电压低于 28V 时，LM324 的 3 脚电压低于 5V，LM324 的 1 脚输出低电平，VT3 截止，RL1 释放。但此时 U4 仍然导通，继电器 RL2 仍吸合，J2 仍输出 12V 电压，外围电路仍不对蓄电池充电。

　　最下面一部分是防止蓄电池过放电电路，也就是当蓄电池电压低于 20V 时，停止对负载供电，只允许风力发电机对蓄电池进行充电。在蓄电池电压为 20V 时，通过调节微调电阻 RV2，让 LM324 的 6 脚电压也为 5V。这样，当蓄电池电压低于 20V 时，LM324 的 6 脚电压低于 5V，7 脚输出高电平，VT4 导通，继电器 RL3 吸合，导致继电器 RL2 释放，J2 输出 0V 低电平电压，这个低电平电压再去控制外围电路开始对蓄电池进行充电。这样就避免了蓄电池的过放电。

　　② 1kW 控制器的元器件清单如表 7-5 所示。

表 7-5　1kW 风力发电机控制器元器件清单

序号	元件	规格	备注	序号	元件	规格	备注
1	R1	20Ω	电阻	15	U3	7818	集成电路
2	R2,R9,R13	10k	电阻	16	U4	pcr606j	集成电路
3	R3	4.7k	电阻	17	VT1,VT2	TIP122	三极管
4	R4,R5,R6,R11	100k	电阻	18	VT3,VT4	2N5551	三极管
5	R7	47k	电阻	19	VD1,VD5,VD6,VD7	1N4007	二极管
6	R8	30k	电阻	20	VD2	IN5257	稳压管
7	R10	50k	电阻	21	VD3	IN5248	稳压管
8	R12	1k	电阻	22	VD4	IN5231	稳压管
9	R14, R15, R16	3k	电阻	23	J1	电池取样	接插件
10	C1,C4,C5	1μF	电容	24	J2	控制输出	接插件
11	C2	47μF	电容	25	J3	指示灯	接插件
12	C3	0.1μF	电容	26	RL1,RL2,RL3	DC12	继电器
13	U1	LM324	集成电路	27	RV1,RV2	50k	微调电阻
14	U2	7812	集成电路				

　　③ 根据原理图和 PCB 板的铜铺走线，画出装配图，并将每一个元器件的位置标明。

　　④ 根据画好的装配图进行元器件的安装与焊接。焊接好的电路板如图 7-34 所示。

　　⑤ 将焊接好的控制器电路板通过接插件与控制箱的外围电路连接起来，并进行调试。调试规定，蓄电池过放点电压为

图 7-34　1kW 控制器实物图

20V，过充点电压为 28V。

［操作指导 2］

一、任务布置

10kW 风力发电机组控制柜内部结构如图 7-35 所示，熟悉该控制系统功能及其电气工作原理，阐述控制柜的整机装配工艺过程及注意事项。

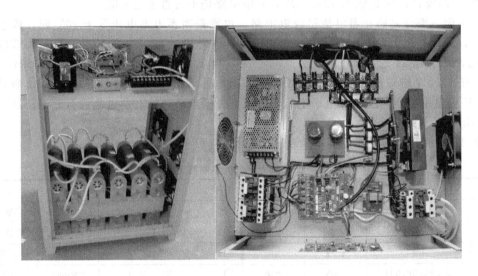

图 7-35　10kW 风力发电机组控制柜

二、操作指导

① 画出控制系统的电气连接图，如图 7-36 所示。
② 控制系统的工作原理如下。

控制系统通过微处理器设计、编程调试，利用风速、风向传感器，实行风向跟踪、自动偏航，当电池充足或风速过大时实行自动偏航停机，也就是在无人看守及突发大风的情况下自动控制发电机的转速、输出电压和电流。开关电源 2 为主控板提供工作电源，传感器模块输入进来的电压模拟值、霍尔传感器输入进来的电流模拟值是主控板的输入信号，经模数转换后，由单片机分析处理，输出控制数据分别传送给液晶显示模块和过压报警与泄荷模块，从而控制着整个系统正常运作。整个控制板的核心就是单片机芯片以及一些外设电路。其外设电路主要包含电源输入电路、传感器输入电路、液晶显示驱动电路、继电器控制电路等。

电源模块主要由两个开关电源构成，开关电源 1 用于系统散热的风扇供电，其输入端通过直流继电器 1 与整流后的风机电压相接，当继电器 1 通电吸合后，开关电源 1 将风机电压转换成 +12V 的输出电压，接在 5 个并联的风扇两端，这在一定程度上节约系统的成本。开关电源 2 用于为主控板模块供电，其输入端通过直流继电器 2 与整流后的风机电压相接，当继电器 2 通电吸合后，输出 +5V 的电压为主控板供电，+/−12V 的电压接继电器 2，通过单片机输出的变化改变继电器 2 的吸合状态，从而控制风机的正反偏转。

控制面板与液晶显示模块主要用于人机结合，液晶显示模块主要用来显示电池电压、充

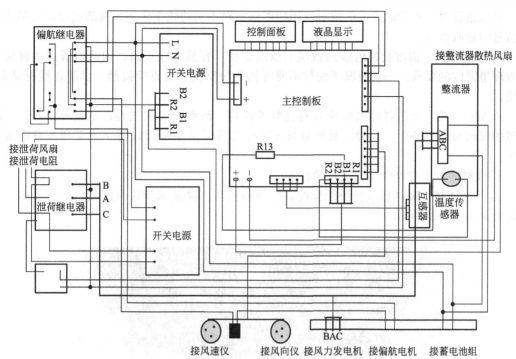

图 7-36　10kW 风力发电机组控制系统的电气连接图

电电流、实时风速。初始状态下控制面板上指示"自动"与"开机"。在此状态下，当风速达到或超过 2m/s 时，风力发电机会自动跟踪风向，也可以设定迎风方式为"手动"，此时通过按动"正偏"或"逆偏"使风机对准风向，但当风速过大或蓄电池充电饱和时不会自动停机。控制面板主要包括工作指示灯、功能键、数字键、移位键。系统正常运行时，绿灯闪烁；当风速过低时，欠速指示灯（黄色）亮，同时报警，按任意键报警声消失；当风速过高时，过风速指示灯（红色）亮，同时报警，按任意键报警声消失。

过压报警与泄荷模块用于保护风机设备。在正常发电状态下系统会不断地检测蓄电池电压，当过压时系统会自动报警，同时发出停机指令。该模块主要由 12V 直流继电器和多组用于泄荷的大功率纹波电阻构成。正常工作状态下，继电器处于断开状态，风机产生的电流经整流器整流后源源不断的给蓄电池充电。当电池充电饱和时，单片机通过分析检测到的数据，经过分析处理，然后下达指令使得继电器吸合，此时风机产生的电流则通过泄荷电阻释放出来。

传感检测模块主要用于检测实时的风速，送往单片机进行计算分析，以确认系统是否处于工作状态。在工作状态下，系统将自动进入迎风发电，而在非工作状态下又分为"无风状态"与"过风速状态"，在"无风状态"下，系统进入睡眠状态，在"过风速状态"下系统将立即发出偏航指令，直到进入停机状态。风向控制模块主要用于实现风机的偏航，当风速达到 12m/s 时，风机偏航 30°，当风速达到 15m/s 时，风机偏航 60°，而当风速达到 18m/s 时，风机偏航 90°，此时风机处于停机状态。

③ 控制柜的电气装配顺序

导线的加工→主控制板电路的装配→控制面板与液晶显示模块的装配→传感检测模块的装配→电源模块的装配→过压报警与泄荷模块的装配→整机电气连接。

④ 导线加工注意事项

a. 电路条件　根据电路中实际电流通过的大小来选择导线的线径，并根据规范选择颜色。导线很长时，要考虑导线电阻对电压的影响。对不同的频率选用不同的线材，要考虑高频信号的趋肤效应。

b. 环境条件　温度会使电线的敷层变软或变硬，容易造成短路。因此，所选线材应能适应环境温度的要求。一般情况下线材不要与化学物质及日光直接接触，以防止线材老化、变质。

c. 机械强度　所选择的电线应具有良好的拉伸、耐磨损和柔软性，重量要轻，以适应环境的机械振动等条件。同时，易燃材料不能作为导线的敷层，以防止火灾和人身事故的发生。

d. 线材的加工应符合工艺规范的标准。

⑤ 控制面板与液晶显示模块的装配。控制面板与液晶显示模块电路结构比较简单，其装配效果如图 7-37 所示。

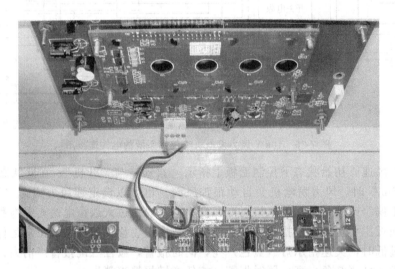

图 7-37　控制面板与液晶显示模块电路的连接

⑥ 电源模块的装配。电源部分选择了 5V 和 12V 两个开关电源成品，只需要完成开关电源的输入输出接线操作，其装配效果如图 7-38 所示。

图 7-38　电源模块装配效果

⑦ 泄荷模块的装配。该模块主要由 12 只用于泄荷的大功率纹波电阻构成，将 12 只泄荷电阻分成 3 组，每组 4 只电阻先并联，然后再将这 3 组并联的电阻进行星形联结，3 个端

线的出线端连接到泄荷继电器的主触点上。正常工作状态下，继电器处于断开状态，当电池充电饱和时，单片机通过分析检测到的数据，经过分析处理，然后下达指令使得继电器吸合，此时风力发电机产生的电能则通过泄荷电阻释放出来。泄荷电阻的装配效果如图 7-39 所示。

图 7-39　泄荷电阻的装配效果

任务三　控制系统的检查与验收

[学习背景]

　　整个控制系统完成后，必须进行严格的检查与验收，从而保证风力发电机组控制系统能够安全、可靠地运行。风力发电机组控制系统的检查，主要是通电调试的检查过程，在此之前需要做好各种准备工作，包括装配质量检查、控制器质量检查、传感器安装检查、控制柜安全检查等，最后根据通电调试检查结果，进行产品验收，并整理各种技术文件。

[能力目标]

　　① 了解风力发电机组控制系统各项检查内容。
　　② 熟悉风力发电机组控制系统各项检查步骤。
　　③ 了解风力发电机组控制系统整机调试的过程。
　　④ 熟悉风力发电机组控制系统工艺文件标准。

[基础知识]

一、调试验收前的准备工作

　　（1）装配质量检查
　　① 检查各机械连接处是否有松动。螺钉检查时用的力矩扳手应符合表 7-6 所示。

表 7-6　螺钉紧固连接拧紧力矩

螺纹直径/mm	力矩值/N·m	螺纹直径/mm	力矩值/N·m
2,2.5	0.25～0.35	10	18～23
3	0.5～0.6	12	31.5～39.5
4	1～1.3	14	5～161
5	2～2.5	16	78～98
6	4～4.9	18	113～137.5
8	8.9～10.8	20	157～196

② 检查各设备、元件型号和图样是否与材料表相符，是否符合被控制线路的设计。

③ 检查各连接导线的规格与使用是否正确，与材料表是否相符。线端接头的制作质量是否符合规范，有无明显露铜和松动情况。

④ 具有主触头的低压电器，触头的接触应紧密，采用 0.05mm×10mm 的塞尺检查，接触两侧的压力应均匀。铜排的连接检查用 0.05mm 塞尺插片检查，插入部分应<6mm。

⑤ 检查电路时，检查完一路断开一路，防止出现假回路，影响检查结果。

⑥ 检查线端标记是否正确完整，导线布线和捆扎的质量是否符合规范。

⑦ 检查电气元件是否牢固地安装在构架或面板上，有无放松措施，是否便于操作和维修。与元件直接连接在一起的裸露带电导体和接线端子的电气间隙和爬电距离是否符合相关要求。

⑧ 面板和柜体的接地跨接导线不应缠入线束内。

⑨ 橡胶绝缘的芯线是否有外套绝缘管保护。

⑩ 检查主电路的相位连接，重点检查接地线的连接。

（2）控制器质量检查

控制器质量的检查需要使用配套的试验箱，通过接插件将控制器连接到控制系统中。根据控制器的控制要求，利用开关或电位器来模拟传感器的输入信号变化，通过试验箱上的指示灯来显示控制器的控制状态，同时测量相关参数。

（3）传感器安装检查

检查装配好的风力发电机组上的各种传感器是否符合装配规范，其性能和精度是否满足系统监测、控制和安全保护要求。

（4）控制柜安全检查

控制柜的安全检查项目主要是保护接地电路检查、绝缘电阻检查和耐压试验。要求对接地保护导线连接的牢固性进行检查，确保保护接地电路的连续性。在电力电路导线和保护接地电路间施加 500V 电压时测得的绝缘电阻不应小于 1MΩ。各电路导线和保护接地电路之间能承受国家标准所规定的介电试验电压。

二、通电调试检查

在通电调试前的准备工作都完成以后，就可以对风力发电机组控制系统进行整机调试。

1. 通电调试时应注意的安全措施

① 在接通被测整机的电源前，应检查其电路及连线有无短路等不正常现象；接通电源后，应观察机内有无冒烟、高压打火、异常发热等情况。如有异常现象，则应立即切断电源，查找故障原因，以免扩大故障范围成不可修复的故障。

② 禁止调试人员带电操作，如必须与带电部分接触时，应使用带有绝缘保护的工具。

③ 测试场地内所有的电源线、插头、插座、保险丝、电源开关等都不允许有裸露的带电导体。

④ 仪器及附件的金属外壳都应接地，尤其是高压电源及带有 MOS 电路的仪器更要良好接地。

⑤ 测试仪器外壳易接触的部分不应带电，非带电不可时，应加绝缘覆盖层防护。仪器外部超过安全电压的接线柱及其他端口不应裸露，以防使用者接触。

⑥ 使用和调试 MOS 电路时必须佩戴防静电腕套。在更换元器件或改变连接线之前，应关掉电源，待滤波电容放电完毕后再进行相应的操作。

⑦ 调试时至少应有两人在场，以防不测。其他无关人员不得进入工作场所，任何人不得随意拨动总闸、仪器设备的电源开关及各种旋钮，以免造成事故。

⑧ 调试工作结束或离开工作场所前，应关掉调试用仪器设备等电器的电源，并拉开总闸。

2. 控制功能调试检查

以 ZLFD-10kW 风力发电机组控制系统的通电调试为例进行控制功能的调试检查。

（1）面板监控功能检查

① 显示、查询、修改机组运行状态参数。通过面板显示屏查询或修改机组的运行状态参数。

② 人工启动。通过面板相应的功能键命令试验机组启动，观察发电机并网过程是否平稳。

③ 人工停机。在试验机组正常运行时，通过面板相应的功能键命令机组正常停机，观察风轮叶片是否甩出，机械制动闸动作是否有效。

④ 面板控制偏航。在试验机组正常运行时，通过相应的功能键命令试验机组执行偏航动作，观察偏航电机运行是否平稳。

⑤ 面板控制解缆。通过面板相应的功能键进行人工扭缆及解缆操作。

（2）自动监控功能试验

① 自动启动。在适合的风况下，观察机组启动时发电机并网过程是否平稳。

② 自动停机。在适合的风况下，观察机组停机时发电机脱网过程是否平稳。

③ 自动解缆。在出现扭缆故障的情况下，观察机组自动解缆过程是否正常。

④ 自动偏航。在适合的风向变化情况下，观察机组自动偏航过程是否正常。

（3）机舱控制功能试验

① 人工启动。通过机舱内设置的相应功能键命令试验机组启动，观察发电机并网过程是否平稳。

② 人工停机。在试验机组正常运行时，通过机舱内设置的相应功能键命令机组正常停机，观察风轮叶片扰流板是否甩出，机械制动闸动作是否有效。

③ 人工偏航。在试验机组正常运行时，通过机舱内设置的偏航按钮命令试验机组执行偏航动作，观察偏航过程机组运行是否平稳。

④ 人工解缆。在出现扭缆故障的情况下，通过机舱相应的功能按钮进行人工解缆操作。

（4）远程监控功能试验

① 远程通讯。在试验机组正常运行时，通过远程监控系统与试验机组的通讯过程，检查上位机收到的机组运行数据是否与下位机显示的数据一致。

② 远程启动。将试验机组设置为待机状态，通过远程监控系统对试验机组发出启动命

令，观察试验机组启动的过程是否满足人工启动要求。

③ 远程停机。在试验机组正常运行时，通过远程监控系统对试验机组发出停机命令，观察试验机组是否执行了与面板人工停机相同的停机程序。

④ 远程偏航。在试验机组正常运行时，通过远程监控系统对试验机组发出偏航命令，观察试验机组是否执行了与面板人工偏航相同的偏航动作。

（5）安全保护试验

① 风轮转速超临界值。启动小电机，拨动叶轮过速模拟开关，使其从常闭状态断开，观察停机过程和故障报警状态。

② 机舱振动超极限值。分别拨动摆锤振动开关常开、常闭触点的模拟开关，观察停机过程和故障报警状态。

③ 过度扭缆。分别拨动扭缆开关常开、常闭触点的模拟开关，观察停机过程和故障报警状态。

④ 紧急停机。按下控制柜上的紧急停机开关或机舱里的紧急停机开关，观察停机过程和故障报警状态。

⑤ 二次电源失效。断开二次电源，观察停机过程和故障报警状态。

⑥ 电网失效。在机组并网运行时，在发电机输出功率低于额定值的20%的情况下，断开主回路空气开关，观察停机过程和故障报警状态。

⑦ 制动器磨损。拨动制动器磨损传感器限位开关，观察停机过程和故障报警状态。

⑧ 风速信号丢失。在机组并网运行时，断开风速传感器的风速信号，观察停机过程和故障报警状态。

⑨ 风向信号丢失。在机组并网运行时，断开风速传感器的风向信号，观察停机过程和故障报警状态。

⑩ 大电机并网信号丢失。大电机并网接触器吸合后，将接触器的反馈信号线断开，观察停机过程和故障报警状态。

⑪ 小电机并网信号丢失。小电机并网接触器吸合后，将接触器的反馈信号线断开，观察停机过程和故障报警状态。

⑫ 晶闸管旁路信号丢失。晶闸管旁路接触器吸合后，将接触器的反馈信号线断开，观察停机过程和故障报警状态。

⑬ 解缆故障。分别拨动左偏和右偏扭缆开关，持续数秒，观察停机过程和故障报警状态。

⑭ 发电机功率超临界值。调低功率传感器变比或动作条件设置点，观察机组动作结果及自复位情况。

⑮ 发电机过热。调低温度传感器动作条件设置点，观察机组动作结果及自复位情况。

⑯ 风轮转速超临界值。使机组主轴升速至临界转速，观察叶轮超速模拟开关动作结果、机组停机过程和故障报警状态。

⑰ 过度扭缆。控制机舱转动，使之产生过度扭缆效果。当扭缆开关常开、常闭触点模拟开关动作时，观察停机过程和故障报警状态。

⑱ 轻度扭缆。控制机舱转动，使之分别产生顺时和逆时轻度扭缆效果。当扭缆开关常开、常闭触点模拟开关动作时，观察停机过程和故障报警状态。

⑲ 风速测量值失真（偏高）。在机组并网运行时，使发电机负载功率低于1kW，使风速传感器产生持续数秒高于8m/s的等效风速信号，观察停机过程和故障报警状态。

⑳ 风速测量值失真（偏低）。在机组并网运行时，使发电机负载功率高于150kW，使风

速传感器产生持续数秒低于 3m/s 的等效风速信号，观察停机过程和故障报警状态。

㉑ 风轮转速传感器失效。在机组并网运行时，使发电机转速高于 100r/min，断开风轮转速传感器信号后，观察停机过程和故障报警状态。

㉒ 发电机转速传感器失效。在机组并网运行时，使风轮转速高于 2r/min，断开发电机转速传感器信号后，观察停机过程和故障报警状态。

3. 故障排除

（1）电压故障

① 风速达到额定风速以上，但风轮达不到额定转速，发电机不能输出额定电压。

故障原因：控制系统调速装置失灵。

排除方法：检查微机输出信号，排除控制系统故障；微机可能受干扰而误发指令，排除干扰接受部位，屏蔽好，或速度传感器坏，更换速度传感器。

② 风轮转动而发电机不发电。

故障原因：发电机不励磁；励磁路断或接触不良；电刷与滑环接触不良或碳刷烧坏；晶闸管不起励或烧毁；励磁发电机转子绕组短路、断路；发电机定子绕组断、短路。

排除方法：停机检修，励磁回路断线或接触不良，查出接好；有刷励磁应检查电刷、滑环，接触不良应调整刷握弹簧；刷表面烧坏应更换；检查并修理触发线路；晶闸管击穿或断路的需更换；重新用直流电源励磁，待发电机正常发电再切除直流电源；拆下发电机，再从发电机上拆下励磁机，修理好再安装上；更换新发电机或修理定子、转子，重新下线、焊接铜头（换向器）。

③ 发电机组正常运转，输出电压低。

故障原因：励磁电流不足；无刷励磁的整流器处在半击穿状态；负荷太重。

排除方法：调整励磁电流，使发电机达到额定输出电压；停机，拆下励磁机，检查或更换整流器；减轻负荷。

对电压故障要求反应较快。在主电路中设有过电压保护，其动作设定值可参考冲击电压整定保护值。发生电压故障时，风力发电机组必须退出电网，一般采取正常停机，而后根据情况进行处理。

（2）电流故障

① 电流跌落，0.1s 内一相电流跌落 80%。

② 三相不对称，三相中有一相电流与其他两相相差过大，相电流相差 25%，或在平均电流低于 50A 时，相电流相差 50%。

③ 电流过大，软启动期间，某相电流大于额定电流或者触发脉冲发出后电流连续 0.1s 为 0。

对电流故障同样要求反应迅速。通常控制系统带有两个电流保护，即电流短路保护和过电流保护。电流短路保护采用断路器，动作电流按照发电机内部相间短路电流整定，动作时间 0～0.05s。过电流保护由软件控制，动作电流按照额定电流的 2 倍整定，动作时间为 1～3s。

（3）调向故障

调向不灵或不能调向。

故障原因：调向电机失控或带病运转或其轴承坏；风速计或测速发电机有误；控制系统程序指令有误，调向失灵。

排除方法：检查调相电机相关结构，修理或更换电机轴承，重新安装调向电机；调向电机定子部分短路或开路，拆下检查，重新布线，修好后再重新安装；检查风速仪是否正常，坏者更换，检查控制系统各芯片，检查程序，检查控制用磁力启动器或放大器，若芯片坏，则更换；程序有误，则重新输入正确程序；启动器坏或放大器坏，则更换；若有屏蔽坏，则重新屏蔽好；传感器失效则更换。

三、技术文件

在风电机组控制系统检查与验收合格后，为了满足客户对控制系统安装、操作和维护的需要，应该附以相关技术资料。随风力发电机组控制系统出厂的技术资料应包括：

① 控制系统的功能说明书；

② 控制系统和各种传感器的安装、连接和操作说明书；

③ 故障监控及处理说明书；

④ 维护要求说明书；

⑤ 控制系统的主电路图和控制电路图；

⑥ 安全防护措施及方法说明书；

⑦ 元器件清单；

⑧ 搬运、运输、存放及运行环境说明书。

[操作指导]

一、任务布置

利用现有调试设备和技术条件对 10kW 风力发电机组控制系统的性能进行检查与调试，分析相关参数，排除相关故障，对系统进行不断的完善，并完成调试报告。

二、操作指导

（1）准备调试工具与仪器仪表

万用表、钳形电流表、绝缘电阻表、双踪数字存储示波器、耐压试验设备、电磁兼容测试仪等。

（2）调试场地的布置

调试场地应整齐干净，并在地面铺上绝缘胶垫。设置屏蔽场地，避免调试过程中的高频高压电磁场干扰。

（3）技术文件的准备

技术文件是产品调试的依据，调试前应准备好调试用的文件、图纸、技术说明书、调试工具、测试卡、记录本等相关的技术文件。

（4）调试的步骤与方法

① 调试前的检查　检查系统装配的牢固可靠性及机械传动部分的调节灵活性。控制系统的接地装置是否连接可靠，接地电阻测量应符合被测机组的设计要求，并做好记录。检查调试系统的接线是否正确，固定是否牢固，连接是否紧密等。

② 系统的启动与自检。

③ 设定控制系统的参数，保证风力发电机组的正常运行。

④ 读取风力发电机组相关输出数据，并做好记录。

⑤ 风速、风向信号的实时检测。

⑥ 调节测试平台，改变风速、风向参数，并做好记录。

⑦ 观察控制系统相应的输出变化，并做好记录。

⑧ 依次按调试要求进行参数设定，直到调试项目完成。

⑨ 系统的关闭。

（5）调试报告的内容

① 试验项目名称、试验条件。

② 任务来源，试验目的，试验时间等。

③ 试验机组简介，依据设计或制造厂商说明书列出主要技术参数和特点。

④ 试验设备，主要仪器、仪表、装置的名称、型号、规格、精度等级等。

⑤ 试验步骤。

⑥ 试验结果，分别列出必要的原始数据和经整理得出的结果，对试验结果进行必要的分析和讨论。

⑦ 结论，对机组性能、指标和技术参数按有关技术文件进行认真评价，并对试验过程中所发生的问题进行分析，提出改进意见和建议。

⑧ 试验照片，其他处理情况和处理办法。

思考题

利用现有调试设备和技术条件对 20kW 风力发电机组控制系统的性能进行检查与调试，分析相关参数，排除相关故障，对系统进行不断的完善，并完成调试报告。

模块八

塔架的制造及工艺

在近地面，由于受地面障碍物的影响，风速会锐减，且常出现紊流。风力发电机在紊流中运行会产生剧烈振动，严重时会导致机组损坏。为了获得较高且稳定的风速，可以利用塔架将风力发电机主体支撑到距离地面一定的高度。塔架越高，风速越大，风力发电机获取的风能也越多，但是制造成本和安装费用也越高。因此，塔架高度需要将风能量增益和成本费用增加两者统筹考虑，通常取风轮直径的 2.5～3 倍。塔架是风力发电机组的主要支撑部件，主要承受两种载荷：一个是风力发电机的重力，向下压在塔架上，另一个是风力发电机和塔架产生的风阻力，使塔架向风的下方弯曲。研究塔架的结构、类型及安装，对风力发电机组的选型以及风电场的施工有着重要的意义。研究塔架的制造工艺，可以为节省材料、降低成本、提高生产效率及产品质量打下基础。

本模块重点介绍风力发电机塔架的结构设计及材料、塔架的制造及加工工艺、塔架的检查与验收。

任务一 塔架的结构设计及材料

[学习背景]

随着风力发电机容量的增加，风力发电机塔架的高度也在随之增加，因而塔架在风力发电机组设计和制造中的重要性越来越明显。目前，风力发电机组单机容量早已过兆瓦级，风轮直径也高达几十米以上，塔架高度超过百米。由于塔架的尺寸非常庞大，在生产、运输、吊装方面都存在很大的困难，一般中、大型风力发电机的塔架都是采用分段的设计结构。为使塔架的选择简化，风机制造商一般会提供若干级轮毂高度的塔架，以便达到最大的投入产出比。

[能力目标]

① 了解塔架的结构及类型。

② 熟悉塔架的制作材料。

[基础知识]

一、塔架的结构及类型

塔架结构形式主要有钢管拉索、塔形桁架、柱形桁架拉索、锥管和折叠塔杆等。

（1）钢管拉索

钢管拉索式塔架简单、轻便、易于搬运、安装，制造和安装施工成本较低，一般在中、小型风力发电机组中使用。它对安装地点的要求比较灵活，很容易用专用的塔架安装工具进行现场安装。拉索塔架对地基的要求也很简单，是最经济的塔架。钢管拉索式塔架如图 8-1 所示。

（2）塔形桁架

塔形桁架式塔架的顶部截面结构尺寸小，根部截面结构尺寸大，可以按等强度减少耗材的原则进行设计，塔架的性价比较高。在松软地质的地面上采用这种塔架，节省基础用材料，减少基础挖掘深度，降低工程造价。适用于风轮下风向布置的风力机，能有效地降低塔影效应带来的影响。塔形桁架式塔架如图 8-2 所示。

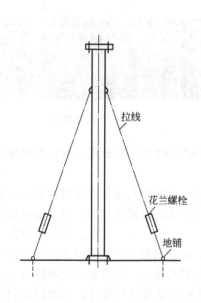

图 8-1 钢管拉索式塔架结构

图 8-2 塔形桁架式塔架结构

（3）柱形桁架拉索

柱形桁架拉索式塔架是由角铁或钢管等型材焊成，结构剖面呈等边三角形或四边形，塔体上、下外轮廓尺寸相同。与相同外轮廓尺寸的钢管拉索式塔架相比，风载荷更小，制造和安装施工成本较低。在安装场地狭小的复杂地形、道路交通运输困难、起重装备不能到达安装现场的地方，可以选择柱形桁架拉索式塔架。

（4）锥管

锥管式塔架外形美观，结构紧凑，便于做整体防蚀处理，投入运行后便于日常维护管理。在交通运输、安装环境条件适宜的情况下，采用锥管塔，适宜机械化吊装，施工效率高，便于控制工程质量。锥管式塔架如图 8-3 所示。

（5）折叠塔杆

折叠塔杆是由主杆和支杆组成。支杆高度约为主杆高度的 2/5，垂直于地面固定在基础上，在顶端与主杆铰接；主杆以铰接点为支点构成杠杆，可以翘动，也可以与支杆拢紧。安装风力机主体时，主杆顶端降至地面，安装完毕将主杆翘起竖立，主、支杆拢紧固定。风机主体质量 500kg、塔架高度 15m 的风力机，只需 2～3 人即可安全施工。折叠塔杆结构如图 8-4 所示。

图 8-3　锥管式塔架结构

图 8-4　折叠塔杆

目前，国际市场上风力发电机组的主流塔架形式是管锥筒形塔架形式，所以本模块重点介绍管锥筒形塔架的制造生产工艺。

塔架越高，风能增加越大，但是制造成本越高，所以在实际设计塔架高度的时候，需要结合多方面的因素进行考虑。海上风力发电机由于地面粗糙度小，湍流强度低，风速随高度的增加变化很快，故塔架的高度低，轮毂高度与叶轮直径之比在 1.0～1.4 之间。陆上风力发电机由于地面粗糙度大，地面湍流层高，故塔架的高度较高，轮毂高度与叶轮直径之比在 1.2～1.8 之间。功率越小的风机，该比值越大，兆瓦级的风机的轮毂高度与叶轮直径之比取值较小。

目前，风力发电机的主流机型都是兆瓦级，按照单机容量的结构设计，塔架的体积和高度都非常庞大，如果在铸造厂里整体焊接成型，会存在超长和超高的运输困难问题。考虑整体塔架表面防护处理和运输的困难，可采用分段的结构设计，分段制造后分段运输，到风力发电场再进行组装。塔架分段一般考虑以下因素：生产条件、制造成本、生产效率、运输能力。根据我国主要公路、桥梁、涵洞的限高为 4.5m，再加上运输车辆的底盘还有一定的高度，一般塔筒的最大直径不能超过 4.2m。考虑到运输时车辆转弯需要的道路宽度，塔筒的长度要受到限制，目前 100m 以下的塔架，塔筒一般至少都设计成三段制造，以便于运输。

二、塔架的材料

塔架材料的选择除了要满足设计使用要求外，还应适应加工制造，且经济性好。目前塔架的主要类型是钢制圆锥筒形塔架，其使用材料要求如下。

① 选择金属结构件的材料时应依据环境温度而定，可根据 GB/T700—2006 选择使用 Q235B、Q235C、及 Q235D 结构钢，或根据 GB/T1591—2008 选择使用 Q345B、Q345C、Q345D 及 Q345E 低合金高强度结构钢。在高风沙磨蚀、高盐碱腐蚀的环境下，也可以考虑使用不锈钢。

② 钢板的尺寸、外形及允许偏差应符合 GB/T709—2006 的规定。钢板的平面度不大于 10mm/m。

③ 采用 Q345 低合金高强度结构钢时，用超声波探伤方法评定质量，质量分级应符合 GB/T19072—2003 附录 A 的规定。最低环境温度时冲击吸收功不大于 27J（纵向试样），在钢厂订货时提出或补做试验。

④ 外壳与法兰材料的屈服强度应符合表 8-1。

表 8-1 外壳与法兰材料的屈服强度关系

板厚/mm	$T \leqslant 16$	$16 < T \leqslant 40$	$40 < T \leqslant 63$	$63 < T \leqslant 80$	$80 < T \leqslant 100$	$100 < T \leqslant 150$	$150 < T \leqslant 200$
最小屈服强度/MPa	355	345	335	325	315	295	285

⑤ 板厚 3～100mm，最大拉应力不得超过 490～630MPa；板厚 100～150mm，最大拉应力不得超过 470～630MPa；板厚 150～250mm，最大拉应力不得超过 450～630MPa。

⑥ 钢材的延伸度必须超过 20％。

⑦ 晶粒尺寸 ASTM A6 规定的 5 级或更细。

⑧ 如果材料使用 Al 作为脱氧剂，含量＞0.020％，则不需要测量粒度尺寸。

⑨ 材料状态 滚压（未经淬火，回火）。

⑩ 焊接构件用的焊条、焊丝和焊剂应与被焊接件的材料相适应。

[操作指导]

一、任务布置

了解 SL1500 风力发电机塔架原材料的选用。

二、操作指导

塔架和基础环选用的板材是热轧低合金高强度结构钢，具体要求如表 8-2 所示。

表 8-2 塔架部件的原材料

部 件		材料	公差要求	备 注
塔架	筒体	Q345E	EN10029 B 级	
	法兰	Q345E		整体锻件制造
	门框	Q345E-Z25	EN10029 A 级	正火交货状态
	梯子、平台等附件	Q235B		
基础环	上法兰	Q345E		整体锻件制造
	筒体	Q345E		
	下法兰	Q345E-Z25		Z 向钢板拼焊，钢板切割方向垂直钢板纤维方向

思考题 ?

(1) 风力发电机塔架有哪些类型？

(2) 钢制圆锥筒形塔架的选材要求有哪些？

任务二　塔架的制造及加工工艺

[学习背景]

　　圆锥筒形塔架是目前大型风力发电机组的主流塔架形式，因此重点介绍这种形式塔架的生产工艺。兆瓦级的风力发电机塔架考虑到制造和运输困难，可采用分段设计的结构，一般塔筒设计成三段制造。分段制造后，分段运输，到风力发电场再进行现场组装。

[能力目标]

　　① 了解圆锥筒形塔架的制造工艺流程。

　　② 熟悉塔架的各种加工方法。

　　③ 掌握塔架的焊接方法及注意事项。

[基础知识]

一、塔架生产的工艺流程及装备

　　(1) 基础段工艺流程图

　　① 基础筒节　原材料入厂检验→材料复验→数控切割下料（包括开孔）→尺寸检验→加工坡口→卷圆→矫圆→100％UT检测。

　　② 基础下法兰　原材料入厂检验→材料复验→数控切割下料→法兰拼缝焊接→拼缝，100％UT检测→将拼缝打磨至与母材齐平→热校平（校平后不平度≤2mm）→拼缝再次100％UT检测→加工钻孔→与筒节焊接→角焊缝100％UT检测→校平（校平后不平度≤3mm）→角焊缝100％磁粉检测。

　　③ 基础上法兰　成品法兰→入厂检验及试件复验→与筒节组焊→100％UT检测→平面检测。

　　④ 基础段组装　基础上法兰与筒节部件组焊→100UT％检测→平面度检测→划好分度线组焊挂点→整体检验→喷砂→防腐处理→包装发运。

　　(2) 塔架制造工艺流程图

　　① 筒节　原材料入厂检验→材料复验→钢板预处理→数控切割下料→尺寸检验→加工坡口→卷圆→组焊纵缝→矫圆→100％UT检测。

　　② 顶法兰　成品法兰→入厂检验及试件复验→与筒节组焊→100％UT检测→平面度检测→二次加工法兰上表面（平面度超标者）。

　　③ 其余法兰　成品法兰→入厂检验及试件复验→与筒节组焊→100％UT检测→平面度检测。

　　④ 塔架组装　各筒节及法兰组对→检验→焊接→100％UT检测→检验→划出内件位置线→检验→组焊内件→防腐处理→内件装配→包装发运。

（3）工艺装备

大批量生产的塔架制造企业都有专用的工艺装备流水生产线，生产线上的主要工艺装备包括钢板预处理使用的钢板抛丸清理机、下料切割使用的数控火焰（等离子）钢板切割机（图8-5）、卷板机滚圆（半圆锥形）、单节筒体纵缝焊接使用的内纵缝焊接机和外纵缝焊接机、法兰组对使用的法兰组对平台、法兰焊接使用的法兰焊接机、筒体组对使用的组对滚轮架和鳄鱼嘴组对中心、塔筒环缝焊接使用的立柱式和龙门式焊接操作机、喷砂处理使用的喷砂专用滚轮架、喷砂处理使用的喷砂专用滚轮架等设备。

(a) 火焰切割机　　　　　　　　　　　　　　(b) 等离子切割机

图 8-5　切割机

塔架生产使用的滚轮架（俗称轱辘马）为了适应多品种生产，其轮距、高度和轮面倾斜角度都应该是可调的。调整方法可以采用丝杠、液压、滑槽等结构，调整方式可以是分挡调节，也可以是连续调节。为了使用方便，一些滚轮架应该具有自动行走功能，用于转换工位。驱动装置采用电动机和减速器驱动脚轮。为了使滚轮具有较长的使用寿命，滚轮的轮面使用聚氨酯处理包覆。

二、塔架制造工艺及质量要求

1. 工艺要求

（1）焊接要求

① 筒体纵缝、平板拼接及焊接试板，均应设置引、收弧板。焊件装配尽量避免强行组装及防止焊缝裂纹和减少内应力，焊件的装配质量经检验合格后方许进行焊接。

② 塔架筒节纵缝及对接环缝应采用埋弧自动焊，采取双面焊接，内壁坡口焊接完毕后，外壁清根露出焊缝坡口金属，清除杂质后再焊接。按相同要求制作筒体纵缝焊接试板，产品焊接试板的厚度范围应是所代表的工艺评定覆盖的产品厚度范围，在距筒体、法兰及门框焊约50mm处打上焊工钢印，要求涂上防腐层也能清晰地看到。

③ 筒节纵环焊缝不允许有裂纹、夹渣、气孔、未焊透、未融合及深度＞0.5mm的咬边等缺陷，焊接接头的焊缝余高 h 应小于焊缝宽度10%。

④ 筒节用料不允许拼接，相邻筒节纵焊缝应尽量错开180°，筒节纵焊缝置于法兰两相邻两螺栓孔之间。

⑤ 焊工资格要求　焊接工作由取得相应项目资格的焊工担任。

⑥ 焊接材料要求　焊接材料的选用必须经过严格的严格焊接工艺评定，正式焊接时必须按工艺评定合格的焊材选用，焊接材料的性能必须符合焊接工艺评定要求，并提交焊接材料质量证书。

⑦ 焊接条件及要求　所有多层焊要求层间温度控制在 100～200℃之间，或按焊接工艺执行，焊接环境温度不得低于 0℃（低于 0℃时，应在施焊处 100mm 范围内加热到 15℃以上），相对湿度不得大于 90％。特殊情况需露天作业，出现下列情况之一时，须采取有效措施，否则不得施焊：

- 风速，气体保护焊时＞2m/s，其他＞10m/s；
- 相对湿度＞90％；
- 雨雪环境；
- 环境温度＜5℃。

（2）筒节下料要求

① 板材均应进行外形尺寸及板材表面的外观检查，合格后方可投料使用。

② 下料车间用数控切割机进行下料，下料时按塔筒筒节展开的实际尺寸进行，不必加上刨边余量。下料后，长度和宽度方向的尺寸允许偏差为±1mm，对角线尺寸允许偏差为±2mm。

③ 塔筒的每一节筒节下料完成后，由下料车间负责进行标记，其内容包括产品编号、炉批号、筒节的件号及板料厚度，画出该节外形示意图并标出外形尺寸。

（3）筒体的组焊要求

① 机械加工用磁力切割机进行切割纵缝坡口，清除距坡口边缘 20mm 范围内的泥土、油污及预处理底漆等。

② 塔体筒节按图纸和技术要求进行滚圆，依据焊接工艺焊接筒节纵缝，然后进行筒节校圆（滚圆和校圆时，要将卷板机的上、下辊表面清理干净，不允许有任何异物存在），保证同一断面内其最大内径与最小内径之差不得大于 3mm，同一节锥段最长与最短母线差不得大于 1mm，每一段端口处的外圆周长允许偏差为±5mm。

③ 塔体筒节环缝坡口按焊接工艺所定尺寸，利用磁力切割机进行切割，并将坡口打磨光滑，清除切割留下的氧化残渣和距坡口边缘 20mm 范围内的泥土、油污及预处理底漆等。

④ 塔体组对时，为保证壳体外表面的质量，组对用的工卡具应焊接在塔体的内表面。工卡具拆除时，不得伤及塔体表面，宜用碳弧气刨方法去除，且留 2～3mm 的焊肉厚度，切割后用砂轮将切割部位的焊疤打磨与周围母材平齐，并将母材上的飞溅彻底清理干净。焊接时，引弧要在坡口内进行，不得随意起弧和熄弧，焊缝成型必须保证均匀一致，焊接完成后，应彻底清除药皮和飞溅。每组对点焊一段筒节，沿 4 条向心线测量其母线的长度，最长与最短母线差不得大于 2mm，然后再进行正式焊接。风机塔架最长与最短对角线长度误差不得超过 5mm。塔体纵、环焊缝组对间隙 0～1mm；纵、环焊缝对口错边量≤δ/5（δ 为板料厚度），且不大于 3mm。

（4）风机塔底座部分

① 筒体下料后，长度和宽度方向的尺寸允许偏差为±1mm，对角线尺寸允许偏差为±2mm。筒体上所有孔用数控切割，切割后将熔渣打磨干净。

② 底法兰环与筒节组对点焊，焊接底座底法兰环与筒节的角缝，该角焊缝超声检测合格后，然后对底座底法兰环进行校平，平面度≤3mm。

③ 底座上法兰与筒节的焊接按焊接工艺执行。

2. 质量要求

① 对接接头错变量要求　纵、环缝对口错变量≤δ/5（δ 为板料厚度），且不大于 3mm。

② 直段塔节的圆度要求　同一断面内其最大内径与最小内径之差不得大于 10mm；其直线度允差要求：任意 3000mm 长圆筒段偏差不得大于 3mm，塔体各段的总偏差均应小于 20mm；塔架筒节的母线偏差要求最长与最短母线差不得大于 2mm。

③ 每一段筒体预制完成后，及时通知质检科人员进行检查，合格后方可进入下道工序。

④ 法兰与塔体组焊完毕后，上法兰的下平度≤3mm，二次加工后上法兰的不平度≤0.5mm，底座底法兰环的不平度≤5mm，其余法兰的不平度≤2mm（要求向内凹-0.5～1.5mm）。

⑤ 制造中应避免钢板表面的机械损伤。对于尖锐伤痕、刻槽等缺陷应予修磨，修磨范围的斜度至少为1:3。修磨的深度应不大于该部位钢材厚度的5%，且不大于2mm，否则应予焊补，补焊后打磨至与周围母材齐平。

⑥ 各段筒体在喷砂前，必须进行联检，联检合格后，方可进行喷砂。

三、塔架典型部件加工方法

1. 塔筒加工的工艺方法

塔架通常由一系列成对的金属板构成，将其卷成两个竖直焊缝连接的半锥台，由于滚弯设备的能力有限，其高度受到限制，大型的塔架需分段制造，然后拼接。锥形结构的塔架需要确定塔架的直径和壁厚。塔顶合理壁厚的最小值约为塔顶半径的1%，在塔架内部中等高度，其壁厚通常为塔基值和塔顶值的平均值，这种情况下塔架消耗的材料最少。塔架的顶部直径由偏航轴承尺寸决定，塔架底部的最大直径受公路运输限高制约，不能超过4.5m。

兆瓦级风力发电机组的塔筒壁厚在30mm左右，使用的材料属于中厚钢板。下料的切割一般使用数控切割机，下料后使用刨边机加工出双V形焊接坡口，然后在滚弯机上弯出半圆锥形。

使用自动气体保护焊机将两个半锥形进行对焊，焊接完成后，进行二次滚圆以保证圆度。在专用设备上加工出上、下端面的焊接坡口，接着进行各锥台段的拼焊。需要注意的是，上、下段的纵焊缝应当错开90°，以避免焊缝集中所造成的应力集中。各锥台段的拼焊应在旋转变位机或者高精度辊轮架上进行。

焊接过程中应采用分段焊接的方式减小焊接应力，有条件的地方应使用去应力设备消除焊接应力。

塔架的底部开有门洞，门洞的大小以方便维修人员及塔底的并网变压器及控制柜的出入为准。由于塔筒被切割去一部分，塔筒的结构强度被削弱，为此塔门的一周必须焊接上一圈补强支撑。补强焊接一般使用厚钢板焊接，焊接工艺与下面介绍的法兰加工方法相同。

2. 法兰的加工方法

法兰是塔架结构中最关键的部件，直径一般在3～5m，厚度一般为60～170mm之间，采用低合金钢Q345或Q345E。目前法兰制作主要有两种方法：一种是整体铸造，这种方法成本高，周期长，不利于批量生产；另一种是用钢板切割拼焊，将整体法兰分为4～6块，每两片之间再对接焊缝，拼缝开双V形坡口，多层多道焊，焊后进行热处理，要求焊后600℃保温6h，然后以37℃/h的速度炉冷降温到300℃出炉空冷。

风力发电机的塔筒与法兰的焊接工装采用可移动的龙门吊，可实现X、Y、Z轴的位移。使用旋转变位机或精度高的辊轮架，配上跟踪系统，可实现全自动焊接。

焊接工艺应采用双丝自动气体保护焊技术，其熔敷效率较高，焊接3mm的板材时，焊接速度最高可达6m/min；焊接35mm以上的厚板时，平均速度可达1m/min。这种高效的焊接速度使热输入非常小，平均热输入小于单丝气体保护焊的热输入。

四、塔架制造过程

1. 材料

① 所有法兰均采用整体锻造（基础下法兰除外），力学性能和化学成分应满足相应的国

家标准 GB/T1591—94 要求，材质、锻件级别按图纸要求，各项性能要求指标应符合 JB4726/JB4726 要求，所有法兰材料必须按不同炉号进行复验，材料应具备完整的质量证明文件。

② 基础下法兰材料符合图纸要求。基础下法兰一般采用钢板拼接，拼缝要求 100%UT 探伤检查，符合 JB/T4730—2005Ⅱ级合格要求。考虑焊接收缩，组对时外环摆放线尺寸在图纸外圆直径上增加 5mm。

③ 筒体材料选用按图纸及技术协议要求，力学性能和化学成分应满足相应的国家标准，材料必须按不同炉号复验，所有材料应具备完整的质量证明文件。

2. 筒节的制备

① 钢板预处理（基础段除外）　钢板进行抛丸处理，彻底清除钢板表面氧化物、油污等污物，钢板表面粗糙度达 $Sa2.5$ 级（即表面粗糙度 $40\sim80\mu m$），喷环氧富锌底漆 $15\mu m$。

② 下料　对每一筒节编程，单节筒节高度方向留 $0.5\sim1mm$ 的焊接收缩余量，采用数控火焰切割下料，切割后用记号笔做好标识，内容包括项目名称、产品编号、筒节编号、钢板规格、材质等。半自动仿形切割加工坡口，坡口切割表面要求光滑平整。做好炉批号标记移植及记录，所有标识在筒节内表面。根据图 8-6 的尺寸标注，下料尺寸偏差按表 8-3 所示要求。

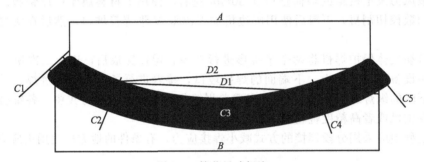

图 8-6　筒节尺寸标注

表 8-3　筒节下料尺寸偏差

C	$D1-D2$（对角线差）	A	B
$0\sim2mm$	$\leqslant2mm$	$0\sim3mm$	$0\sim3mm$

③ 卷圆　按压力容器滚圆工艺进行滚圆，卷制过程中对筒节两端分别用样板检测（样板尺寸：弦长不小于 $1/6D_i$）。

④ 焊接　筒节纵缝采用自动埋弧焊，应采取双面焊接。内壁坡口焊接完毕后，外壁清根露出焊缝坡口金属，清除杂质后再焊接，对接间隙 $0.5\sim1mm$，错边量$\leqslant1.0mm$。筒节纵缝及焊接试板均应设置引弧板和息弧板，距焊缝约 50mm 处，打上焊工钢印。

⑤ 矫圆　按压力容器校圆工艺进行校圆，棱角度如图 8-7 及表 8-4 所示。

表 8-4　筒节对接纵向钢板的棱角度　　　　　　　　　　　　　　　　　mm

t	12	14	16	18	20	22	24	32
d_1	600	600	600	600	600	600	600	600
d_x	2.0	2.0	2.5	2.5	2.5	3.0	3.0	3.0

⑥ 筒节成型后的控制　筒体成型后形状公差要求如下：筒节任意横切断面公差应为 $D_{max}/D_{min}\leqslant1.005$，如图 8-8 所示。同一截面直径差应小于 3mm。筒体任意局部表面凸凹

度如图 8-9 及表 8-5 所示。

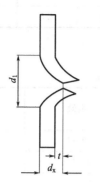

图 8-7　棱角度示意图

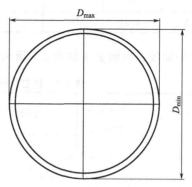

图 8-8　筒节横切断面

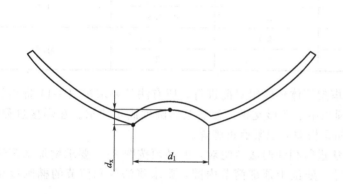

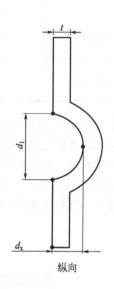

横向　　　　　　　　　　　　　　　　　　纵向

图 8-9　筒体横向和纵向表面凸凹度示意图

表 8-5　筒体任意局部表面凸凹度　　　　　　　　　　　　　　mm

t	12	14	16	18	20	22	24	32
d_1	400	500	600	600	700	800	900	900
d_x	2.0	2.5	3.0	3.0	3.0	3.5	3.5	3.5

3. 部件组装

① 筒节与法兰的组对及筒节间组焊。复查筒体坡口质量和尺寸满足要求后方可组对。单节筒节与法兰及筒节间组焊前应仔细检查筒节和法兰椭圆度，筒节的椭圆度符合要求后才能组装，尽量减小筒体的椭圆度，以减小焊接变形。组装后坡口间隙要求＜2mm，环缝组对要求外口对齐，焊件装配应尽量避免强行组装及防止焊缝裂纹和减少内应力，筒体外侧不允许打卡子。

环缝错边量公差要求如图 8-10 及表 8-6 所示。

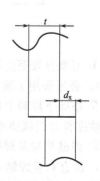

图 8-10　环缝错边量示意图

235

表 8-6　环缝错边量公差要求　　　　　　　　　　　　　　　　　mm

t	12	14	16	18	20	22	24	32
d_x	1.5	1.5	2.0	2.0	2.0	2.5	2.5	2.5

法兰焊接后平面度、内倾要求如表 8-7 所示。

表 8-7　法兰焊接平面度要求

分段法兰	形位要求	平面度	内倾	螺孔位置
上端法兰	上	1.0	0～1	$\phi 1.5$
上端法兰	下	1.5	0～1.5	$\phi 1.5$
中段法兰	上	1.5	0～1.5	$\phi 1.5$
中段法兰	下	1.5	0～1.5	$\phi 1.5$
下端法兰	上	1.5	0～1.5	$\phi 1.5$
下端法兰	下	1.5	0～1.5	$\phi 1.5$
基础段法兰	上	2.0	0～1.5	$\phi 1.5$
基础段法兰	下	<5	±3	$\phi 1.5$

②法兰与筒体焊接必须在塔架筒体环缝组对前进行,所有法兰要求按图 8-11 将相邻法兰间用工艺螺栓把紧,法兰内圆采用米字形支撑,使法兰椭圆度满足要求。在焊接过程中,要随时检查螺栓的紧固情况,如有松动应把紧后再施焊。

③对于顶部法兰,单台无法进行相邻两法兰组对,但必须按图 8-11 要求增加米字形拉筋两处,一处位于法兰内圆,另一处位于顶部筒节内圆,要求将法兰和筒节的椭圆度尽量减小。

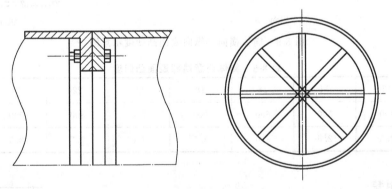

图 8-11　相邻法兰连接

④塔架分段毛坯制造完成后,支撑部位不允许设置在靠边法兰的部位(距法兰 0.3m 以上)。必须采用工装的形式支撑于法兰或靠近重心的位置。

⑤塔架下段和上段主体完工后应进行总体组对,须保证上、下法兰的平行度、平面度和同轴度符合图纸要求,同时检查焊接变形等情况。

⑥焊缝检验及焊缝质量要求

a. 所有对接焊缝、法兰与筒体焊缝为全焊透焊缝,焊缝外形尺寸应符合图纸或工艺要求,焊缝与母材应圆滑过度,焊接接头的焊缝余高 h 应小于焊缝宽度 10%。

b. 焊缝不允许有裂纹、夹渣、气孔、未焊透等缺陷。

c. 焊缝和热影响区表面不得有裂纹、夹渣、气孔、未熔合及低于焊缝高度的弧坑、深度>0.5mm的咬边，熔渣、外毛刺等应清除干净。

d. 焊缝外形尺寸规定值时，应进行修磨，按压力容器要求局部补焊，返修后应合格。

4. 塔架门框的焊接

① 塔架门框与筒体的焊接须完全焊透，并且塔架门框与筒体焊接应在平焊位置进行。

② 门框开孔应在相应筒节纵缝焊接完成之后进行，要求先按门框装焊图展开放样制作样板，再划线、切割，并按焊接工艺或图样割出坡口，要求坡口表面光滑平整呈金属光泽。

5. 塔架附件焊接与组装

① 附件的焊接在塔架主体完工后进行，附件的焊接位置不得位于塔架焊缝上，附件焊接要求光滑、平整，无漏焊、烧穿、裂纹、夹渣等缺陷。

② 所有靠紧固件连接的附件，应在最终涂装后安装。附件装配前应去除毛刺、飞边、割渣等。

③ 门板装配应保证与塔架贴合紧密，开启顺利，无阻塞现象。塔架门套应安装封条，确保密封条防水。门锁防盗、防锈，要求配套钥匙能开全部门锁。梯子与梯架支撑应安装牢固，上下成直线，接头牢固。

④ 为保护好油漆，安装过程中应避免转动筒体，故在喷漆时提前将筒体梯子的方位调整至最下侧，以利于梯子的安装。安装过程中进入筒体，必须穿脚套。在筒体内放置任何物品，都必须在筒体上垫毛毡一类的软物。

⑤ 安装顺序　先安装平台，再安装电缆支架等小件，最后安装梯子，以方便操作者在筒内走动。

6. 塔架防腐

（1）表面处理工艺

① 一次表面处理，风塔采用钢板抛丸预处理流水线。

· 钢板处理前，检查抛丸装置及附属设备是否符合施工要求。抛丸磨料应干燥，无油污、杂物。钢丸颗粒直径以 1.2～1.5mm 为宜。

· 钢板处理后表面达到 GB8923—88 的 Sa2.5 除锈等级，基体表面粗糙度 $Rz40～70\mu m$，吹净滞留在表面的丸粒、灰尘等杂物。无可见的油污、氧化皮及其他污物，表面应具有金属底材的光泽。

· 对预处理钢板的要求：钢板抛丸处理板边处留有一定宽度不进行喷漆，板宽方向单边留 50mm 左右，长度方向单边留 100mm 左右。焊缝坡口两侧 20mm 范围内富锌底漆必须磨掉，见金属光泽。

② 二次表面处理，主要是动力工具打磨，锈蚀部位打磨除锈。底漆完好部位用动力工具或手工砂纸拉毛处理。表面无可见的油污、氧化皮及其他污物，对损坏锈蚀部位喷砂打磨至 GB8923—88 的 Sa2.5 除锈等级，基体表面粗糙度 $40～80\mu m$，吹净滞留在表面的砂粒、灰尘等杂物，无可见的油污、氧化皮及其他污物，表面应具有金属底材的光泽。

③ 对磨料的要求：喷砂所用的磨料应符合 GB6484—1986《铸钢丸》、GB6485《铸钢砂》的标准规定的铸钢丸、铸钢砂或铜矿砂。

· 钢砂、钢丸：金属砂最好的棱角砂与钢丸混合使用与（30%：70%），棱角砂的规格为 G25、G40，钢丸的规格为 S330。

· 非金属磨料：不准用海砂，建议使用铜矿砂和金刚砂。粒度为 16～30 目，磨料硬度必须在 40～50HRC 之间。完成打砂清理后，必须除去所有打砂残留物，并从打沙表面上彻底除去灰尘。

（2）涂装

喷砂除锈完成后 4h 之内进行涂装。

（3）预涂和喷漆

首先用圆刷子对边、角、焊缝进行刷涂，对难以接近的部位进行预涂，然后采用无气喷涂进行，不允许使用滚刷。如果部位的表面温度低于环境空气的露点以上＋3℃，绝对不能涂漆。相对湿度不能超过 80％。必须遵守制造厂给出的涂漆各层之间的最短和最长间隔时间。不能高于或低于油漆供货厂家规定的部件表面和环境空气的最低和最高温度值。

（4）涂层质量检验及油漆干膜厚度测量

外观无流挂、漏刷、针孔、气泡等现象，薄厚均匀，颜色一致，平整光亮，在每段塔筒内、外侧均匀分布数点检查涂膜厚度，大的每 $3mm^2$ 进行一次测量。一点的读数应当是距其 26mm 范围内其他三点的平均值，膜厚的分布根据 80-20 原则测量，即所测干膜点数的 80％ 应当等于或大于规定膜厚，剩余的 20％ 的点数的膜厚应不低于规定膜厚的 80％，并做施工检查记录。对于膜厚度没有其他要求，则认为公差要求为 ±20％。

五、塔架吊装

塔架吊装的要求如下。

① 吊装不允许吊钩直接吊法兰，每批塔筒均应配设备吊耳。

② 起重工必须熟悉起重方案及设备性能、操作规程、指挥信号和安全要求。

③ 起吊前起重人员必须明确分工，交底清楚，各负其责，共同协作。

④ 起吊前，必须正确掌握吊件重量，不允许起重机超载使用。严格检查吊耳，绳扣应捆绑在重物的重心上并拴绑牢固，以免重物脱钩或滑脱。

⑤ 在正式起吊前，应进行试吊，将重物调离地面 200～300mm 左右，检查各处受力情况，如无问题，再正式起吊。

⑥ 起吊时，要有专人指挥，发出信号必须准确、清楚，禁止非施工人员进入施工场地。危险区应设有警告标志。起吊重物不得长时间停止在空中。起吊重物下方禁止有人。

［操作指导］

一、任务布置

大型风力发电机组塔架法兰的组装和焊接。

二、操作指导

1. 工艺流程

制作工艺流程如图 8-12 所示。

2. 准备工作

（1）搭设标准平台

平台基础采用 60cm 厚混凝土作基础，上部铺设 100mm 厚度钢板，用水准仪找水平，钢平台平面度为 1.0mm。在钢平面上根据法兰直径大小布置装焊法兰固定胎具，胎具采用

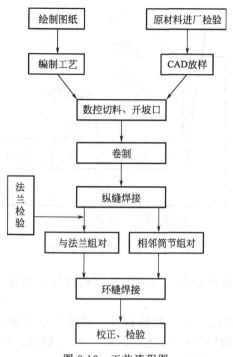

图 8-12　工艺流程图

机加工制作，其胎具与法兰接触平面保证平面度为 0.5mm，如图 8-13 所示。

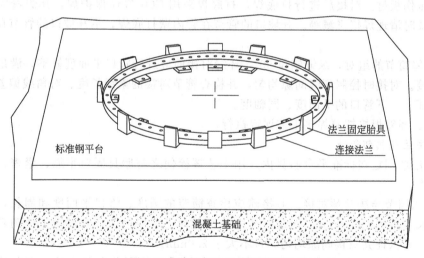

图 8-13　胎具与法兰接触平面图

（2）法兰固定胎具

由于塔筒有一定的锥度，各段塔筒其连接法兰直径是不一样的，因此在加工制作法兰固定胎具时，要考虑到这一点，其固定胎具必须兼顾所有法兰组装的需要，如图 8-14 所示。

3. 筒节制作

（1）筒节下料、卷制

① 所有料坯均采用首件检验制，经质检部门确认后，方可批量下料。

② 所有单节筒壁扇形钢板的对角线差不大于 3.0mm，弦长公差为 ±1.5mm；每段塔筒

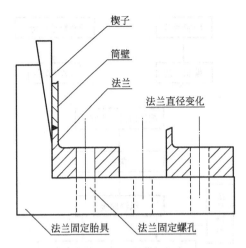

图 8-14　法兰固定胎具示意图

中间节预留 2～3mm 焊接收缩余量，与法兰连接的筒节在钢板下料时预留 5～10mm 修正余量。

③ δ≤16mm 壁厚的钢板可以不开坡口外，其他壁厚的钢板开 30°坡口，预留 4.0～5.0mm 钝边；与法兰连接的筒节开 30°坡口，留 2.0mm 钝边。保证所有切割面切割后光滑，避免出现缺肉情况，清理切割飞溅及氧化皮等。

④ 按滚压线进行筒节卷制，卷制过程中注意清理板面及卷板机上、下辊，防止因氧化铁等杂物压伤板材。对接后进行打底焊，打底焊采用 CO_2 气体保护焊，其焊缝应规整、均匀，焊后及时清理焊接飞溅等。开坡口的管节在管内壁打底焊，不开坡口的管节在管外壁打底焊。

⑤ 相邻筒节的组对，纵缝错位 90°，环缝对接前应进行管口平面度修整，满足技术要求后方能对接。对接时控制环缝间隙均匀，并检查管节对接的素线长度、对角线偏差值满足要求，以保证上、下管口的平面度、同轴度。

⑥ 纵、环缝焊接按照焊接工艺评定执行。

（2）法兰与相邻筒节

① 将法兰固定在标准平台胎具内。用工艺螺栓使之与胎具固定牢靠、紧密，检查法兰颈的平面度。

② 吊入筒节与法兰颈对接。对接前应检查筒节的圆度、管口平面度和周长，保证筒节与法兰周长差不大于 3.0mm。对接时在筒内钢平台上焊接挡块，通过楔子微调其少量错位和不圆度，并保证其对接间隙均匀，且不大于 2.0mm。

③ 组对后进行 CO_2 气体保护打底焊。打底焊采取等距分段打底法，即断续、对称焊接，直至整条环缝打底完成，其焊缝应规整、均匀，焊后及时清理焊接飞溅等。

（3）相邻段筒节法兰

① 根据塔筒制造质量要求，连接法兰只允许内凹，而不允许内翘。为控制焊接变形，法兰与筒节焊接前，先将相邻法兰组合，用工艺螺栓把紧，注意把紧螺栓的松紧度。

② 为保证法兰焊接后满足塔架制造技术条件要求，连接法兰把紧时加厚度为 3.0～3.5mm 垫片进行焊接变形控制，垫片数量至少为 12 个，按法兰内圆圆周均布。顶法兰把紧时加厚度 2.0mm 垫片进行焊接变形控制，垫片数量至少为 8 个，按法兰内圆圆周均布。法兰把紧应对称、均匀施力，同时法兰外缘结合严密。

（4）分段筒节与法兰节

① 组装方法 分段筒节与法兰节采取平卧组装，在可调式防窜滚轮台架上进行。组装前认真测量管口周长，用激光找中仪检查组装端口的平面度公差，用角磨机进行修整，使端口平面度控制在 1.5mm 以内。用水准仪调平分段筒节轴线，检查法兰节端面与分段筒节轴线的垂直度、螺栓孔位置度满足要求。为了平面度控制方便、快捷，在两端口处设置平行基准面，用激光找中仪测距，使两平行基准面平行度为 0.5mm。基准平行面可以制作成滑移式轨道，以满足不同长度的分段筒节测量需要，同时也便于与法兰接触，直观地反映出法兰平行度误差，便于校正。具体如图 8-15 所示。

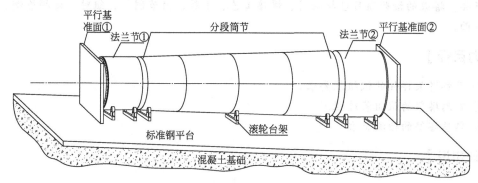

图 8-15 分段筒节与法兰节的组装示意

② 法兰节与分段筒节自然状态下组装，避免强行组装。通过管口内米字支撑调节圆度，控制法兰节组装变形及对接错边量，并保证组装焊缝间隙均匀在 2.0mm 以内。

③ 组装后进行 CO_2 气体保护打底定位焊，其打底方法同上所述。定位焊后，对单段筒节两端法兰的平面度、圆度以及两法兰端面的平行度、同轴度进行检验，如不符合规定要求，进行调整直至符合规定要求。

4. 焊接

① 焊接前对焊缝坡口及焊缝周围进行清理。

② 塔筒焊接。焊道打底采用 CO_2 气体保护焊，以减少热应力变形。正式焊接均采用埋弧自动焊。根据板厚及坡口大小，严格按照成熟的焊接工艺评定参数、焊层道数、电压、电流及焊接速度等参数操作。

③ 通过参考基准平行面，密切关注端面法兰变形情况，可以快捷地分析导致变形的应力点，为调整和控制变形提供依据。每条（道）环缝要一次焊接完成，保证受热均匀，避免产生新的应力变形。

5. 检验

① 严格按照塔筒制造技术协议进行检验。检查法兰焊接变形，分段塔筒两端连接法兰焊接变形控制在 0～－1.5mm，顶部法兰焊接变形控制在 0～－0.5mm。

② 由于法兰在采购订货时的厚度为 ＋3/＋1，因此，对于局部微量超差，可用角磨机或自制动力头铣面机找正。

思考题

（1）塔架制造的工艺流程是怎样的？

（2）塔架的焊接工艺要求有哪些？

（3）塔架吊装有哪些要求？

任务三　塔架的检查与验收

[学习背景]

塔架的检查和验收是塔架制造的收尾工程，也是保证塔架加工工艺正确性及质量体系运转可靠性的关键步骤，塔架的样件试组装也是将问题解决在批量生产前，为用户提供满意的塔架产品。塔架的检验项目包括材料、焊接工艺、下料、筒节制作、组对、无损检测、防腐等多方面。

[能力目标]

① 了解塔架样件的试组装要求。
② 熟悉塔架的试组装过程。
③ 熟悉塔架的检测标准。

[基础知识]

一、塔架的样件试组装

1. 塔架的样件试组装的要求

① 在进行表面处理前，应对不同类型的第一台塔架的各段、基础段和内部布置进行试组装。

② 连接所有法兰接头，拧紧螺栓直到结合面紧贴，但仅限于在额定拧紧力力矩之下。试组装时拧紧至额定力矩的高强度螺栓，在正式安装塔架时不准再使用。

③ 试组装时，所有扶梯、平台等也应试装，并按塔架运输分段进行试装。

④ 钢结构在表面处理前，纠正所有不符合要求之处。

⑤ 编写出试组装报告。

2. 塔架的试组装过程

① 符合塔架吊装要求的起重机到位。

② 清理干净基础连接法兰。

③ 清理干净底层塔筒底面法兰，在底面法兰上安装两个定位螺栓，其相对位置应大于1/3圆周。对定位螺栓的要求是螺栓根部尺寸与法兰孔尺寸为过渡配合，螺栓前部尺寸有一段30°的倒角。定位螺栓配有一个很薄的螺母。

④ 按照塔架吊装要求将底层塔筒吊至基础法兰上方，借助定位螺栓将底层塔筒与基础法兰对正。然后依次插入安装螺栓并带上螺母，在此过程中检查螺栓是否能全部顺利旋入，若顺利表明法兰孔的加工位置精度符合要求，否则应找出难以旋入安装螺栓孔的位置，孔位置偏差记录在案。拆除两个定位螺栓并更换安装螺栓，最后按照塔架安装要求将全部连接螺栓紧固。其余塔段也按照上述方法安装。

⑤ 安装完一段塔筒后应马上试装其上部的平台。看试装中是否出现问题，如出现问题应记录在案。

⑥ 塔筒安装结束之后，开始试装每段爬梯及接头，使其平直地连接起来。连接过程中

是否出现问题，如出现问题应记录在案。

⑦ 接着试装塔筒外的进入塔架门的扶梯，看试装中是否出现问题，若出现问题应记录在案。

⑧ 下一步试装电缆固定支架，看试装中是否出现问题，若出现问题应记录在案。

⑨ 最后根据记录的问题对其进行深入的分析和研究，应找出制造加工过程中造成这些问题的原因，以便进行技术攻关，从工艺、工装、设备等方面予以解决。问题全部解决后修订图样及工艺文件，使产品质量得到保证并使批量生产顺利进行。

二、塔架的检测

（1）钢板原材料

钢板关键项目检验包括化学成分、力学性能、超声波探伤、表面质量、按炉批号复检。

所用原材料应有完整合格的产品出厂证明，板材炉批号标识应清晰。塔架筒体和法兰钢板必须具备质量证明书原件或加盖供料单位检验公章的有效复印件（钢厂注明"复印件无效"时等同于无质量证明书）。塔体、门框、基础环钢板必须全部按炉批号取样送交有资质第三方进行化学成分、力学性能复验，合格后方可使用。查阅各项证明文件，与技术文件或相关标准核对炉批号，采用无损厚度检测仪抽检钢板厚度。见证资料主要有主要材料一览表和钢板厚度检测记录。

（2）外购法兰

外购法兰检验项目包括法兰供货商生产许可证、法兰材质书、钢锭到厂材质复检报告、法兰合格证、无损检测报告、热处理报告、塔架制造厂外观和几何尺寸复检检测报告、塔架制造厂超声波探伤复检。

法兰平面度检测采取激光测平仪检测，几何尺寸用卡尺、卷尺测量。锻造法兰到厂逐件100% UT探伤。

（3）焊接材料

焊接材料（焊条、焊丝、焊剂）选用等级分别根据 JB/T 56102.1—1999、JB/T 56102.2—1999、JB/T 50076—1999、JB/T 56097—1999 规定，不得低于一等品。焊接材料牌号符合技术文件和焊接工艺评定要求，具备完整的质量证明文件；包装、标示完好，并在有效期内。

（4）标准件、高强度螺栓

标准件、高强度螺栓检验应符合 GB5782—86、GB5783—86、GB798—86、GB6170—86、GB889—86、GB62—88、GB97.1—85、GB93—87、GB960—86、GB91—86、GB882—86、GB/T7277—87 的要求。M20 以上高强度螺栓每种规格、每批须有第三方检测机构出具的力学性能检测报告，检验项目按 GB3098.1—2000 执行。

（5）防腐材料

油漆牌号具备完整的质量证明文件，具备厂家提供的有效油漆施工工艺文件。环氧富锌漆锌含量占不挥发成分≥80%，喷涂工艺必须符合涂料说明书，喷砂所用砂料须有棱角，清洁、干燥，粒度在 0.5～2mm。

（6）焊接工艺评定

焊接工艺评定的一般过程：拟定焊接工艺指导书—施焊试件和制取试样—测定焊接接头是否具有所要求的使用性能—提出焊接工艺评定报告，对拟定的焊接工艺指导书进行评定。

焊接工艺评定合格后应出具完备的评定文件，根据焊接工艺评定及技术要求制定焊接工艺文件。焊接工艺评定产品应能覆盖施工产品范围，并在施焊前完成。对于焊接工艺评定试件，必须由制造厂操作技术熟练的焊接人员施焊。焊接工艺评定的试验条件必须与产品的实际生产条件相对应，或者符合替代规则。使用的焊接设备、仪器处于正常的工作状态。理化试验报告参照 JB4708—2000 执行。

（7）下料

板材下料采用数控火焰切割机，型材的下料宜采用砂轮切割或锯切，其端部剪切斜度不得大于 2mm，并应清理毛刺；切割表面与钢材表面垂直度公差应≤钢材厚度的 10%，且不得大于 2mm；切割面应平整，不得有裂纹、毛刺、凹凸、缩口、熔渣、氧化铁、铁屑等应清除，下料后的料件表面无划伤、磨损、锈蚀等。边长误差≤2mm，对角线误差≤3mm。

（8）筒节制作

单节筒节的椭圆度应严格控制，尤其注意纵焊缝处棱角度，还应该加强筒节两端周长的测量，防止矫圆时由于设备或操作不当使一端周长碾长。

（9）组对

检查是否按照审核过的排版图进行认真组对，并防止制造厂家采用强行组对，首台各附件方位位置应认真检查。

（10）焊接

塔架门框和附件的焊接优先采用气体保护焊，局部采用手工电弧焊，各种焊接设备应保证性能良好。塔架主体焊缝要求全焊透，焊缝外形尺寸应符合图纸和技术文件要求，焊缝与母材应圆滑过渡，焊缝表面不允许有裂纹、夹渣、气孔、漏焊、烧穿、弧坑、未熔合及深度大于 0.5mm 的咬边，焊缝外形尺寸超标的允许修磨补焊。试板检测项目、检测结果应符合 JB4744—2000 要求。塔架门框焊缝和塔架附件焊缝表面应光滑，无漏焊、烧穿、裂纹、夹渣等缺陷。焊缝同一位置返修不超过两次，返修前将缺陷清除干净，必要时可采用表面探伤检验确认。

（11）无损检测

① 超声波探伤的检验标准　法兰门框钢板材料要求达到 JB/T4730.3—2005 标准的Ⅱ级，100%超探扫查；环缝和纵缝要求达到 JB/T4730.3—2005 标准的Ⅰ级，环缝 100%超探，纵缝 100%超探；上、中、下法兰与筒体角焊缝要求达到 JB/T4730.3—2005 标准的Ⅰ级，100%超探；门框与筒体要求达到该标准的Ⅰ级，100%超探。所有角焊缝均采取双面单侧的超声波无损检测方式，平焊缝采取单面双侧的超声波无损检测方式。

② 射线检测的标准　所有法兰和筒节、筒节与筒节的 T 形焊缝接头处均布片两张射探，其余选择最薄弱焊缝 3～5 处布片射探，T 形接头和薄弱焊缝要求达到 JB/T4730.2—2005 标准的Ⅱ级。经检测有超标缺陷的焊缝允许进行返修，返修次数不宜超过两次，返修后按原检测方法检测，并按标准要求进行扩大检验。

（12）整体检查

同一台塔架上、下段对接标识，塔架下法兰与底座上法兰对接标志符合图纸要求，塔架下法兰标记位于门框中心线位置。母材表面无焊疤、飞溅、划伤和压痕。塔架总高偏差 ±10mm。塔架可拆附件安装尺寸正确，安装牢固。塔架门开启顺利，门板贴合紧密。塔架平台面板与支撑耳板间在装配时放置厚度为 3～5mm 的橡胶垫。

（13）喷砂除锈和防腐

塔架主体、平台、门直爬梯、吊梁支架及入口梯子采用喷涂防腐；塔架上、中、下法兰对接接触面以及 4 个防雷接地耳板喷砂后火焰喷锌，锌层厚度 160μm±50μm；梯架支撑、门挂钩、防雷导线接地耳板、接地板防腐采用热镀锌或喷锌处理；塔架喷涂方案的制定及喷涂工艺的实施，应根据专业涂料厂家具体的涂料组合及相对应技术要求制定并实施，外表面

干膜总厚度 $240\mu m$，内表面干膜总厚度 $170\mu m$；涂层外观应无流挂、漏刷、针孔、气泡，薄厚应均匀，颜色一致。平整光亮。

底座上法兰面至以下 100mm 的范围内（包括上法兰面）火焰喷锌，锌层厚度 $160\mu m\pm50\mu m$；底座上法兰面至以下 500mm 的范围内、外表面按塔架喷涂方案进行防腐；塔架底座距上法兰面 500mm 以下的其余所有面积，涂硅酸盐水泥浆防腐，涂层厚度 $1\sim3mm$，或者喷涂无机富锌底漆 $40\sim50\mu m$，保证运输过程不生锈。

在涂层面上做纵横各 6 道切割线，间距 3mm，剪下长约 75mm 的胶粘带，把该胶粘带的中心点放在网格上方，方向与一组切割线平行，然后用手指把胶粘带在网格区上方的部位压平，胶粘带长度至少超过网格 20mm。在粘好胶带 5min 内拿住胶粘带悬空的一端，并以接近 $60°$ 的角度在 $0.5\sim1.0s$ 内平稳地撕离胶粘带。合格标准：在切口交叉处和/或延切口边缘有涂层脱落，受影响的交叉切割面积明显大于 5%，但不能明显大于 15%。

（14）交工验收

按照订货技术文件要求，塔架交付时必须提供随机文件清单表，如表 8-8 所示。

表 8-8 随机文件清单表

序 号	文 件 名 称	份 数
1	产品合格证	1
2	塔架筒体、法兰材质证明书	1
3	材质复验报告（按批次提供）	1
4	焊接材料质量证明书	1
5	高强度螺栓力学性能检测报告（按标准件采购批次提供）	1
6	焊接工艺评定（首台提供）	1
7	法兰热处理工艺报告	1
8	产品试板检测报告（按批次提供）	1
9	无损探伤检验报告单	1
10	形位公差及尺寸精度检验报告单	1
11	涂料材料合格证明	1
12	锌层厚度检测报告单	1
13	锌层结合强度试验报告单	1
14	涂层厚度检测报告单	1
15	涂层结合强度试验报告单	1
16	随机附件清单	1
17	合计	16

[操作指导]

一、任务布置

了解风力发电机塔架检验的方案。

二、操作指导

1. 塔架检验的项目

如表 8-9 所示。

表 8-9　塔架检验项目

序号	检验项目	检验标准或技术要求	方法	检验结果
1	塔架筒体	GB/T 1591—94 JB 4730—2005(8.1) EN 10029	GB/T 1591—94(七) 检验规则 JB 4730—2005	
2	塔架法兰与门框			
3	焊接工艺评定 （上岗资格审查）	JB 4708—2000	实验与检验	
4	焊接外观检查	符合 1.13 条规定	符合 1.13 条规定	
5	焊缝超声波检查	JB 4730—2005 标准 Ⅰ级合格	JB 4730—2005	
6	焊缝射线透照检测	JB 4730—2005 标准 Ⅱ级合格	JB 4730—2005	
7	磁粉探伤	JB 4730—2005 标准 Ⅰ级合格	JB 4730—2005	
8	塔架法兰形位公差检测	法兰加工图	按形位公差要求检测	
9	塔架（整段焊接完成）法兰面 平行度和变形公差检测	图纸	法兰激光测平仪	
10	塔架（整段焊接完成）两端面 平行度和同轴度	2mm	1.7.10 红外测距仪	
11	整个塔架对焊总装两端面 平行度和同轴度	2mm	1.7.10 红外测距仪	
12	直焊缝和周长焊缝左右侧， 250mm 的区域允许预弯深度	8mm	用钢丝和直尺检验	
13	塔筒整体四个斜边长度误差	3mm	红外测距仪	
14	塔架附件安装齐全到位检查	安装装配图	观察、检测	
15	油漆附着力	ISO 2409—1994＜0＞ 或＜1＞	ISO 2409—1994	
16	塔架防腐喷砂除锈	ISO 8501 GB8923	观察、对比	
17	塔架防腐层检测	ISO 12944-T-膜总厚度	观察和测量	
18	标识检查	GB/T 13306—91	按出场号随机携带	

2. 质量控制点

如表 8-10 所示。

表 8-10　质量控制点

序号	监造部套	监造内容	控制方式			
			H	W	R	数量
1	产品焊接试验	试板的机械特性		是	是	选首台 做试板
2	基础环	几何尺寸，法兰平面度，同心 度，内倾度		是	是	100%

序号	监造部套	监造内容	控制方式			
			H	W	R	数量
3	各段塔架	几何尺寸,同心度,法兰平面度,内倾度		是	是	100%
4	各段塔架除锈喷漆	喷砂、除锈、喷漆		是	是	100%
5	塔架厂内预组装	几何尺寸,穿孔率,直线度,平整度	是	是	是	100%
6	焊缝无损探伤	无损探伤报告		是	是	100%

注:H 为停工待检点,W 为现场见证点,R 为文件见证点。

3. 基础环下法兰质量控制过程

如图 8-16 所示。

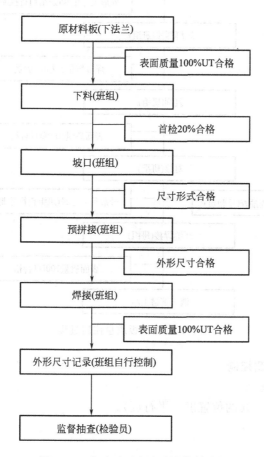

图 8-16 基础环下法兰质量控制过程

4. 筒节板质量控制过程

如图 8-17 所示。

5. 门板框质量控制过程

如图 8-18 所示。

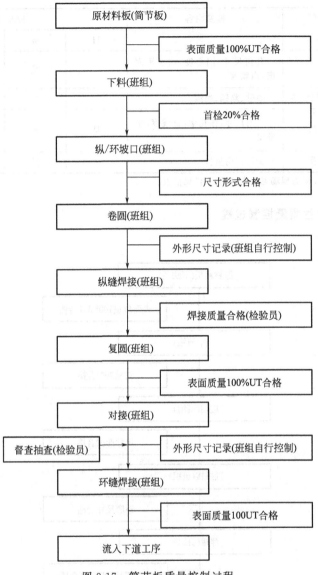

图 8-17 筒节板质量控制过程

6. 外购法兰质量检测控制

（1）锻件法兰入厂检验

① 外观质量（厚度，孔的位置度，平行度）。

② 有无标记。

③ 有无焊后热处理。

④ 20%UT 检查。

（2）拼接法兰入厂检验

① 外观质量（厚度，孔的位置度，平行度）。

② 有无标记。

③ 有无拼接焊缝焊缝标记。

④ 有无焊后热处理。

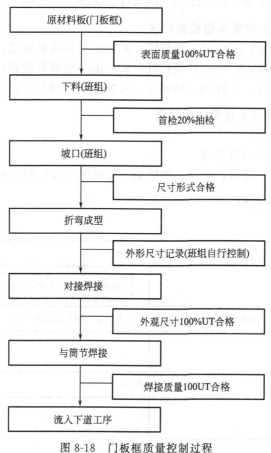

图 8-18 门板框质量控制过程

⑤ 拼接焊缝后 100％UT。

⑥ 法兰原材料抽样 20％UT。

⑦ 不得大于 8 块拼接。

7. 原材料复检及产品试板质量控制过程

（1）原材料复检

① 同一炉批号的钢板取一块化学试验板。

② 同一炉批号不同厚度的钢板各取一块化学试验板。

（2）产品试板

每 10 台做一个批次，每个批次做 1 套或 2 套产品试板，但必须满足其覆盖最后的板材。

8. 法兰焊接后质量检测标准

① 上法兰 平面度：0.5mm，内倾度：－1.0mm，不允许外翻，孔的位置度：ϕ1.0。

② 中法兰 平面度：1.0＋2.0mm，内倾度：－2.0、＋0.2mm，不允许外翻，孔的位置度：ϕ2.0。

③ 下法兰（单排孔） 平面度：1.0＋2.0mm，内倾度：－2.0、＋0.2mm，不允许外翻，孔的位置度：ϕ2.0。

④ 下法兰（双排孔） 平面度：1.5＋2.0mm，内倾度：±1.8、±2.0mm，孔的位置度：ϕ2.0。

⑤ 基础环下法兰　平面度：5.0mm，内倾度：±8mm，孔的位置度：ϕ2.0。

9. 塔筒两端面法兰及塔筒质量检测标准

① 下段塔筒　平行度：2.0mm，同轴度：3.0mm，母线长度差：3.0mm。

② 中段塔筒　平行度：2.0mm，同轴度：3.0mm，母线长度差：3.0mm。

③ 上段塔筒　平行度：2.0mm，同轴度：3.0mm，母线长度差：3.0mm。

10. 塔筒内部焊接件及可拆零件的检测

① 门孔、梯子的方位。

② 平台底部支撑板的相对位置。

③ 电缆盒、防雷接地耳板、耳板、电缆架、马鞍架等部件的相对位置。

11. 焊材的质量控制过程

如图 8-19 所示。

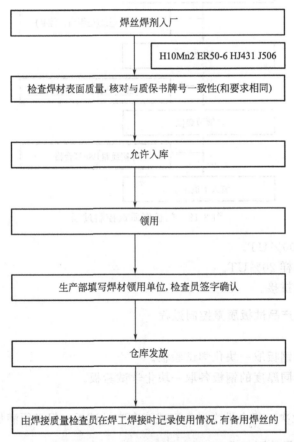

图 8-19　焊材的质量控制过程

12. 喷砂前焊接质量检验

① 喷砂前由焊接质量检查员整体检查焊接外观质量。

② 合格后确认签字。

③ 结束后允许喷砂。

13. 喷砂后涂层质量检验

① 喷砂后由涂层质量检查员检查外观质量。

② 合格后允许喷底漆。

③ 涂层检查员检查法兰面喷锌质量、筒体底漆表面质量及底漆和锌层厚度测量。

④ 合格后进行中间喷漆。

⑤ 结束后，整体进行表面检查并测量（底漆＋中间漆）厚度。

⑥ 合格后进行喷面漆。

⑦ 结束后，再进行整体表面检查并测量（底漆＋中间漆＋面漆）厚度。

⑧ 合格后包装。

⑨ 发货。

思考题

（1）简述塔架的试组装过程。

（2）塔架质量的检验包含哪些项目？

风电机组基础施工及工艺

风电机组基础用于支撑整个风力机的重量及承担转动叶片给予塔架的各种弯矩（扭矩）、强劲的推力，同时还要承担机械振动的应力，因此，其质量的好坏直接影响着风电机组的安全。本模块就风电机组基础的设计、施工等问题进行介绍。

任务一　风电机组基础设计

[学习背景]

塔筒和基础是构成风力发电机组的支撑结构，将风力发电机支撑在 $60\sim100$ m 的高空，从而使其获得充足、稳定的风力来发电。就风力发电机组支撑结构高度而言，其应归属于高耸结构一类，因此基础的设计应该遵照高耸结构的相关规定。作为支撑结构的塔筒及基础，不可避免要承受巨大的风力作用，这就使得在设计风电机组基础的时候，不仅要满足高耸结构的规范要求，还必须对基础的特点加以分析研究，并在设计中采取相应措施。基础设计与基础所处的地质条件密不可分，良好的地质条件可以为基础提供可靠的安全保证。

[能力目标]

① 了解风电地基基础设计的基本规定与要求。
② 了解地基岩土的分类及相应处理措施。
③ 掌握风电机组基础设计的流程和方法。

[基础知识]

一、地基基础设计基本规定

（1）地基基础设计级别规定
根据风电场机组的单机容量、轮毂高度和地基复杂程度，地基基础分为 3 个设计级别，设计时应根据具体情况，按表 9-1 选用。

表 9-1　基础设计级别

设　计　级　别	单机容量、轮毂高度和地基类型
1	单机容量大于 1.5MW 轮毂高度大于 80m 复杂地质条件或软土地基
2	介于 1 级、3 级之间的基础
3	单机容量小于 0.75MW 轮毂高度小于 60m 地质条件简单的岩土地基

注：1. 地基基础设计级别按表中指标划分分属不同级别时，按最高级别确定。

2. 对 1 级地基基础，地基条件较好时，经论证基础设计级别可降低一级。

（2）机组地基基础设计

应符合下列规定。

① 所有机组地基基础，均应满足承载力、变形和稳定性的要求。

② 1 级、2 级机组地基基础，均应进行地基变形计算。

③ 3 级机组地基基础，一般可不做变形验算，如有下列情况之一时，仍应做变形验算：

a. 地基承载力特征值小于 130kPa 或压缩模量小于 8MPa；

b. 软土等特殊性的岩土。

（3）勘察

机组地基基础设计前，应进行岩土工程勘察，勘察内容和方法应符合 GB 50021 的规定。

（4）风机基础型式

主要有扩展基础、桩基础和岩石锚杆基础，具体采用哪种基础，应根据建设场地地基条件和风电机组上部结构对基础的要求确定，必要时需进行试算或技术经济比较。当地基为软弱土层或高压缩性土层时，宜优先采用桩基础。

（5）机组基础结构安全等级

根据风电场工程的重要性和基础破坏后果（如危及人的生命安全、造成经济损失和产生社会影响等）的严重性，机组基础结构安全等级分为两个等级，如表 9-2 所示。

表 9-2　机组基础结构安全等级

基础结构安全等级	基础的重要性	基础破坏后果
一级	重要的基础	很严重
二级	一般基础	严重

注：机组基础的安全等级还应与机组和塔架等上部结构的安全等级一致。

（6）地基基础设计

需进行下列计算和验算：

① 地基承载力计算；

② 地基受力层范围内有软弱下卧层时应验算其承载力；

③ 基础的抗滑稳定、抗倾覆稳定等计算；

④ 基础沉降和倾斜变形计算；

⑤ 基础的裂缝宽度验算；

⑥ 基础（桩）内力、配筋和材料强度验算；

⑦ 有关基础安全的其他计算（如基础动态刚度和抗浮稳定等）。

采用桩基础时，其计算和验算除应符合本标准外，还应符合 GB 50010 和 JGJ 94 等的规定。

（7）载荷修正

鉴于风电机组主要载荷——风载荷的随机性较大，且不易模拟，在与地基承载力、基础稳定性有关的计算中，上部结构传至塔筒底部与基础环交界面的荷载应采用经载荷修正安全系数（k_0）修正后的载荷修正标准值。

（8）材料的疲劳强度验算

应符合 GB 50010 的规定。

（9）复核

应对制造商提出的基础环与基础的连接设计进行复核。

（10）动态刚度验算

根据基础的受力条件和上部结构要求，视风电机组制造商的要求对地基基础的动态刚度进行验算。

（11）其他

抗震设防烈度为 9 度及以上或参考风速超过 50m/s（相当于 50 年一遇极端风速超过 70m/s）的风电场，其地基基础设计应进行专门研究。

受洪（潮）水或台风影响的基础应满足防洪要求，洪（潮）水设计标准应符合《风电场工程等级划分及设计安全标准》的规定。

二、地基岩土的分类

风电场机组基础地基的岩土体，可分为岩石、碎石土、砂土、粉土、黏性土和人工填土等。根据地质成因，土也可分为残积土、坡积土、洪积土、冲积土、淤积土、冰积土和风积土等。

（1）岩石

岩石地基除应确定岩石的地质名称和风化程度外，应按照表 9-3～表 9-5 的规定进行岩石坚硬程度、岩体完整程度和岩体基本质量等级的划分。

表 9-3　岩石坚硬程度分类

坚硬程度	坚硬岩	中硬岩	较软岩	软岩	极软岩
饱和单轴抗压强度 R_b/MPa	$R_b > 60$	$60 \geq R_b > 30$	$30 \geq R_b > 15$	$15 \geq R_b > 5$	$R_b \leq 5$

表 9-4　岩体完整程度分类

岩体完整程度	完整	较完整	完整性差	较破碎	破碎
完整性指数	>0.75	$0.75\sim0.55$	$0.55\sim0.35$	$0.35\sim0.15$	<0.15

注：完整性指数为岩体纵波速度与岩块纵波速度之比的平方，选定岩体和岩块测定波速时，应注意其代表性。

表 9-5　岩体基本质量等级分类

类　型	岩体特性
I	坚硬岩，新鲜～微风化，岩体完整，整体状或巨厚层状结构
II	坚硬岩，微风化，岩体较完整，块状或次块状、厚层状结构 中硬岩，新鲜，岩体完整，整体状或巨厚层状结构

续表

类　　型	岩　体　特　性
Ⅲ	坚硬岩,弱风化,岩体完整性差,次块状、镶嵌状、中厚层状或互层状结构 中硬岩,微风化,岩体较完整,块状或次块状、厚层、中厚层状或互层状结构 较软岩,微风化~新鲜,岩体完整,整体状、块状、巨厚层状或厚层状结构
Ⅳ	坚硬岩,弱风化~强风化,岩体破碎,碎裂或块裂结构,互层或薄层状结构 中硬岩,弱风化,岩体完整性差,互层状或薄层状、碎裂或块裂结构 较软岩,微风化~弱风化,岩体较完整,中厚层状、互层状或薄层状结构 软岩,新鲜~微风化,岩体完整~较完整,厚层状或中厚层状结构
Ⅴ	坚硬岩~中硬岩,强风化,岩体破碎,散体结构 较软岩~软岩,强风化,岩体较破碎,薄层状,块裂或碎裂结构、散体状结构 断层破碎带

（2）碎石土

碎石土为粒径大于 2mm 的颗粒含量超过总质量 50％的土，并按表 9-6 可进一步划分为漂石、块石、卵石、碎石、圆砾和角砾。

表 9-6　碎石土分类

土 的 名 称	颗　粒　形　状	颗　粒　级　配
漂石	圆形及亚圆形为主	粒径大于 200mm 的颗粒含量超过总质量的 50％
块石	棱角形为主	
卵石	圆形及亚圆形为主	粒径大于 20mm 的颗粒含量超过总质量的 50％
碎石	棱角形为主	
圆砾	圆形及亚圆形为主	粒径大于 2mm 的颗粒含量超过总质量的 50％
角砾	棱角形为主	

注:定名时,应根据颗粒级配由大到小以最先符合者确定。

（3）砂土

砂土为粒径大于 2mm 的颗粒含量不超过总质量 50％，粒径大于 0.075mm 的颗粒含量超过总质量 50％的土，并按表 9-7 可进一步划分为砾砂、粗砂、中砂、细砂和粉砂。

表 9-7　砂土分类

土 的 名 称	颗　粒　级　配
砾砂	粒径大于 2mm 的颗粒含量占总质量 25％~50％
粗砂	粒径大于 0.5mm 的颗粒含量超过总质量的 50％
中砂	粒径大于 0.25mm 的颗粒含量超过总质量的 50％
细砂	粒径大于 0.075mm 的颗粒含量超过总质量的 85％
粉砂	粒径大于 0.075mm 的颗粒含量超过总质量的 50％

注:定名时,应根据颗粒级配由大到小以最先符合者确定。

（4）粉土和黏性土

粉土为粒径大于 0.075mm 的颗粒含量不超过总质量的 50％，且塑性指数等于或小于 10 的土。

黏性土为塑性指数大于 10 的土，根据塑性指数划分为粉质黏土和黏土。粉质黏土为塑性指数大于 10，且小于或等于 17 的土；黏土为塑性指数大于 17 的土（注：塑性指数应由相应于 76g 圆锥仪沉入土中深度为 10mm 时测定的液限计算而得）。

（5）人工填土

人工填土根据其成因和组成，可分为素填土、压实填土、杂填土和冲填土。

素填土为由碎石土、砂土、粉土、黏性土等组成的填土。经过压实或夯实的素填土为压实填土。杂填土为含有建筑垃圾、工业废料、生活垃圾等杂物的填土。冲填土为由水力冲填泥沙形成的填土。

三、地基处理

1. 一般处理

① 地基处理应考虑以下因素：

a. 岩基有无断层等结构面；

b. 地基的不均匀性；

c. 地基土的湿陷性；

d. 岩溶、土洞的发育程度；

e. 出现泥石流、崩塌等不良地质现象的可能性；

f. 地面水、地下水、洪水对地基的可能影响；

g. 地震液化对地基的可能影响。

② 应在查明地基工程地质条件和环境条件的基础上，考虑上部结构和地基的共同作用，确定合理的地基处理措施。

③ 地基宜尽量避开对其有直接或间接危害的断层、滑坡、泥石流、崩塌以及岩溶强烈发育地段。当因特殊需要必须使用这类场地时，应在查明上述不良物理地质现象、工程地质条件的基础上，采取可靠的处理措施。

④ 当基础埋置在易风化、崩解的岩层和软弱地基上，施工时应在基坑开挖后立即铺筑垫层。当基础埋置在地下水位线以下时，施工时可采取抽排措施，降低地下水位并铺筑垫层。

2. 土岩组合地基

① 地基的主要受力层范围内有下列情况之一的属土岩组合地基：

a. 石芽密布并有出露的地基；

b. 大孤石或个别石芽出露的地基。

② 石芽密布并有出露的地基，当石芽间距小于0.5m，其间为硬塑或坚硬状态的黏土时，当地基承载力、变形和稳定性满足要求时，可不进行地基处理，如不满足上述要求时，可用碎石、土夹石等进行置换。

③ 对于大孤石或个别石芽出露的地基，首先应调整基础位置以避开该地基，否则应根据基础对地基的变形要求采用综合处理措施。

④ 对于下卧基岩表面坡度较大的地基，由于其压缩变形相差较大，宜调整基础位置，尽量避开此类地基。

3. 压实填土地基

① 压实填土包括分层压实和分层夯实的填土。当利用压实填土作为地基持力层时，应根据基础类型、填料性能和现场条件等，对拟压实的填土提出质量要求。未经检验查明以及不符合质量要求的压实填土，均不得作为地基持力层。

② 压实填土的填料，应符合下列规定：

a. 级配良好的砂土和碎石土；

b. 性能稳定的工业废料；

c. 以砾石、卵石或块石作填料时，分层夯实时最大粒径不宜大于 400mm；分层压实时最大粒径不宜大于 200mm；

d. 以粉质黏土、粉土作为填料时，其含水量宜为最优含水量，可采用试验确定；

e. 开挖回填的土料和石料，应符合设计要求；

f. 不得使用淤泥、耕土、冻土、膨胀性土以及有机质含量大于 5% 的土。

③ 斜坡上不宜采用半挖半填的压实填土地基，宜采用全挖地基方案。当斜坡较陡时，还应复核地基边坡的稳定性。

4. 岩溶与岩石地基

① 在碳酸盐类岩石地区，当有溶洞、溶蚀裂隙等现象存在时，应考虑其对地基稳定性的影响。

② 在岩溶地区，当基础底面积以下的土层厚度大于 3 倍基础底宽，且在使用期间不具备形成土洞的条件时，可不考虑岩溶对地基稳定性的影响。

③ 基础位于微风化硬质岩石表面时，对于宽度小于 1m 的竖向溶蚀裂隙和落水洞近旁地段，可不考虑其对地基稳定性的影响。

④ 当溶洞顶板与基础底面之间的土层厚度小于第②条规定的要求时，应根据溶洞大小、顶板形状、岩体结构及强度、洞内充填情况及岩溶水活动等因素进行洞体稳定性分析。

⑤ 对地基稳定性有影响的岩溶洞穴，应根据溶洞的位置、大小、埋深、围岩稳定性和水文地质条件综合分析，因地制宜采取下列处理措施：

a. 对洞口较小的洞穴，宜采用镶补、嵌塞等方法处理；

b. 对洞口较大的洞穴，宜采用低强混凝土、块石混凝土、浆砌石等堵塞处理；

c. 对规模较大的洞穴，宜调整基础位置避开洞穴。

⑥ 对于风化破碎的岩体，可采用灌浆加固和清爆填塞等措施处理。

5. 软弱地基

① 软弱地基系指主要由淤泥、淤泥质土、冲填土、杂填土或其他高压缩性土层构成的地基。勘察时应查明软弱土层的均匀性、组成、分布范围和性状。冲填土尚应了解排水固结条件。杂填土应查明堆积历史，明确自重下的稳定性、湿陷性等基本因素。

② 对地基为易软化、崩解的岩土层及湿陷性土、膨胀性土等特殊性岩土层时，应查明其崩解性、湿陷性、膨胀性等特性，并按有关规范开展相应的岩土工程地质评价，采取特殊的保护处理措施。

③ 对地基主要受力层范围内的下卧软弱土层，当满足地基承载力、变形和稳定性要求时，可不进行处理，否则应采取措施进行处理。

④ 地基处理可采用机械夯实、换填垫层、复合地基和局部桩基等方法。

⑤ 复合地基设计应满足基础承载力和变形要求。对于地基土为欠固结土、膨胀土、湿陷性土、可液化土等特殊土时，设计时要综合考虑土体的特殊性质，选用适当的增强体和施工工艺。

⑥ 复合地基承载力特征值应采用增强体的载荷试验成果和其周边土的承载力特征值结合经验确定。

⑦ 增强体顶部应设褥垫层。褥垫层可采用中砂、粗砂、砾砂、碎石和卵石等散粒材料。碎石、卵石宜掺入 20%～30% 的砂。

四、地基基础一般构造要求

① 扩展基础、桩基础承台或岩石锚杆基础的底宽或直径，宜控制在轮毂高度的 1/3～

1/5范围内，基础高度宜控制在轮毂高度的1/20～1/30范围内，基础边缘高度宜为底宽或直径的1/15～1/20，且应不小于1.0m。

② 软弱地基上的垫层混凝土厚度宜大于20cm。基础混凝土浇筑前应对垫层混凝土或基岩表面进行凿毛处理，并冲洗干净。

③ 基础环应深入至基础或承台底板一定深度，并与基础或承台结构可靠连接。应对基础环与基础或承台的连接进行专门设计，并做局部冲切、承压和拉拔等验算。基础预埋件周边应设细部连接或构造钢筋。

④ 基础混凝土应一次浇筑成型。对可能存在的施工缝应采取凿毛、高压冲洗、铺浆和设插筋等措施进行处理。

⑤ 受力钢筋的混凝土保护层厚度（从钢筋外边缘算起）不应小于钢筋直径及表9-8规定的数值，同时也不宜小于粗骨料最大粒径的1.25倍。严寒和寒冷地区受冰冻的部位，保护层厚度还应符合GB 50010的规定。

表 9-8　混凝土保护层最小厚度　　　　　　　　　　　　　　　　　　mm

基础部位	钢筋部位	环境条件类别			
		二	三	四	五
顶面、侧面(无地下水时)	外层钢筋	30	35	40	45
顶面、侧面(有地下水时)	外层钢筋	40	45	50	55
底部	外层钢筋	80	100	110	120

⑥ 钢筋的锚固和连接应符合GB 50010的规定。

⑦ 基础台柱钢筋和基础底板顶面钢筋的计算应符合GB 50010的规定。其中，单侧纵向钢筋的最小配筋率不应小于0.20%，且每米宽度内的钢筋截面面积不得小于2500mm²。

⑧ 桩和桩基础的构造，应符合下列要求。

a. 布置桩位时宜使桩的承载力合力点与竖向永久荷载合力作用点重合。

b. 摩擦型桩的中心距不宜小于桩身直径的3倍；扩底灌注桩的中心距不宜小于扩底直径的1.5倍；当扩底直径大于2m时，桩端净距不宜小于1m。在确定桩距时，尚应考虑施工工艺中挤土等效应对邻近桩的影响。边桩中心至承台边缘的距离不宜小于桩的直径或边长，且桩的外边缘至承台边缘的距离不小于150mm。

c. 扩底灌注桩的扩底直径，不应大于桩身直径的3倍。

d. 桩底进入持力层的深度，根据地质条件、荷载及施工工艺确定，宜为桩身直径的1～3倍。在确定桩底进入持力层深度时，尚应考虑特殊土、岩溶以及震陷、液化等影响。嵌岩灌注桩周边嵌入完整和较完整的新鲜、微风化、弱风化硬质岩体的最小深度，不宜小于0.5m。

e. 预制桩的混凝土强度等级不应低于C30；灌注桩不应低于C25；预应力桩不应低于C40。

f. 打入式预制桩的最小配筋率不宜小于0.8%；静压预制桩的最小配筋率不宜小于0.6%；灌注桩的最小配筋率不宜小于0.2%～0.65%（小直径桩取大值）。

g. 配筋长度

• 受水平载荷和弯矩较大的桩，配筋长度应通过计算确定。

• 桩基承台下存在淤泥、淤泥质土或液化土层时，配筋长度应穿过淤泥、淤泥质土或液化土层。

- 8度及8度以上地震区的桩、抗拔桩、嵌岩端承桩应通长配筋。
- 桩径大于600mm的钻孔灌注桩，构造钢筋的长度不宜小于桩长的2/3。

h. 桩顶嵌入承台内的长度应不小于70mm。主筋伸入承台内的锚固长度不宜小于钢筋直径（I级钢）的30倍和钢筋直径（II级钢和III级钢）的35倍。

⑨ 扩展基础、桩基础承台和岩石锚杆基础周围及上部的回填土应满足上覆土设计密度的要求。

⑩ 受洪（潮）水影响的基础，在基础环与台柱混凝土间应设止水结构，基础底板混凝土中的预埋管道应采取防水和止水措施。

[操作指导]

一、任务布置

完成大型风电机组地基基础的设计。

二、操作指导

1. 确定载荷及安全系数

风力发电机组基础设计载荷由风机厂家提供，从《风电机组地基基础设计规定》中可知，风机基础设计需进行计算：①风机正常工况载荷；②极限运行工况载荷；③疲劳载荷。所以风机厂家提供的载荷工况应该包括此三组载荷。

需注意的是风机厂家提供的载荷需乘以载荷修正安全系数，此系数风机厂家载荷资料可能单独给出，风力发电机组安全要求（GB18451.1—2001）中规定了载荷安全系数：正常极限工况为1.35，非正常为1.1，运输和安装为1.5。但《风电机组地基基础设计规定》中此系数可都取1.35，所以一般按1.35考虑。风机模拟计算时可能不准，另外风载荷的随机性很大、不易模拟，所以需乘以一个载荷放大系数。

以上三组载荷乘以载荷修正安全系数作为土建计算各荷载工况的载荷标准值。

2. 确定基础的平面类型、埋深和基础尺寸

对于采用天然地基的基础，平面类型一般为八角形和圆形，如图9-1所示。两种在计算上没有大的分别，但对于施工单位来说普遍愿意选择圆形，因为其钢筋放样简单，方便施工。

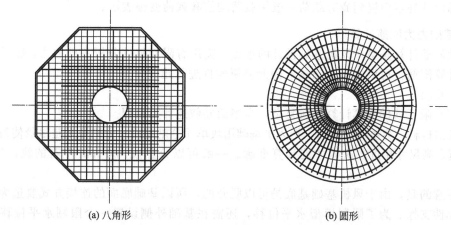

(a) 八角形　　　　(b) 圆形

图 9-1　风电机组地基基础上层钢筋分布图

根据勘测报告各土层的承载力选择适宜的持力层，风机基础埋深一般为3m左右。如果基底不到持力层标高，可以用碎石或者毛石混凝土垫层处理；如果持力层很深或者土层承载力比较低，可以考虑用桩基础处理。风机基础外形如图9-2所示。

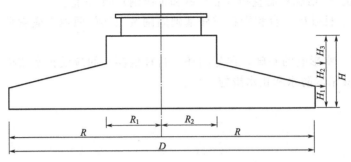

图 9-2　风机基础外形图

　　根据《风电机组地基基础设计规定》中的规定，H_1 高度不应小于 1.0m，所以天然地基基础一般 H_1 为 1m，H_2 为 1m 左右。桩基基础承台 H_1 一般取值大于 1m，H_1+H_2 可取为 2m 左右。

　　风机基础宽度一般控制在风机轮毂高度的 1/5～1/3。对于 70m 轮毂高度 1.5MW 的风机，若是天然地基可取为 16m，若是桩基础可取为 15m。

3. 地基承载力、变形和稳定计算

　　正常运行工况和多遇地震工况下，基底不允许翘起。在极限载荷工况下，最多翘起 25%，在计算翘起时按规范还要乘 1.35 的安全系数。

　　采用天然地基的风机基础在翘起要求的控制因素下，其平面尺寸一般比较大，对于天然基础的地基承载力特征值大约在 250kPa 就能满足要求，并且变形和稳定验算要求往往很容易满足。从厂家提供的资料来看，外国设计的风机基础要比国内的小很多。

4. 基础裂缝和疲劳计算

　　《风电机组地基基础设计规定》中规定正常工况和极限工况均须计算基础裂缝和疲劳。

　　极限工况可能发生的时间相对整个风机的寿命来说是非常短的，风机裂缝计算没有必要采用极限工况载荷，以正常工况载荷计算即可。裂缝计算时基础是否为非直接承受重复动力载荷构件，《风电机组地基基础设计规定》没有详细说明，但是其对裂缝计算影响非常大。风机基础设计规定中提到疲劳载荷一般用载荷均值和载荷变幅表示。

5. 基础内力配筋计算

　　基础配筋计算是整个风机基础设计的难点，需用有限元软件分析基础内力，然后由求得的内力计算配筋，可以选用 Midas 有限元分析软件进行建模计算。

　　（1）建模

　　由于有限元软件建模计算比较复杂，本书简要叙述计算过程。

　　定义如材料、容重等参数后，把风机基础用块单元分割建模。分割原则是尽量使每个块单元长、宽、高尺寸相近，这样才能计算准确。一般可以分割成 400 mm 左右的块，如图 9-3 所示。

　　需注意的是，由于风机基础基底是可以脱开的，所以基础底面的连接方式要选为只能受压的面弹性支撑。为了限制模型水平位移，还需在基础外侧设置一个限制水平位移的节点支撑。

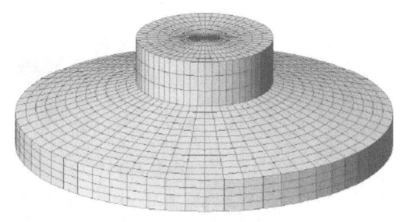

图 9-3 风电机组地基基础有限元模型

（2）输入载荷

由于风机基础受力是通过预埋的一个法兰环传递的，所以载荷模拟计算时也要把各种力按实际受力情况输在一个圆的平面上，不可简单输在节点上，这样计算比较准确。一般可选圆上的 10～20 个节点来模拟。

弯矩可等效为节点上一边受压、一边受拉的轴力来模拟。每个节点上的轴力可按下列公式计算：

$$F_n = 2MR_n / \sum R^2 - N/n \tag{9-1}$$

风机塔架荷载模型如图 9-4 所示。根据基础埋深计算风机基础台面上的覆土压力，由于风机台面是斜面，所以要把压力荷载输入成梯形的面载荷，如图 9-5 所示。

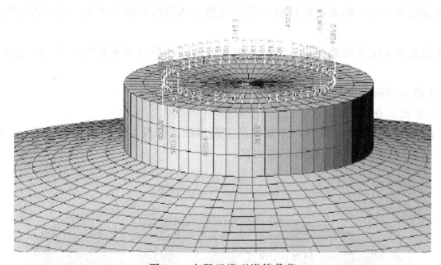

图 9-4 有限元模型塔筒载荷

下面介绍模型计算需要有多少种载荷工况和不同工况载荷的取值方式。

由《荷载规范》可知需要计算的载荷组合为：

① 正常载荷工况的载荷标准组合；

② 极端载荷工况下的载荷标准组合；

③ 正常载荷工况下的载荷设计组合；

④ 极端载荷工况下的载荷设计组合。

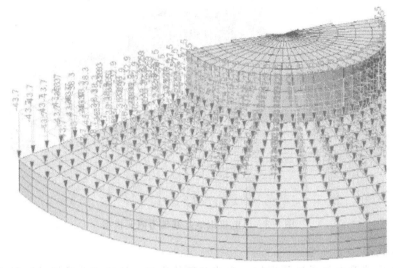

图 9-5　有限元模型覆土载荷

风机厂家提供的为载荷标准值，还需乘以相应的分项系数求得载荷设计值。弯矩和剪力的载荷分项系数为 1.5，轴力的分项系数在对结构有利时为 1.0，对结构不利时为 1.2。

载荷设计值主要是为了计算配筋，而极端载荷要比正常载荷大很多，所以正常载荷工况下的载荷设计值就没必要计算了。

可见需要模型输入的荷载值分别为：

① 正常载荷工况的载荷标准值；

② 极端载荷工况下的载荷标准值；

③ 极端载荷工况下的载荷设计值，弯矩和剪力的载荷分项系数为 1.5，轴力的分项系数为 1.0；

④ 极端载荷工况下的载荷设计值，弯矩和剪力的载荷分项系数为 1.5，轴力的分项系数为 1.2。

建模和输入载荷完成后就可以用 Midas 计算出结果。

（3）计算结果分析

在确定风机基础尺寸计算时，正常载荷工况基础底面没有脱开面积，Midas 分析结果如图 9-6 所示。可见模型计算也没有零应力区。

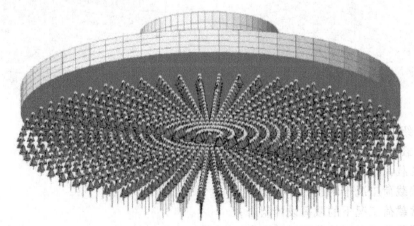

图 9-6　正常载荷工况基底反力

在确定风机基础尺寸计算时，极端载荷工况基础底面有脱开面积，Midas 分析结果如图 9-7所示，可见模型计算上的零应力区，所以建模计算是正确、合理的。

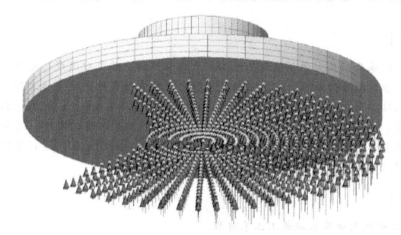

图 9-7　极端载荷工况基底反力

然后分析基础内力。从各个不同方向分别取出截面最大内力，包括径向弯矩和环向弯矩，截取界面如图 9-8 所示。

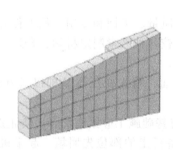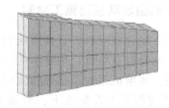

图 9-8　内力截取界面

汇总出各代表截面最大弯矩，然后用基础规范公式求出各截面配筋。实际配筋时需注意的是，径向钢筋悬挑根部间距应≥50mm，悬挑外缘间距应≤300mm，环向配筋可采用 2～3 种钢筋直径等间距布置，间距不可＞250mm。

思考题

（1）某风电场工程位于东部沿海滩涂，海拔较低，地势平坦。场区勘探深度内均为第四系沉积物，为冲积、海积及河口～海陆相沉积，场地类别为Ⅲ类。该地区抗震设防烈度为 6 度，该工程建筑抗震设防类别为丙类，该风电场计划共安装 56 台某品牌 1.5MW 的风力发电机组，风轮直径 77m，轮毂高度 70m。请根据风电机组厂家提供的机组自身信息和上述有关信息，设计该风电场地基基础。

（2）某风电场选址在我国内陆地区，整个风电场主要为丘陵地貌，场区可见灰岩出露，场地主要为风积地层，表层为松散石英细砂覆盖，形成大小不等的平缓砂丘场地，地形起伏较大，相对高度差在 100～200m 之间。现场勘察结果显示，由于受频繁的地质构造运动影响，该区域地层岩性结构组分复杂，且在平面和剖面方向其岩性、岩相差异较大。请根据以上信息为该风电场选择合适的风力发电机组，并据此为该风电场设计地基基础。

风力发电设备制造工艺

任务二 风电机组基础施工

[学习背景]

风电机组地基基础属大体积混凝土施工。大体积混凝土施工对温度、坍落度、裂缝等的要求不同于一般混凝土的施工，施工中控制不得当，将直接影响混凝土施工质量。其次，混凝土缺陷、基础漏筋、几何尺寸偏差及位移是以往基础施工的通病。加之风电施工现场往往气候环境恶劣，相邻风机间距均较大，作业面广，使得机组基础施工困难，造成地基基础施工质量良莠不齐，严重影响了风机的正常安全运行。风机基础的施工质量成了保证风力发电机组能否正常运行的重要影响因素。

[能力目标]

① 掌握风电机组地基基础施工工艺流程。
② 掌握风电机组地基基础施工工艺质量控制方法。

[基础知识]

一、风电机组地基基础施工原则

施工方案合理与否将直接影响到工程施工的安全、质量、工期和费用。从工程的实际情况出发，结合自身特点，用科学的方法，综合分析、比较各种因素制定科学、合理、经济的施工方案。风电机组地基基础施工应遵循以下4点原则。

① 土建施工本着先地下、后地上的顺序：风机基础、箱式变压器基础以及0m以下设施。
② 接地网、地下电缆沟道同步施工，电缆管预埋与基础施工应紧密配合，防止遗漏。
③ 基础施工完后即回填，原则上要求影响起重设备行走的部位先回填。起重机械行走时要采取切实可行的措施保护其下部的设备基础及预埋件。
④ 所有外露混凝土都采用大模板施工，外观质量达到清水混凝土标准。

二、风电机组地基基础施工工艺流程

风电机组地基基础施工工艺流程为：风机定位放线→风机吊装平台→风机基坑开挖→混凝土垫层浇注→基础环支架安装→基础钢筋安装→基础环吊装→接地安装→预埋管件安装→基础模板安装→基础混凝土浇注→基础养护→基础模板拆除→基础回填。

（1）风机定位放线

风机基础现场坐标点由业主给定，使用GPS系统进行复核，如有问题及时向业主及设计人员反映。

（2）风机吊装平台降基

为满足风机吊装需要，需根据地形划出40m×40m或30m×50m的吊装平台。降基时，不得将土石向山坡下倾倒，应合理处置。降出的吊装平台应平整，不得有大块石头，能满足350t吊车工作的需要。

（3）风机基坑开挖

根据设计尺寸进行基础分坑，钉出基坑边缘开挖控制线，要按规范要求设置坑壁坡度。

基坑采用机械开挖，从坑的一端往另一端开挖，开挖过程实时测量坑底标高，机械开挖深度要比设计浅 200 mm。同时坑底四周开挖排水沟和集水坑，以便雨天及时排水，谨防坑底泡水。在垫层施工前两天再将坑底人工清理至设计标高。

（4）混凝土垫层浇注

垫层采用 C15 商品混凝土浇注。垫层支模前会同监理单位、建设单位进行基坑的验槽。浇注时从基坑一边向另一边浇注，浇注的同时应用平板振捣器振捣，控制混凝土表面的高差不大于 10 mm。

（5）基础环支架安装

基础环支架采用现场制作的方法，基础环支架根据业主提供的规范要求进行制作并操平。

（6）基础钢筋安装

风机基础钢筋安装施工顺序：基础底面钢筋→基础环竖向箍筋→基础顶面钢筋→其余钢筋。

钢筋安装时，应重点注意钢筋的安装间距和接头的布置位置。

（7）基础环吊装

基础环在运输时的装卸采用 25t 汽车吊进行，基础环必须平放，周边围护防止污染。

基础环安装时，采用 100t 汽车吊进行安装就位工作，现场安排专业起重工、安监人员全程指挥监护施工作业。基础环水平度检测必须安排专业测量人员，保证基础环水平度控制在质量要求范围内。基础环调整完毕，及时与基础环支架之间焊死。

（8）接地安装

按接地施工图进行接地扁钢的布置，接地扁钢长度及埋设深度不得小于设计要求。接地扁钢之间搭接焊时，要保证搭接长度和焊接长度，焊接完的防腐工作应符合设计的要求。

（9）预埋管件安装

预埋管件的出口位置必须满足厂家指导书的安装要求，并且采取防止混凝土堵管的措施，预埋管在钢筋中的走向、弯曲半径以及露出基础的长度要符合设计的要求。

每个基础埋设 3 个测温点，每点预埋两根管，一根埋深 0.3m，另一根埋深 $1/2H$（混凝土的厚度，m）。

（10）基础模板安装

风机基础模板优先选用优质的新钢模板，要求板面光洁平整，无凸凹不平的地方。风机基础下圆柱的钢模板支撑采用钢管支撑，钢管支撑布置在基础模板外周边上。

基础模板的施工要点：基础模板选用组合钢模板，板缝之间加密封条。

（11）基础混凝土浇注

施工布料方式采用混凝土搅拌车运输、汽车泵车泵送。及时准备发电机、振捣设备及抹面工具。混凝土浇注必须控制其上升速度，以减小混凝土施工对基础环水平度的影响。浇注过程中安排专人看护模板，检查模板的变形和漏浆情况，施工过程中及时清除表面泌水。

（12）基础养护

在完成混凝土二次抹面压实后进行覆盖保温。先在混凝土表面覆盖双层塑料薄膜，然后在上面覆盖一层棉被，并经常检查塑料薄膜、棉被的完整情况，保持混凝土表面湿润养护14 天。

（13）基础模板拆除

覆盖养护满 4 天，即可拆除基础模板。拆除模板时，应防止破坏基础混凝土的边角，拆除完毕后应用双层塑料薄膜和棉被覆盖好拆除面。

（14）基础回填

基础养护满 14 天后，回填土用推土机分层覆盖灰土沙石料，并碾压密实。若填土潮湿，需晾晒或回填级配砂石料。

三、风电机组地基基础施工检验与监测

1. 检验

① 基坑开挖后，应及时进行基坑检验。当发现与勘察报告和设计文件不一致，或遇到异常情况时，应结合地质条件提出处理意见。

② 对于压实填土基础，施工中应分层取样，检验土的干密度和含水量。按 $20\sim50\mathrm{m}^2$ 内布置一个检验点。

③ 复合地基应进行静载荷试验。对于相同地质条件下，应选取有代表性的基础进行静载荷试验，每个基础不宜少于 3 个点，必要时应进行竖向增强体及周边土的质量检验。

④ 对预制打入桩、静力压桩，应检验桩的入土深度、接桩质量、桩位偏差、桩顶标高、桩身垂直度等。

⑤ 对混凝土灌注桩应检验混凝土配合比、坍落度、混凝土抗压强度等级、钢筋笼制作质量及桩顶标高、桩位偏差等，并提供相关的试验检测报告、施工质量检查记录等资料。

⑥ 人工挖孔桩应进行桩端持力层检验。嵌岩桩应根据岩性检验桩底 $3d$ 或 5m 深度范围内有无空洞、破碎带、软弱夹层等不良地质条件，并评价作为持力层的适宜性。

⑦ 施工完成后的基桩应进行桩身质量检验。混凝土桩应采用钻孔抽芯法或声波透射法，或可靠的动测法进行检测，检测桩数不得少于总桩数的 30%，且每个桩基础的抽检桩数不得少于 3 根。

⑧ 施工完成后的基桩应进行承载力检验。一般情况下，基桩承载力的检验宜采用静载荷试验。在相同地质条件下，抗压检验桩数不宜少于总桩数的 2%，且不得少于 3 根；抗拔、水平检验桩数不宜少于总桩数的 1%。

⑨ 基础锚杆施工完成后应进行抗拔力检验，检验数量每个基础不得少于锚杆总数的 3%，且不得小于 6 根。

⑩ 基础混凝土应检验原材料质量、混凝土配合比、坍落度、混凝土抗压强度、钢筋质量等。基础环安装和混凝土浇注过程中应进行水平度检测。

2. 监测

① 下列地基基础应在施工期及运行期进行沉降观测：

a. 1 级、2 级的地基基础；

b. 3 级的复合地基或软弱地基上的桩基础；

c. 受地面洪水、海边潮水或地下水等水环境变化影响的基础。

② 对于实验性风电场、需要积累建设经验或需进行设计反演分析的工程，宜对基础位移和混凝土、钢筋应力应变进行监测。

[操作指导]

一、任务布置

完成 1.5 MW 风电机组地基基础的施工。

二、操作指导

1. 风电机组地基基础混凝土施工方法

（1）风机基础混凝土浇注施工准备

① 材料准备

水泥：采用指定品牌的 42.5 普通硅酸盐水泥。

砂：采用河砂，符合《普通混凝土用砂质量标准和检验方法》规定。

石子：采用粒径 20～40mm 的碎石，符合《普通混凝土用碎石或卵石质量标准及检验方法》规定。

外加剂：采用高效减水剂，可缓解坍落度损失，延缓凝结时间，减少水化热及水泥用量，提高混凝土强度。

保温材料：根据施工规范，采用麻袋、塑料薄膜等保温措施，使混凝土内外温差控制在 25℃ 以内。

② 机械准备　混凝土强制式搅拌机 1 台，吊车 1 辆，混凝土输送罐车 4 辆，配料机 1 辆。

③ 人员准备　施工人员必须经过严格安排组织，实行专人负责制，设施工总负责人 1 名，前台负责人 1 名，前台施工人员 12 名，后台负责人 1 名，后台施工人员 8 名。

（2）风机基础混凝土浇注施工过程

① 混凝土拌制

a. 拌制要求。混凝土拌制前，加水空转数分钟，待积水排净，使空筒充分润湿。混凝土第一盘时，考虑到筒壁砂浆损失，石子用量应按配合比相应减少。拌制好的混凝土要做到卸尽，在混凝土全部卸出之前不得再投入拌合料，严格控制水灰比和坍落度，不得随意加减用水量。

b. 配合比。混凝土搅拌前应将混凝土强度等级要求对应配合比进行挂牌明示，并对混凝土搅拌人员进行详细技术交底。施工时，根据现场砂石含水率调整现场施工配合比。

c. 搅拌时间。从原料全部投入搅拌机时起至混凝土拌合料开始卸出时间为搅拌时间，通过充分搅拌，使混凝土的各种原材料充分混合，颜色一致。混凝土搅拌为强制式，每盘容积约为 $0.5m^3$，规定搅拌最短时间要大于 90s，技术人员做好搅拌时间记录。

② 混凝土运输　搅拌站采用容积为 400 L 的混凝土搅拌机，一盘可搅拌 $0.4m^3$ 混凝土，平均 2min 搅拌一盘。混凝土运输车运能力为 $4m^3$，即一次可运输 10 盘混凝土，混凝土输送车在搅拌站装混凝土的时间大约 8min，根据现场实际情况，搅拌站到施工现场距离约 5km，运输车按时速 20km 算，则往返一次需用约 40min，采用 4 辆混凝土运输罐车，满足施工进度要求。混凝土运输过程中应保持其均匀性，不分层和离析，更不能初凝。

③ 混凝土浇注

a. 采用"斜面分层"，即"一个坡度、循序推进、一次到顶"的浇注方法。斜面分层的原则与平面分层基本相同，斜面的角度 α 一般取小于或等于 45°。混凝土分层浇注如图 9-9 所示。

b. 混凝土在振捣时分层厚度控制在 400mm 左右，振捣棒直上直下，快插慢拔，插点均匀。插点形式为行列式，插点距离为 600mm 左右，上下层振动搭接 50～100mm，并在混凝土浇注整个过程中保持每个斜面的上下各布一道振动器，上面一道布置在混凝土卸料处，确保上部混凝土振捣密实，下面一道布置在近坡脚处，保证下部混凝土密实。

c. 混凝土浇注从低处开始，从一端向另一端推进，保持混凝土沿基础全高均匀逐层上

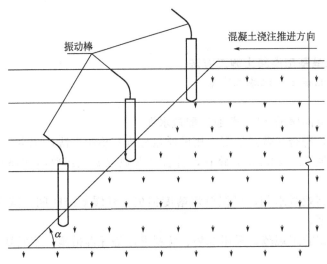

振动棒

混凝土浇注推进方向

α

图 9-9　混凝土分层浇注示意图

升。确保在下层混凝土初凝前将上层混凝土灌下，且每次浇灌宽度小于 1m。

d. 浇注混凝土时，随时观察模板、支架、钢筋以及预埋件，当发现变形移位等情况时，立即停止浇注，并在已浇注的混凝土初凝前调整完毕。

e. 振捣器振捣时，移动间距不宜大于振捣作用半径的 1.5 倍，逐点移动，顺序进行，不得遗漏，均匀振实。振捣时应避免碰撞钢筋、模板、预埋件。每点振动时间 10～15s，以混凝土泛浆不再溢出气泡为准，不可过振。

f. 为避免振捣后的大体积混凝土表面温度容易散失，造成大体积内外温度过大形成横贯裂缝，在面层振捣完后，按标高要求，一次性用长尺刮平、压实，然后覆盖塑料薄膜及保温麻袋。

g. 夜间施工要保证足够的照明，以便观察混凝土浇捣情况，确保不蜂窝麻面。

（3）混凝土养护

混凝土浇注完后应由专人养护。采用蓄热法，混凝土浇注完毕后 12h 以内，对混凝土表面覆盖塑料膜和保温麻袋保湿养护，待温度检测结果显示内外温差小于 25℃时，撤出薄膜，在混凝土表面加 5mm 细砂，浇水养护，使混凝土表面保持湿润。

（4）大体积混凝土温度测试

a. 温控点的布置。温控点采用 PVC 管埋于基础中，每个风机基础两个温控点，一个在 4m×4m 承台上，一个在 4m×4m 承台旁边的基础上。

b. 温度监控。使用普通玻璃温度计测温，温度计系线绳垂吊管底，停留不少于 3min 后取出，迅速查看温度。测温延续时间自混凝土浇注开始至撤保温后为止，同时应不少于 14 天。测温时间间隔，混凝土浇注后 1～3d 为 2h，4～7d 为 4h，直到混凝土内外温差小于 25℃。温控员按规定时间在控制点测温，做好记录，及时反馈项目部以便采取措施。

2. 风电机组基础环施工工艺方法

基础环为支撑高耸结构的基础设备预埋件，埋件上固定支撑塔筒高度一般在 40～80m，其顶部装有较大垂向机组载荷可达 60～90t，侧向又具有较大的风载荷作用，施工技术难度大。

风机基础的施工质量直接关系到风机的顺利安装并投入正常使用，质量要求较高。因此，要求基础环安装必须达到设计要求的水平精度（基础环安装水平度要求允许误差在

2mm），方能保证基础环以上塔筒的垂直度符合规范要求，不至于由于风的侧压力而造成整个风机机组倾斜。在风力发电基础施工中，基础环的施工将是该分部分项工程的关键性工作。如果在风机基础施工完毕后，检测基础环表面水平度超标，将意味着该风力发电机基础不合格。因此，在风力发电机基础施工中，应当把基础环的安装当作工作之重点，确保该分部分项工程一次验收合格。

（1）施工工艺

① 工艺流程　基础环预埋件安装→基础环支柱的焊接→基础环安装操作架体的搭设→基础环吊装前现场吊装路线的踏勘→基础环吊装方案的选择→基础环吊装后的调平、固定→基础环混凝土浇注前的精确调平→基础环浇注过程中的反复校正→基础环安装后的最终复核。

② 基础环的存放

a. 基础环到场后应派专人负责协调，根据风机基础的编号，将同一进场同批的基础环对号入座，切忌张冠李戴，否则会给风机塔筒的安装带来不必要的麻烦。

b. 要确保在坑边就近存放，存放点不得积水。

c. 要确保基础环在二次吊装时便于吊装，同时要考虑到不影响汽吊的就位点。

d. 基础环的放置要求水平，以免由于倾斜造成自身变形。

（2）施工方法

① 成品验收

a. 基础环规格型号与设计相符，表面涂层完整无损，上法兰表面平整度达标（±1 mm 以内）。

b. 支腿长短一致，H 型钢无扭曲变形并与两端钢板焊接牢固，焊缝饱满。

c. 预埋垫板规格与设计相符，底面 $\phi16$ 钢筋撑脚与钢板焊接牢固。

d. 螺栓螺帽配套，其丝扣完好无损。

② 垫板埋设

a. 预埋钢板规格为 300mm×300mm×20mm，底面焊接 4-$\phi16$ 钢筋撑脚。该垫板厂家提供，应质量合格，并提前进场，以满足施工所需。

b. 每一基础均设 3 块垫板，基础环埋件的安装：在浇注垫层前应先根据图纸设计几何尺寸及具体位置进行预埋，先在基坑内设南北向与东西向相互垂直的两条控制线，并埋入控制木桩，同时将垫层顶标高引测到木桩上。

c. 3 块垫板呈正三角形布置，埋设时必须按设计位置定位准确。为准确控制 3 块垫板的相对位置，采用三根 $\phi14$ 钢筋焊接成一个正三角形作为定位模具，其边长即为相邻两块垫板的中心距离，同时在垫板表面画出十字交叉中心线。

d. 先定出第一块垫板的位置（正南或正北），然后采用定位模具测定另外两块垫板的位置。

e. 3 个点位确定后分别铺设长宽约 600mm、高约 150mm 的混凝土支墩，再将垫板埋设在混凝土支墩上。

f. 垫板就位后，先将第一块的垫板准确定位，采用手锤轻击垫板表面，使四角水平，表面标高与垫层顶标高一致（水准仪观测）后将垫板固定牢靠。随后采用定位模具精确测定另外两块垫板的平面位置（垫板中心与模具顶点重合），采用水准仪测定其表面高差小于 1mm 后予以固定。

g. 垫板固定后再行浇注垫层混凝土，垫层顶标高与垫板顶标高一致，其混凝土浇注时不得碰撞扰动垫板。

预埋件的提前固定应在垫层浇筑前 1～2h 进行，否则由于时间太长，导致埋件周围混凝土达到终凝，与垫层部位混凝土不能很好地结合而形不成整体，会影响基础预埋件的安装质量。

③ 基础环支柱的焊接。基础环支柱的焊接应在垫层浇筑完毕养护 3 天后进行。首先校对预埋件的标高，并依据设计基础支柱中心线现场放样，然后进行焊接，要求焊缝质量符合焊接规范。为了保证支柱绝对垂直，焊接时在支柱两个侧面固定水平尺进行控制。焊缝饱满连续，焊渣清除干净。

④ 粘贴橡胶保护层

a. 基础环进场后，先对上部椭圆孔（该孔有钢筋穿过）部位粘贴橡胶（自粘闭孔发泡橡胶）保护层。

b. 橡胶厚 5mm、宽 200mm，椭圆孔内外两侧及孔内侧壁均需粘贴。

c. 橡胶保护层应粘贴牢固，表面平整，无皱折、空鼓现象。

⑤ 基础环吊装

a. 垫层混凝土达到 70% 设计强度（浇筑后约 7 天）后进行基础环吊装作业。为抢赶施工进度，在不破坏垫层混凝土的前提下，可将吊装时间适当提前，但时间间隔不宜少于 3 天，提出申请报监理审批。

b. 吊装前先用水准仪复核预埋件表面标高，其高差不应大于 1mm。

c. 基础环吊装方案的选择。首先应汇同项目技术人员、安装汽吊司机，确定吊装计划，然后编制详细的吊装方案，报业主、监理进行审批。经审批后再进行下道工序施工。

吊装方案的选择要参照以下几点：一是风机基础的直径；二是基础环的重量；三是现场基础周围的自然条件。根据以上三点选择吊装设备的数量、吨位，然后确定是一点起吊，或是二点起吊。不论选用哪种吊装方式，首先应确保汽吊的就位点坚实、平稳，且保证汽吊的支腿位置应离开基础边缘，且不应小于 25 m，并根据既定的施工方案，到场地实地观察，灵活运用，以保证吊装顺利进行。

d. 在基础环吊装就位前，应在每个风机基础支柱周围搭设吊装就位所需的操作平台。操作平台建议采用三套可组装拆卸的半成品脚手架，在吊装前派专人进行安装。

e. 基础环的吊装，车轮及支腿不得压在混凝土垫层之上，以防压碎垫层混凝土。基础环的吊装宜优先选用二点起吊法，即采用两台 25t 汽吊在基础环的两个方向同时抬吊。在抬吊前先由一台汽吊在合理的位置就位，将基础环吊装至基础内，然后再将另一台汽吊在相对的地方就位，要求两台汽吊基本形成 120°夹角。在汽吊就位过程中，安排作业人员将基础环吊点均分，三点挂牵引绳，再进行起吊。起吊时力求两台汽吊同时拨杆，保证基础环基本平稳。以基础环三根支柱中心点为参照，匀速水平旋转推移，待吊至支柱上顶面后，再由操作工人拉牵引绳配合汽吊进行缓慢旋转，直至基础环下孔基本与支柱螺栓点对中，然后在操作平台上部每点两人进行牵引，使基础环下孔完全与螺栓吻合，再发号施令匀速安全下落就位。而后立即对螺栓进行紧固。

⑥ 吊装后的调水平

a. 基础环吊装就位后，由技术员会同建设单位、监理单位、测量人员与调平人员对该基础环进行粗调。基坑上口架设两台水准仪，粗调前预备 3 个 1.5～2.0t 的小型液压千斤顶，配制专用工具。指定 2 个专人进行调平。首先采用三点调平，即在 3 个支柱相对应的基础环上部安放加工好的测尺，由测量人员逐点观测水平高差并记录数据，在 3 点观测中可视任意点为基准点，观测基础相对正负误差，对高点原则上不动，对低点顶升。顶升时，先行旋松紧固螺母，然后安放千斤顶，匀速顶升千斤顶。一般来说，每一丝扣约为 2mm。顶升过程中以丝扣为参照物进行调节，将取得事半功倍的效果。待认为达到可调范围之后，再匀速降低千斤顶，采用扳手上下紧固丝杆螺母，再行观测直至 3 点基本水平，此为粗调。

b. 精确调平是将基础环按圆周均分为 12 点，在每点上依次编号做好标记。先调 1、5、9 点，使这 3 点相对误差控制在 1mm 范围之内。再调 3、7、11 点，使该 3 点与 1、5、9 点相对水平误差控制在 1mm 范围内，使该 6 点高低差均控制在 1mm 范围内。最后再调 2、4、6、8、10、12 点。在调平过程中不论观测何点，均以 1、5、9 点基座处丝杆进行调平。以丝杆的丝扣为准，由两丝变调为一丝。由一丝变调为半丝，使误差控制在 ±1 mm 允许偏差范围之内。最终固定，使丝杆螺母上下均紧固。

　　c. 在钢筋绑扎完成，混凝土浇注之前，进行再次观测各点，视其水平差是否变化。如果变化，再次用同样方法调平。一般来说，在第一次精确调平紧固丝杆螺母后，其水平度不会变化。但是为确保基础环成型后的水平度，在混凝土浇注至基础环下部丝杆处时暂停浇注，由项目技术员会同建设单位、监理单位现场负责人，再次观测、记录基础环水平度，确认水平度是否控制在允许范围之内，在确认无误后再行浇注，保证基础环埋设满足设计要求。

　　基础环的安装调平是一个细微的重要施工环节，在施工中切不可予以轻视。基础环安装后的水平与否，直接关系到风机基础是否合格。因此，在风机基础施工中，应将此环节作为重点进行施工，从而保证下道工序顺利进行，为风机机组的顺利安装和正常运行奠定坚实的基础。

　　⑦ 基础混凝土的浇注

　　a. 施工时采取可靠合理的措施保证大体积混凝土的浇注质量，基础混凝土必须一次浇注完成。

　　b. 混凝土水平运输采用 4 台 6m³ 混凝土罐车运输：两台反铲铺以料斗和溜槽直接入仓，对称卸料的方式分层浇注。每层浇注高度 30cm，混凝土振捣采用 φ50 型插入式振捣器，振捣时插入下层混凝土内 3～5cm，待浇注两层即浇筑 60cm 厚后，调整卸料位置，再次进行对称卸料的方式进行浇注作业，如此循环直至四周浇注距离距基础环 1/3 处时，再次调整下料位置，利用长臂反铲直接从基础环中心下料的方式进行浇注作业。

　　因仓面较大，仓内钢筋较多，埋件精度要求高，混凝土浇注过程中要控制下料高度和下料速度。以 6 m³ 混凝土卧罐为例，一罐料要分 2～3 次放完，下料高度不超过 1.5m，并利用料斗降低下料高度，严禁反铲将混凝土直接卸在钢筋网片上，避免混凝土直接砸在法兰环支撑支腿上，影响基础环的埋设偏差。混凝土浇注过程中观测人员要对基础法兰环进行跟踪测量，一旦发生基础环水平度偏差超出埋设要求，必须及时进行调整到位。

　　c. 混凝土浇注过程中模板工要不断对基础模板进行监测，发现跑模现象及时调整。

　　d. 风机基础混凝土浇注到顶部圆台部分时，其顶面部分根据其体型控制下料多少，并及时通过样板将其体型修正出来，待表面混凝土初凝后再进行基础顶面的收面施工。

　　⑧ 施工过程中风机基础混凝土温控措施

　　a. 风机基础浇注采用一次性整体浇注，浇注方量大，为减小混凝土自身产生的水化热对风机基础的影响，在前期混凝土配合比设计过程中已进行了优化设计。

　　b. 考虑添加粉煤灰降低水泥用量，从而降低混凝土自身的水化热。

　　c. 混凝土浇注根据施工季节，确定采取相应的施工技术措施。如白天气温较高，不宜进行混凝土浇注施工时，可采用喷雾降温的方式降低混凝土入仓温度的浇注方式进行浇注作业；待混凝土收仓后，根据采用外部覆盖洒水降温、夜间敞晾的方式进行成品基础的温度控制，避免由于浇注速度快、内部水化热等因素而引起成品基础温度裂缝的发生。

　　d. 单个风机及箱变基础混凝土施工完，12h 后必须进行洒水养护，或根据施工现场天气情况适当提前养护。每个基础浇注完毕后，前 7 天每隔 2～3h 养护一次，夜间养护 1 次，之后 7 天每隔 4～6h 养护一次，之后 14 天每天养护 1 次。具体养护时间可根据施工现场气候情况做适当调整。

⑨ 基础环安装成型后的最终复核

a. 质量检查。在基础浇注成型后，经养护、防腐、基础回填后，在塔筒安装前应会同监理单位、建设单位、安装单位对基础环进行复测验收，并记录数据，作为二次安装的参考数据。同时办理工序交接验收记录。

b. 向监理人提交以下验收资料：预埋基础环的埋设竣工图、预埋基础环材料的质量证明书和预埋基础环的质量检查记录。

（3）影响基础环水平度的原因分析

① 基础四周排水不畅，造成基坑积水，使其预埋件部位沉降。

② 基础基坑碾压不实，垫层在基础环安装后产生不均匀沉降。

③ 基础环自身的出厂平整度达不到设计要求。

④ 钢筋绑扎过程中，人为碰撞丝杆，扭动支柱。

⑤ 基础混凝土浇注过程中，混凝土布料不均，或振动棒、布料管撞击基础环，造成水平度变化。

⑥ 基础环在调平时不认真操作或调平后丝杆上下螺母紧固不到位。

（4）预防基础环偏差的措施

① 基础环吊装应垂直起吊、轻起轻落，吊车有专人操作专人指挥，各工种人员配合默契。安装完毕，及时进行后续工序的施工。

② 水准仪经检校合格，其精度满足施工要求，施测人员操作认真细致。

③ 为提高支腿的强度及稳定性，防止支腿位移或变形，必要时可对支腿加设斜支撑和水平支撑。

④ 钢筋绑扎过程中，不得碰撞基础环及其支腿。遇支腿（H 型钢）阻隔，钢筋无法通过时，可在 H 型钢上钻出钢筋孔，但不得开孔过大或扰动支腿，以免影响其强度及稳定性。

⑤ 钢筋绑扎完毕后，基础混凝土浇注时，报请监理验收，应复核基础环位置及标高。浇注时周边均匀下料，振动棒不得靠近基础环及其支腿振捣，以防基础环位移。

⑥ 基础环内混凝土浇注时，采用彩条布或帆布将上部基础环遮护严密，以防混凝土污染基础环的外露部分或堵塞螺栓孔。

⑦ 混凝土浇注至可调螺栓下部时，应复核基础环位置及标高并报验。

⑧ 基础施工完毕，应防止外露基础环被机械碰撞引起变形或位移。

3. 安全环保及文明施工措施

（1）安全措施

① 进入施工现场，必须正确佩戴安全帽，高处作业人员正确挂安全带。施工前加强施工人员交底和培训。施工人员必须经体检、安全教育合格后方可上岗。特殊工种施工人员及操作工要持证上岗，施工前进行详尽的安全技术交底。

② 现场施工人员严禁抽烟，酒后严禁进入施工现场。

③ 现场机械设备不得乱摸乱动，确保机械使用安全。

④ 施工用电由专职电工负责，接线方式正确。现场电动设备均必须有可靠的接地或接零，定期检查维修。

⑤ 混凝土振捣器操作人员必须配备绝缘手套，穿绝缘鞋。

⑥ 夜间施工要有足够的照明。

⑦ 现场道路要通畅，车辆行走路线（坡道）保持稳固、防滑。施工用车辆要遵守行车规程中的有关规定。

⑧ 泵车必须有专人指挥，信号明确，以保证操作安全。

⑨ 施工现场要配备足够的消防灭火器材。

（2）文明施工措施

① 施工中的钢材、木料、电缆头、焊条头等工程废料要及时回收，垃圾要及时清理，做到工完料尽场地清，文明施工，文明作业。

② 施工区域电源电缆要布置合理，布置整齐。

③ 钢管、模板、扣件及其他施工材料要定点摆放，且摆放整齐。

（3）环境保护措施

① 混凝土要控制浪费，废弃物及时清运到垃圾存放处。

② 施工所用车辆经常保养、维修，尽量减少有害气体的排放。定时、适量地在车辆较多的地方洒水湿润，减少施工区扬尘。

③ 减少施工中的噪声，如敲击模板声，汽车喇叭声，振捣棒撞击模板、钢筋声。

④ 施工中产生的下脚料、建筑垃圾要及时清理，不得遗弃在现场，以防影响文明施工，又对环境造成污染。

⑤ 节约用电、用水，严禁线路超负荷使用。当休息或停工时，可停机的要关闭电源。

思考题

（1）某风电场计划安装 33 台 1.5 MW 风力发电机组，基础型式为埋筒型基础，基础混凝土强度为 C30，基础混凝土底面直径 14.8 m，基础埋深 3.0 m，底部厚 0.6～1.4 m。风电机组基础下部增设 C15 混凝土垫层，垫层底面直径 16.0 m。单个基础 C30 混凝土量为 309.5 m³，C15 垫层混凝土量为 20.6 m³，钢筋量为 26 t。请据此完成该风电机组地基基础的施工。

（2）某风电场风电机组地基基础为钢筋混凝土结构，选用华锐 77/1500 风力发电机组，地基基础包括基础环，基础总高度 2.8 m，基础下为 0.1～0.2 m 厚 15 素混凝土垫层；基础底平面为边长 6.7 m 的正八角形，顶面为直径 4 m 的圆形，由高 1～2 m 向顶面圆形斜坡，基础混凝土强度等级 C35；钢筋为 HPB235 级和 HRB400 级，钢筋保护层 50 mm；基础环高于基础混凝土面 0.5 m，基础环内素混凝土顶面配置双向钢筋网片。请据此完成该风电机组基础的施工。

参 考 文 献

[1] 任清晨. 风力发电机组生产及加工工艺. 北京：机械工业出版社，2010.

[2] 何显富，卢霞，杨跃进等. 风力机设计、制造与运行. 北京：化学工业出版社，2009.

[3] 芮晓明，柳亦兵，马志勇. 风力发电机组设计. 北京：机械工业出版社，2010.

[4] 吴慧媛，韩邦华. 零件制造工艺与装备. 北京：电子工业出版社，2010.

[5] 张绪祥，王军. 机械制造工艺. 北京：高等教育出版社，2007.

[6] 徐君贤. 电机与电器制造工艺学. 北京：机械工业出版社，2010.

[7] 方日杰. 电机制造工艺学. 北京：机械工业出版社，1995.

[8] 卢为平，卢卫萍. 风力发电机组装配与调试. 北京：化学工业出版社，2011.

[9] 任清晨. 风力发电机组生产及加工工艺. 北京：机械工业出版社，2010.

[10] 卢为平. 风力发电基础. 北京：化学工业出版社，2011.

[11] 冯消冰，王伟. 2MW 风机复合材料叶片材料及工艺研究. 玻璃钢/复合材料. 2010，7：84-88

[12] 马祥林，任婷，徐卫平. 大型碳纤维复合材料风机叶片成型工艺与发展. 纤维复合材料. 2011，3：26-29

[13] 中华人民共和国机械行业标准. JB/T 10194-2000. 风力发电机组风轮叶片

[14] 彭建中，刘玲霞，杨忠贤. 大型风电球墨铸铁轮毂的质量控制. 铸造. 2010，59（9）：969-972

[15] 焦国利，张金龙，侯燕凌. 风电球墨铸铁轮毂的研制. 包钢科技. 2010，36（6）：24-26

[16] 王希. 1.5MW 级风力发电机组球铁轮毂铸件浇注及补缩系统设计：[硕士论文]. 沈阳：沈阳工业大学，2011

[17] 相海锋，刘金海. 耐低温冲击风电球铁铸件生产工艺要点. 现代铸铁. 2010，3：51-55

[18] 谷柱，柴玉东. 风力发电机组球墨铸铁件的超声波检测. 无损检测. 2012，5

[19] 任忠运，贾丹. 风力发电机组基础设计方法. 电力学报. 2010，25（2）：177-120

[20] 刘福来. 风力发电塔基础设计探讨. 沿海企业与科技. 2010，7：119-120

[21] 马智. 风机基础混凝土质量缺陷的原因分析及处理方法. 内蒙古科技与经济. 2011，16：117-118

[22] 董志勇. 浅谈风力发电基础环施工方法及工艺措施. 甘肃科技. 2010，26（19）：131-134

[23] 宋建虎，张建军. 风力发电机基础施工工艺及质量控制. 科学之友. 2011，11：27-19

[24] 陈冬良. 风电场工程风机基础混凝土施工方法. 科技风. 2011，6：157

[25] 王兆平，张宝林，罗美霞. 风电场风机塔架基础施工要点. 内蒙古科技与经济. 2011，20：102-104